Matematica e cultura 2011

a cura di
Michele Emmer

Matematica e cultura 2011

Michele Emmer
Dipartimento di Matematica "G. Castelnuovo"
Università degli Studi "La Sapienza", Roma

Contenuti integrativi al presente volume possono essere consultati su http://extras.springer.com
password: 978-88-470-1853-2

Additional material to this book can be downloaded from http://extras.springer.com.

ISBN 978-88-470-1853-2   ISBN 978-88-470-1854-9 (eBook)
DOI 10.1007/978-88-470-1854-9

Traduzioni: Massimo Caregnato per gli articoli di J. Sullivan, A. Phillips; Corinna Parravicini per l'articolo di T. Walliser
Coordinamento editoriale: Pierpaolo Riva
In copertina: incisione di Matteo Emmer tratta da "La Venezia perfetta", Centro Internazionale della Grafica, Venezia, 1993
Occhielli: incisioni di Matteo Emmer, op. cit.
Layout di copertina: Ikona s.r.l.
Impaginazione: Ikona s.r.l.
Stampa: Grafiche Porpora, Segrate (MI)

Il congresso è stato realizzato grazie alla collaborazione di: Dipartimento di Matematica Applicata, Università di Ca' Foscari, Venezia; Dipartimento di Matematica "G. Castelnuovo", Università di Roma "La Sapienza"; Dipartimento di Matematica, Politecnico di Milano; Dipartimento di Matematica, Università di Trento; Galileo - Giornale di scienza e problemi globali; Liceo Scientifico U. Morin di Venezia-Mestre; Liceo Marco Polo, Venezia; UMI - Unione Matematica Italiana.
Il congresso si è svolto nell'ambito del progetto PRIN 2007 "Matematica, arte, cultura: possibili connessioni"

Indice

Fig. 1. Caricatura di Luciano Emmer

Parole dipinte. Omaggio a Luciano Emmer

di Michele Emmer

Il cortometraggio narra cinematograficamente una vicenda d'amore, attraverso la ricostruzione psicologica e cronologica di essa in uno dei documenti più intimi e sinceri del popolo: la cartolina illustrata.

Come accade con gli affreschi e i dipinti, Tatiana Grauding, Enrico Gras e Luciano Emmer, "l'audace trio della *Dolomiti film*", come erano chiamati dal nome della loro casa di produzione, utilizzano parti di cartoline, le scompongono, costruiscono dei personaggi, ne raccontano le vicende utilizzando le scritte che comparivano sulle cartoline, scritte che come mi ha raccontato mia madre Tatiana spesso venivano aggiunte apposta per il film, quando non c'erano sulle immagini.

Siamo nel 1941, la casa di produzione *Dolomiti film* è stata fondata a Bolzano nel 1940, presidente Emilio Emmer, padre di Luciano, nato a Cles in Val di Non, a nord di Trento, ed Enrico Gras è consigliere delegato.

Non mancheranno le prese di posizione degli intellettuali dell'epoca, contrari alla manipolazione di immagini sia delle cartoline ma soprattutto dei grandi pittori che il trio opererà sistematicamente. Su *Lavoro* del 13 giugno 1943 si leggeva:

La verità è che questi realizzatori trattano le pitture di Piero della Francesca o di un Paolo Uccello con la stessa sensibilità con cui hanno messo insieme quelle discutibili raccolte cinematografiche di vecchie immagini reclamistiche (*Romanzo d'Epoca*) o di vecchie cartoline illustrate (*Destino d'Amore*) alle quali alcuni intellettuali hanno avuto il torto di fare buona accoglienza.

Che ne sapevano di fotomontaggio, di surrealismo, dell'arte europea quelli che erano indignati? E certo non c'era spazio per l'ironia, per la sottile presa in giro dell'accademia. Erano peraltro tempi difficili per tutti.

Così era presentato il film *Destino d'Amore* in una brochure ritrovata tra le carte di Luciano Emmer da Paola Scremin:

La famosa e svariatissima produzione di cartoline illustrate al platino è nata da una insolita necessità popolare, per un pubblico di sentimenti elementari e violenti e di situazioni ben definite e standardizzate. Per ogni situazione fu confezionata allora una serie di espressioni, adattabili, con ingenue variazioni, alla necessità di ciascuno.

Mia madre non ricorda da chi e come è iniziata la collezione vastissima di cartoline illustrate che ancora possiede. Una parte di quelle che sono state manipolate per il montaggio del film sono state inviate alla Cineteca di Bologna che si spera metterà presto a disposizione di tutti questi materiali e tutti gli altri che hanno ricevuto dall'archivio Luciano Emmer. Mia madre ritiene che molto probabilmente la collezione l'aveva iniziata lei da bambina, ancora prima di conoscere il suo futuro marito. Come quegli straordinari album, anch'essi donati alla Cineteca di Bologna, in cui mia madre bambina ha collezionato manifesti, immagini, lettere di tutti i grandi attori degli anni Trenta e Quaranta.

Nel 1938, mia madre e mio padre iniziano a realizzare documentari d'arte. Uno di questi "racconta" gli affreschi di Giotto nella cappella degli Scrovegni a Padova. Racconta è proprio il caso di dire, dato che già gli affreschi sono una "narrazione" in cui ogni scena è staccata dalle altre e per seguire la storia bisogna camminare lungo i muri della cappella. Mio padre decide di raccontare la storia con la macchina da presa.

Utilizzerà delle foto degli affreschi, sia per la difficoltà di montare dei ponteggi, sia per il costo dell'operazione ma soprattutto perché con delle buone riproduzioni si riesce a gestire le luci in modo ottimale. La storia è raccontata utilizzando le immagini di Giotto e pochissime sono le parole aggiunte, certo la musica, quella sì, di Roman Vlad, che ha ricordato più volte come aveva cercato di seguire le esigenze di Emmer.

E poi quell'intuizione geniale, di cinema "puro". Nella scena della crocifissione di Giotto tanti angeli che volano nel cielo circondano la croce. Invece di riprendere la scena con dettagli, zoom, carrellate, l'idea di mio padre è stata di "animare" il volo degli angeli. Utilizzare le diverse posizioni che hanno gli angeli nella scena per far "volare" un solo angelo utilizzando le diverse posizioni che nell'affresco hanno gli angeli come se fossero il movimento di uno solo. Un solo angelo che vola.

Ecco come descrive lui stesso la scena in un foglio inedito ritrovato dopo la sua scomparsa nel 2009:

Mi hanno sempre considerato una specie di Mr. Jeckil e Mr. Hide: per un verso un regista appartenente al cinema neorealista, per un altro uno dei padri del film sull'arte. La realtà è che sono semplicemente uno che ha sempre cercato di raccontare le proprie storie, attraverso le immagini cinematografiche. Ho cominciato più di cinquant'anni fa a raccontare la storia di Cristo, dipinta da Giotto sulle pareti della cappella degli Scrovegni a Padova. L'intuizione mi è nata osservando le foto in bianco e nero della crocifissione e della deposizione. La mia attenzione si era concentrata sugli angeli che riempiono il cielo. Ho provato ad inquadrarli uno per uno, notando le differenti posizioni e le intensità del loro dolore. È così che è nata, attraverso le primitive dissolvenze in pellicola, la sequenza della disperazione di un solo angelo. È stato nello stesso periodo che ho raccontato la storia di Adamo ed Eva. L'ho ricostruita io, appassionandomi alla predella di Hieronimous Bosch che raffigura il paradiso terrestre, oggi al Museo del Prado di Madrid. Non serviva la parola. Le immagini, sottolineate dalla musica, parlavano da sole con la inesauribile fantasia del pittore.

A Venezia dove aveva abitato per tanti anni da giovane Emmer dedicherà due film, *Romantici a Venezia* e *Isole nella laguna*, entrambi del 1948. "Ero caduto nella trappola di quel cinico romanticismo che sceglie Venezia come lo scenario ideale di tramenate passioni, di funebri lamenti." Nella versione francese di *Romantici a Venezia* (*Venise et ses amants*) il commento è scritto e letto da Jean Cocteau:

Fig. 2. Emmer e Picasso durante le riprese del film

Cocteau mi propose di scrivere i testi francesi e non contento li volle dire personalmente, accompagnando le immagini più che con un commento sonoro parlato con la colonna sonora della sua voce d'*hypnotisateur*. Era talmente preso dal torrente di parole che gli suscitavano le immagini che la sua voce continuava sulla coda nera del film dopo il titolo fine.

Nel 1954 Luciano Emmer realizza con l'artista catalano il film *Picasso*, in occasione della prima grande mostra in Italia. Un film eccezionale, con la splendida musica di Roman Vlad, girato nello studio di Picasso a Vallauris. In una sequenza che dura alcuni minuti Picasso a torso nudo sale e scende delle piccole scale e realizza su una grande parete bianca gli schizzi per un grande affresco. Un'opera che durerà solo una notte come ha raccontato il regista nella nuova versione del film del 2000 *Incontrare Picasso* dove è lui stesso con la sua voce a commentare il film:

> Gli operai che avevano installato il pannello, credendo che si trattasse solo di uno schizzo di prova, coprirono con la calce ogni traccia del lavoro di Picasso. La mattina dopo Pablo li avrebbe voluti uccidere, avevano cancellato un'opera che sintetizzava più di qualsiasi altra il significato più profondo della colomba picassiana divisa e lacerata tra la serenità della pace e l'orrore della guerra. È rimasta, semplice documento visivo, la pellicola che racconta uno dei più autentici momenti creativi dell'artista.

Ennio Flaiano ha collaborato come sceneggiatore ad alcuni film di Luciano Emmer come *Parigi è sempre Parigi* del 1951, *Camilla* del 1954 e successivamente *La ragazza in vetrina* del 1961, di cui era protagonista Marina Vlady che ha scritto della parole dolcissime su mio padre nel suo libro di "memorie cinematografiche":

> Le grand Luciano Emmer, auteur de *Dimanche d'aout, Le ragazze di piazza di Spagna, Camilla*, chef-d'oeuvre qui ont marque mon adolescence, m'appelle pour interprète le role principal de *La Fille de la Vitrine*. Le scenario – ecrit, entre autres par Pier Paolo Pasolini – m'emballe des la lectures des premiers scenes. J'accepte la proposition, les larmes aux yeux. Une nouvelle vie commence! Nous l'aimons tout, Luciano [...] Ce film me fait renouer avec le cinema d'auteur tel que je l'ai toujours privilegie [...] Quant au personnage que j'enterprete, tout de violence interieure, il met permet de reveler une face de mon temperament, trouble et ambigue, ignorée ou mal exploitée depuis des annes.

Solo nel gennaio 2010 la cineteca italiana e quella francese hanno realizzato un cofanetto con due DVD di molti dei film d'arte di Luciano Emmer. Erano alcuni

anni che il regista premeva che i DVD venissero realizzati. Non ha potuto per pochi mesi vedere il risultato. Titolo "Parole dipinte. Il cinema sull'arte di Luciano
Emmer".

Fig. 3. Copertina de *Parole dipinte, il cinema sull'arte di Luciano Emmer*, 2010

Venezia

La basilica di San Marco da cappella ducale a cattedrale della città: storia, procuratori, proti e restauri

di Ettore Vio

La basilica di San Marco che noi ammiriamo e visitiamo, non è più la cappella ducale della Serenissima Repubblica, ma la cattedrale della città. In antico, la costante presenza del doge ne faceva il luogo sacro dove la massima carica elettiva della Repubblica rassicurava la Signoria e la Città del suo agire nelle decisioni interne e internazionali, confermandole col suo comportamento morale e religioso.

Tutta la storia di Venezia è legata alla basilica

La storia della basilica è tutta legata alle vicende sociali e religiose della città.

Nel 828 d.C., spinti dall'espansione dell'Islam nel nord Africa che metteva in difficoltà l'esistere di chiese e conventi cristiani e confortati dall'incoraggiamento degli imperatori bizantini Michele II il Balbo (820-829) e suo figlio Teofilo (829-842) [1], i veneziani ottennero il corpo di San Marco con una missione diretta da Tribuno[1] da Malamocco e Rustico da Torcello. Il sinodo dei vescovi a Mantova nel 827 d.C. aveva decretato Aquileia principale sede religiosa dell'alto Adriatico. Sul possesso delle reliquie di san Marco, l'evangelista che scrisse il vangelo di san Pietro, nominato direttamente da Cristo capo dalla Chiesa, Venezia fondò le sue certezze di primato e le sue speranze.

Nel 976 il popolo diede fuoco al Palazzo Ducale e alla chiesa per uccidere il doge Candiano IV[2], che attuava una politica di espansione in terraferma, contro il mondo d'acqua dei veneziani [2].

La chiesa fu ricostruita in tre anni da Pietro Orseolo I che, ultimati i lavori a sue

---

[1] Tribuno è la scritta sui mosaici, mentre la tradizione dice Buono o Bon, cognome esistente a Venezia fino ai giorni nostri.

[2] [1], pp. 31-32.

spese, si fece monaco e morì sui Pirenei. È onorato come santo[3]. Nella ricostruzione la tomba di san Marco venne protetta da una struttura antincendio costituita da volte laterizie sostenute da colonnine, che confinarono la reliquie dell'evangelista in una sotto confessione [3]. Circa 150 anni erano passati della costruzione della prima chiesa e la subsidenza dei suoli veneziani che in quei secoli si accompagnava alla crescita del livello del mare [4], favorì questa scelta. La sotto confessione nella futura chiesa sarebbe divenuta cripta. Dopo il fatidico anno 1000, Venezia, accresciuta nella considerazione dei bizantini per aver liberato dai pirati l'Adriatico, arricchita dai privilegi ottenuti e dal potere economico derivante dai mercati favoriti dalle nuove concessioni, come molte altre città d'Europa, ampliò la chiesa. Nel 1063 si iniziò a demolire parzialmente la vecchia e nel 1094, l'8 ottobre, la "magna giesia" venne dedicata al santo evangelista. Le sue reliquie furono poste in cripta, resto della prima chiesa, con tutto l'onore[4].

Gli ingegneri della rifabbrica sono stati proti bizantini, come quelli provennero da Bisanzio i mosaicisti che lasciarono capolavori insuperati di bellezza e di fede. La basilica si presentava in mattoni a vista, poche colonne e capitelli ornavano l'esterno, all'interno i mosaici, al di sopra delle cornici bizantine rivestivano come oggi, le superfici di archi, volte e cupole con un'iconografia orientale, per la quale si cita la partecipazione del monaco calabrese Gioacchino da Fiore[5].

Terremoti, incendi e guerre non fermarono Venezia.

Tuttavia dopo la IV crociata, il sogno di gestire Costantinopoli, centro di ogni espansione verso l'Oriente, si spense nel 1261 dopo quasi 60 anni di governo veneziano della città. L'eredità di tanto impegno e di quel mondo è condensata nella basilica, che veste come una corazza i marmi, le colonne e i capitelli delle fabbriche cadenti degli antichi imperi e inalbera le insegne del potere portando sulla loggia l'antica quadriga del sole. Il nuovo auriga è Cristo che guida la sua chiesa [5]. I mosaici scesero a occupare superfici al di sotto delle antiche cornici e rivestirono anche i sottarchi dei matronei, realizzando quello che fu definito un poema di popolo [6, 7]. Si chiuse l'epoca del mosaico bizantino con la decorazione del Battistero e della cappella di sant'Isidoro [8].

Bernardino da Siena nella sua visita negli anni '20 del Quattrocento, giudicò Venezia città santa.

Nella prima metà del XV secolo il doge ricorse a Firenze per riparare e completare il coronamento gotico e i mosaici dopo l'incendio del 1419. Si videro in città scultori come Nicolò Lamberti e Jacopo della Quercia e pittori come Paolo Uccello, *magister musaici*, e Andrea del Sarto.

---

3 Pietro Orseolo I morì il 10 gennaio 987 e fu sepolto nel convento di Cuxa ai piedi dei Pirenei. È onorato come santo il 19 gennaio.

4 Doc. Ongania, op. cit. n. 66, "Vidal Falie Doxe. Del 1094 fo compida la giexia de san Marcho come la se vede … per riponer el corpo de san Marcho".

5 Monaco calabrese (1145-1202) ritenuto coinvolto nell'iconografia dei mosaici marciani.

La presenza della signoria

Più volte durante l'anno avveniva in basilica l'incontro tra potere politico e popolo, sancito e rinvigorito dalla comune fede in san Marco e specialmente nella Beata Vergine Nicopeia veneratissima nell'antica icona, oggi nel braccio nord del transetto.

Il doge oltre a entrare direttamente in basilica dal palazzo ducale attraverso la porta nella parete meridionale del transetto destro e da quella tra il cortiletto dei

Fig. 1. Madonna Nicopeia, icona portata a Venezia dopo la IV Crociata. Si tramanda che fosse stata dipinta dall'evangelista san Luca

Fig. 2. Processione in Piazza San Marco con il reliquiario delle spine della corona di Cristo. Opera di Gentile Bellini, 1496, Galleria dell'Accademia di Belle Arti, Venezia

senatori di palazzo ducale e la cappella di san Clemente, poteva assistere alle cerimonie religiose dalla finestra che si apriva anticamente con un piccolo terrazzino "pergolo piccolo" verso la medesima cappella, tutt'uno con il presbiterio [9]. Nelle cerimonie maggiori l'ingresso avveniva dalla "porta da mar", chiusa dal 1501 per ospitare la tomba del cardinale Zen. Nelle solennità il doge accedeva dal portale maggiore della basilica con processioni che coinvolgevano tutto lo spazio della piazza, che ospitava l'azione civile e insieme religiosa, che si svolgeva secondo una precisa liturgia [10].

L'interno era adorno di stendardi, bandiere e grandi arazzi con le storie di san Marco e con quelle della Passione di Nostro Signore Gesù Cristo, che ornavano abitualmente la basilica, appesi ai lati dell'altare e sulle pareti del presbiterio, nella settimana santa.

Gli studi sull'acustica

Recentissimi studi sull'acustica della basilica hanno evidenziato che le sorgenti sonore che accompagnavano le liturgie erano tutte concentrate verso il presbiterio, cui si rivolgevano i due organi battenti posti sulle cantorie[6], e i quattro pulpiti, due di pietra del Sansovino e i soprastanti settecenteschi lignei, garantendo uno splendido risultato sonoro [11]. L'effetto è dovuto alla posizione, superficie e orientamen-

---

6   ASPSM, A. Visentini (circa 1725), stampa con veduta del presbiterio di san Marco, in folio reale cm 71x51, con i due organi battenti del XIV e XVI secolo, Venezia.

to delle pareti e soprattutto delle volte con i loro triangoli sferici a sostegno della cupola che rinviano all'interno del volume del presbiterio i suoni e i canti. Verso la navata si espandono con minore potenza, anche se, a chiesa piena, dagli studi fatti risultano sufficientemente chiari.

Jacopo Sansovino

Jacopo Sansovino dal 1527 a Venezia dimostra le sue qualità intervenendo sulle cupole. Realizza un sistema di tiranti che lega la struttura muraria della fabbrica, per annullare le spinte delle cupole sopraelevate in piombo. Costruisce strutture laterizie di irrigidimento dei triangoli sferici che sostengono i tamburi delle cupole [12] e li cerchia all'esterno fasciandoli con una nuova muratura. È nominato proto di san Marco nel 1529 e sarà fino al 1570.

La sua carriera fu fulminea. In basilica rimodellò il presbiterio con le tribune le cui formelle bronzee narrano storie di san Marco. Aprì la porta del Paradiso per unire l'altare alla sacrestia e inserì all'interno di una trabeazione sostenuta da quattro colonnine tortili di alabastro una preziosa architettura con il tabernacolo per la custodia del Santissimo di cui scolpì la porticina in bronzo dorato. L'operazione si concluse con le statuette degli evangelisti posti sulla balaustra che divide l'area sacerdotale da quella della Signoria. Sansovino inserì nel Battistero un nuovo fonte battesimale utilizzando il marmo prezioso di una coppa usata dai mosaicisti, ne realizzò il coperchio bronzeo istoriato con la partecipazione di Tiziano Minio.

Le modifiche al presbiterio

Il doge partecipava alle cerimonie dall'ambone di destra, l'antico "bigonzo" o "pergolo grando", realizzato con grandi lastre di porfido stellato, forse tratte dalla camera in cui nasceva l'augusto di Bisanzio, detto appunto il Porfirogenito.

Durante il dogado di Andrea Gritti, il presbiterio si arricchì dei dossali lignei e del trono, voluti dal nuovo proto, che consentivano alla Signoria di partecipare alle cerimonie liturgiche a stretto contatto con il clero di palazzo. Gritti scelse questo differente modo di stare in basilica costretto da un'infermità che gli impediva di salire al "pergolo grando". La nuova posizione accentuò il distacco dal popolo. Prima, anche se protetto da tendaggi, il doge era a contatto visivo dell'intera popolazione, poi, al di là dell'iconostasi e dei dossali lignei che ospitavano la Signoria, la sua persona non fu più vista [13].

Sansovino, con la sua fede nello stile classico, aprì di fatto la via alle pesanti modifiche "moderne" che si realizzarono nel rinnovo dei mosaici cadenti con i cartoni dei più noti pittori del XVI secolo.

Fig. 3. ASPSM.
Patrimonio
Ongania.
Presbiterio,
acquarello
di Alberto
Prosdocimi, 1882

I grandi lavori della piazza

L'architettura della basilica rimase indenne, come pure il Palazzo Ducale, dalle
modifiche che investirono la città nel secolo della *renovatio urbis*, guidata da Andrea Gritti.

L'area marciana porta impressa nelle trasformazioni di quel secolo l'impronta del genio del Sansovino. Egli realizzò la Loggetta ai piedi del campanile. Questo
liberato dalle botteghe che lo circondavano, demolito l'antico ospizio Orseolo, che
vi si addossava da ovest, Divenne l'elemento ordinatore degli spazi delle piazze. Nel
realizzare la Biblioteca marciana la separò dalla torre determinando il futuro allineamento delle procuratie nuove. Si crearono così le attuali connessioni tra l'antica e la nuova piazza San Marco. La Biblioteca non superò la linea del Palazzo Ducale e la nuova Zecca divenne edificio di raccordo con i magazzini di Terranova [14].

La struttura e gli interventi

Antonio Visentini pubblicò i rilievi della basilica negli anni 1720-1730 e tralasciò la stampa del rilievo del pavimento che non riuscì a tradurre sulla lastra di rame. Il matematico Bernardino Zendrini[7] fu incaricato dalla Serenissima di valutare le proposte fatte dai proti ingegneri del legno dell'Arsenale per il restauro della cupola di Pentecoste che minacciava il crollo. Lo Zendrini [15] sceglierà il Tirali, futuro proto di San Marco e imporrà le cerchiature metalliche, ancor oggi esistenti, dei tamburi delle cupole. Nel 1733 il savio esecutore alle acque Giovanni Filippini visitò e rilevò la cripta, murata ormai dal 1580 a causa dell'impossibilità di bloccare le acque alte che la invadevano. Resterà murata ancora fino al 1867 quando, dopo l'annessione all'Italia, si darà il via al primo restauro, ultimato nel 1871, utilizzando il cemento dell'ingegner Milesi di Bergamo [16].

Il crollo di Venezia

Napoleone il 12 maggio 1797 inflisse il primo colpo mortale alla città. Nei mesi fino all'ottobre rapinò dalle casse dello Stato, dalle chiese e dai privati denaro, materiali preziosi e ogni oggetto d'oro e di argento che si potesse fondere. La zecca lavorò ininterrottamente ventiquattro ore al giorno. Con il trattato di Campoformio del 17 ottobre 1797, lasciò la città spogliata di beni all'Austria. Secondo colpo mortale. La città rimase priva di gran parte della sua antica classe dirigente. I nobili che poterono allontanarsi fuggirono in Russia, portando a San Pietroburgo i beni che consentirono loro di essere accettati alla corte dello Zar Paolo I e che arricchiscono ancor oggi le raccolte dell'Hermitage[8] [17]. Venezia fu depauperata del suo patrimonio d'arte.

L'Austria

L'Austria ebbe un solo obiettivo, realizzare finalmente un proprio sbocco sul mare. Non fece nulla per evitare la catastrofe della flotta mercantile veneziana. Per impedire a un popolo marinaro di rialzarsi, cosa che sarebbe potuta facilmente accadere dato che l'80% del lavoro era in mare o per il mare.

---

7   Bernardino Zendrini (1679-1747) nacque a Saviore, si laurea in medicina a Padova e poi si dedica alle scienze. Uno tra i più importanti ingegneri idraulici del XVIII secolo, suoi i "murazzi" di difesa dalla laguna. Studiò il calcolo infinitesimale, fu nominato dalla Repubblica Serenissima *Matematico sopraintendente alle acque, fiumi, lagune e ponti*.

8   Anton Francesco Farsetti si trasferisce a Pietroburgo "per fuggire i creditori", dopo aver ceduto a Paolo I imperatore di Russia le forme della Collezione di Venezia (P.A. Paravia, *Delle lodi dell'abate Filippo Farsetti, Patrizio Veneziano*, 1829).

Tremila navi commerciali navigavano al momento della conquista napoleonica. All'arrivo in città usavano scaricare e vendere le merci per pagare il comandante e l'equipaggio, la manutenzione della nave e l'armatore.

Dopo Napoleone, in città non c'era più nessuno. Gli armatori erano fuggiti, il mercato non esisteva più e gli equipaggi erano dispersi. La città cadde in una terribile povertà. Il 40% della popolazione era senza lavoro, senza casa, senza cibo. Le navi, abbandonate, vennero bruciate 100 alla volta sulle barene [18]. L'Austria realizzò a Trieste il suo sbocco al mare e ingaggiò equipaggi dell'Istria e delle coste dalmate, non quelli veneziani.

Napoleone

Napoleone consentì tutto ciò e grazie alla sposa austriaca, cercò di garantirsi un passaggio sicuro verso l'Europa dell'est. Un terzo colpo mortale fu inflitto da Napoleone quando riprese Venezia nel novembre 1806. L'azione allora fu di tipo strutturale, per realizzare nuove forme di potere e cultura. Soppresse confraternite e conventi, togliendo al popolo il residuo sostegno delle antiche Scuole, strutture di formazione e garanzia e quello di religiosi e sacerdoti che in qualche modo sostenevano gli animi tanto provati dei veneziani. Napoleone, dopo averla distrutta nelle ricchezze e nelle speranze, annientata nella classe dirigente, ne fece il segno della propria grandezza in Italia. Concluse la vicenda architettonica della piazza con l'ala napoleonica [19], la reggia espressione del nuovo potere, contraltare a quello ducale, che si concentrava nell'antica cappella marciana. Egli consegnò la basilica al patriarca di Venezia, separandola dal palazzo che fu dato al Comune.

Per trarre dalla città altro interesse, colpito dalla sua bellezza e dalla storia che l'aveva fatta erede di Bisanzio, la priva della quadriga che volle sull'arco delle Tuileries a Parigi in segno di conquista. Si dedicò alla sistemazione di strade, chiusure di canali e per renderla più raggiungibile la rese terminale di un sistema viario moderno con il nuovo Terraglio e la via Fausta, che portavano velocemente ai bordi della laguna.

La basilica di San Marco abbandonata, priva di manutenzione, già scarsa sul finire del Settecento come dimostra un famoso quadro del Canaletto, in cui si vede un albero spuntare sulla cornice della terrazza nord della chiesa, mostrava vistosi segni di sofferenza.

L'epoca moderna

La basilica fu continuamente oggetto di modifiche, di adeguamenti e di cure per renderla in ogni tempo il mezzo più efficace a trasferire l'immagine stessa della città, della Serenissima e dei suoi più alti valori civili e religiosi.

Concluso il ciclo millenario, la Cappella ducale, per volontà di Napoleone, affidata alla chiesa di Venezia, divenne cattedrale della città. Eredità di un passato glorioso, alla guida del Patriarca, ora divenuto *verus gubernator capellae nostrae Sancti Marci* come lo era stato in passato il doge. Alimentata da nuova vita, staccata dai temi della politica, rimase tutta volta ai valori della religione e della spiritualità. Paradossalmente i colpi mortali di Napoleone costituirono una dolorosa potatura da cui risorse l'identità della città dopo i cinquant'anni di incubazione sotto l'Austria.

Le trasformazioni

Nell'epoca della rivoluzione francese e napoleonica si ersero i primi pensatori a difesa del patrimonio antico. Tra questi il più autorevole e acuto fu Eugène Quatremère de Quincy [20], che contestava la distruzione delle residenze nobiliari e delle chiese definendole patrimonio del popolo. Si espresse più compiutamente con le "lettres a Miranda"[9] in cui denunciò come grave reato la demolizione per rimozione e trasporto di interi monumenti da una nazione all'altra. Napoleone, tuttavia, decise l'acquisto di villa Farsetti a Santa Maria di Sala in provincia di Venezia, allora di Padova, per utilizzare le 42 antiche colonne greche e romane che la ornano nella futura residenza per suo figlio "l'aiglon", su consiglio di Antonio Canova [17]. Napoleone tornò sconfitto dalla campagna di Russia nel 1812 e la villa, raro esempio di architettura settecentesca internazionale nel panorama del Veneto, è ancora oggi visibile e apprezzata.

Venezia all'Austria

L'Austria, sconfitto Napoleone, riottenne Venezia, che divenne parte del vasto Impero Austro Ungarico. Dal 1797, la basilica senza alcuna manutenzione minacciava il crollo in molte sue murature. Conscia del valore della basilica e della intera città, puntò alla loro conservazione, con una manutenzione attenta.

Nel 1815 riportò la quadriga da Parigi sulla facciata della basilica [21]. L'ingegner Cesare Fustinelli formulò nel 1818 il progetto generale di restauro[10] della chiesa. Nel 1820 iniziò i lavori che proseguono tutt'oggi, seppure in modo diverso.

---

[9] Quatremère nelle *Lettres…* esprime un pensiero che è divenuto un secolo dopo un obbligo: il monumento cioè è parte inscindibile del contesto in cui si trova e non deve essere smontato per trasferirlo ad altro luogo, né il sito che lo contorna modificato al punto da deprimerlo, impedendone la percezione del valore.

[10] ASPSM, "Preventivo il quale descrive le operazioni necessarie di eseguirsi e la corrispondente spesa per applicare un compiuto ristauro alla i.r. patriarcale basilica san Marco", firmato ing. Fustinelli e datato 29 maggio 1818.

La commissione direttrice dei restauri dal 1826 fu assistita dal giovane ingegnere Giovan Battista Meduna[11]. Nel 1843 e 1854 i coniugi Giovanni e Luigia Kreutz pubblicarono un rilievo generale della basilica, rivolto a illustrarne i mosaici[12].

Nel 1858 Cicognara, Diedo e Selva illustrarono in tre volumi i principali monumenti della città e principalmente la basilica di San Marco rappresentata con la cripta inaccessibile e invasa dalle acque [22].

Fig. 4. Presbiterio Kreutz

---

[11] [15], p. 540, note sull'attività del Meduna, p. 544.
[12] ASPSM, portafoglio con rilievi della basilica: J. e L. Kreutz (1843) *Der Dom des Heil. Markus in Venedig*, Venezia; *Opera dei coniugi Kreutz*, Wien, 1854.

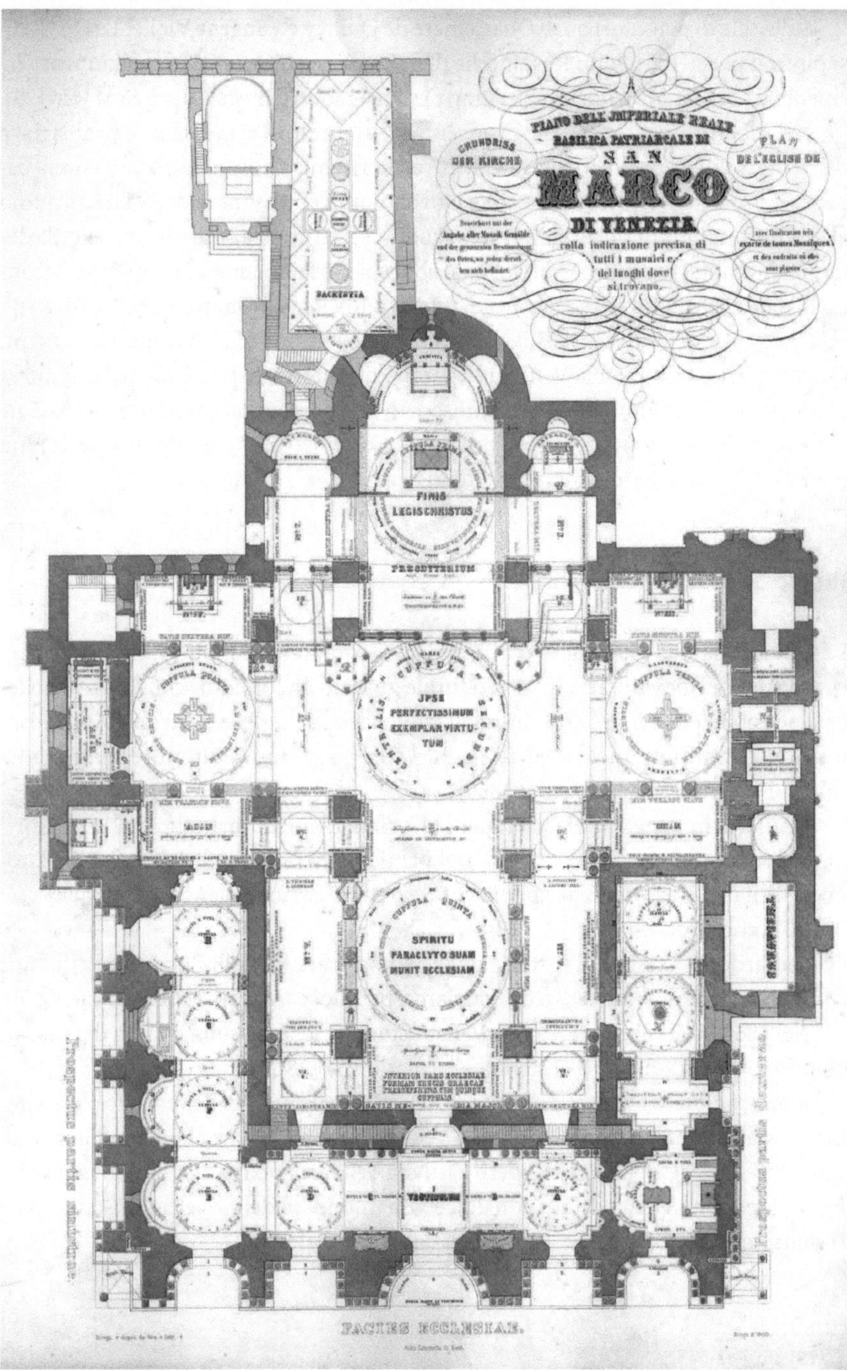

Fig. 5. ASPSM. Pianta "colla indicazione precisa di tutti i mosaici e dei luoghi dove si trovano". Giovanni e Luigia Kreutz, Wien, 1843

Sulla scia di pensatori quali Quatremère de Quincy ed Eugene Viollet Le Duc [23], si inserì il pensiero di John Ruskin, che definì ogni oggetto antico un documento irripetibile [24]. La sua autorità ebbe gran peso nel modo di restaurare San Marco [25].

Nel dibattito tra conservatori assoluti e restauratori, si svolse la fase austriaca del restauro della basilica. Nel 1853 il governo ritenne Giovan Battista Meduna capace di procedere nei lavori da solo. Egli sarà unico ingegnere della fabbrica fino al 1887. Convinto di dover garantire stabilità all'edificio agì, anche a costo di demolizioni e integrazioni, con atti irreparabili sui mosaici, rimossi e rinnovati secondo la tendenza culturale e artistica di quegli anni. Per il restauro della facciata sud (1865-75) demolì circa il 39% dei mosaici del Battistero [26]. Vennero ricostruiti moderni dalla Compagnia Venezia e Murano di Antonio Salviati. L'azione giudicata un insulto al monumento marciano, portò alle dure accuse di Alvise Pietro Zorzi nelle sue "osservazioni sui restauri", pubblicate nel 1877 con prolusione di John Ruskin [27] e diffuse nel mondo colto di allora.

Pietro Saccardo

La fabbriceria dal 1861 annoverava tra i suoi componenti l'ingegnere Pietro Saccardo, uno dei giovani del circolo culturale guidato da John Ruskin. Il Saccardo fece il possibile per evitare che i mosaici cinquecenteschi della Volta dell'Apocalisse fossero sostituiti da quelli studiati da Karl von Blaas, nuovo direttore dell'Accademia di Belle Arti di Venezia, dal 1860[13].

L'Austria in quegli anni istituì per i lavori un contributo annuo di 21.000 fiorini pari a 2,2 milioni di euro attuali. Del primo contributo ben 10.000 fiorini furono assegnati a Karl von Blaas per i suoi bozzetti e "cartoni" per i mosaici della volta dell'Apocalisse[14].

Saccardo resistette alla sostituzione dei mosaici dei fratelli Zuccato e istituì una commissione, con il consenso del Patriarca, per bloccare i lavori di rifacimento.

Nel 1864 intervenne all'Ateneo Veneto con una lezione sulla qualità dei mosaici di San Marco, sulla loro antichità e irripetibilità [28].

Blaas completò i bozzetti e i grandi "teleri" per il rinnovo dei mosaici dell'Apocalisse. Saccardo dopo il 1866, quando Venezia venne annessa al Regno d'Italia, accantonati i "teleri" del Blaas recuperò l'attività dell'anziano mosaicista Giovanni Moro[15], allontanato dalla basilica con un'accusa infondata del Governo Austriaco, che restaurò gli antichi mosaici, salvandoli dalla distruzione.

---

[13] [15], pp. 542-543.
[14] [15], p. 546, in nota.
[15] [15], nota pp. 544 e segg. e pp. 548-549.

La quasi contemporanea e sconsiderata azione del Meduna nei confronti dei mosaici del Battistero fece scattare nei giovani del circolo di Ruskin la repulsione verso quei ripetuti attacchi alla sacralità della basilica.

Saccardo, richiesto dal prefetto di Venezia di occuparsi dei mosaici di San Marco, istituì lo *studio di mosaico* della fabbriceria nel 1881 e stabilì il nuovo modo di restaurarli facendo precedere il calco all'intervento di conservazione. Impugnò il contratto della Società Salviati con la fabbriceria[16], poiché non all'altezza del lavoro richiesto. Rimosse dalla volta della porta da Mar quelli con le storie di san Marco, pure realizzati dal Salviati, e ripose in opera gli antichi staccati dal Meduna, fortunatamente salvati dai mosaicisti della basilica.

I calchi a Parigi

Nel 1888 partecipò all'Esposizione Universale di Parigi [29], con numerosi calchi di mosaico per illustrare al mondo che un nuovo corso era stato intrapreso nella basilica per la conservazione dei suoi preziosi mosaici.

Ferdinando Ongania

Un'altra azione partì contemporaneamente alla pubblicazione delle "Osservazioni" dello Zorzi, quella del libraio Ferdinando Ongania che si lanciò nella mischia, sull'onda del crescente interesse internazionale per Venezia e in particolare per la basilica che ne era divenuta metafora e simbolo. Raccolse testimonianze, studi e rilievi in precedenza realizzati, frequentò ogni convegno per valutare cosa le nuove tecniche fotografiche e cromolitografiche potessero dare alla stampa e diede inizio a una delle più poderose operazioni editoriali della fine del XIX secolo, che molto contribuì per la salvaguardia della basilica e per il rilancio nel mondo di Venezia [2].

Saccardo proto

Alla morte del Meduna nel 1887, Pietro Saccardo divenne l'ingegnere della fabbrica. In più relazioni [2, 31-33] documentò l'attività di conservazione. Tra i tanti lavori, restaurò quasi 3000 metri quadrati di mosaici, circa 800 di pavimenti, restaurò l'angolo sud-ovest della fabbrica, i coronamenti e le statue sopra l'arcone della vetrata dei cavalli. Ripose in opera la transenna marmorea rinascimentale che Me-

---

[16] [15], p. 549. Vedi anche nota 13.

duna aveva sostituito con una serie di lastre marmoree, ritenendo l'originale manufatto cinquecentesco in contrasto con lo stile della facciata sud della basilica.

Saccardo fu impegnato anche nel consolidamento della muratura del campanile, realizzata in tempi successivi a partire dal 912 d.C. e molto indebolita per gli innalzamenti che la portarono alla dimensione attuale, caricandola di pesi inizialmente non previsti.

La caduta del campanile

Pochi giorni prima della caduta si manifestarono elementi di instabilità e fessurazioni sul fusto della torre campanaria con caduta di polveri e frammenti di mattoni.

Il Saccardo non potè far altro che transennarlo. Il campanile crollò lunedì 14 luglio 1902 alle 9,45.

Il crollo travolse l'intera fabbriceria che il 19 luglio venne deposta di ogni autorità dal Governo. Saccardo, licenziato e privato dello stipendio, nel febbraio 1903 chiese il pensionamento e solamente il 17 novembre venne reintegrato nell'incarico con pagamento degli arretrati. Il 19 dello stesso mese morì [15, 34].

Sulla città fu caccia a scoprire l'instabilità delle varie torri campanarie. Alcune furono demolite, alcune ebbero le finestre della cella campanaria murate, in altre venne impedito di suonare le campane[17].

Fig. 6. Macerie del campanile

---

[17] [15], pp. 556-558.

Manfredo Manfredi

Nel marzo 1903 il Governo nominò l'architetto romano Manfredo Manfredi ingegnere della fabbrica. Egli si fece accompagnare nel nuovo ruolo dal giovane ingegnere Luigi Marangoni [35]. L'interesse immediato dei due nuovi tecnici fu di analizzare e dimostrare il grado di stabilità delle strutture della fabbrica e di ciò fu data diffusione attraverso due relazioni a stampa, nel 1904 [36] e nel 1908 [37].

Luigi Marangoni

I lavori di riparazione delle modifiche del Meduna all'angolo di sant'Alipio, iniziati nel 1910 proseguirono fino a tutto il 1914, diretti da Marangoni che dal 1908 aveva assunto il ruolo di unico ingegnere della fabbrica, avendo il Manfredi optato per la direzione dei lavori del Vittoriano, in costruzione a Roma. Il rapporto tra i due rimase intenso, poiché il Marangoni rendeva conto dei lavori al suo predecessore. Nel 1912 il 25 aprile, giorno di san Marco, venne inaugurato il nuovo campanile. Un'imprudenza nell'allargamento dell'apparato fondazionale, eseguito con calcestruzzo non armato, avrebbe reso necessario, dopo decenni di osservazioni, intervenire con le opere di consolidamento attualmente in corso.

Le due guerre

Le guerre mondiali del 1915-18 e del 1940-45 si abbatterono anche sulla basilica. Per la prima Marangoni studiò le protezioni dell'esterno e dell'interno con migliaia di sacchi di sabbia contenuti da strutture lignee e tavolati ricoperti da guaine catramate impermeabili [38]. Molte opere vennero allontanate per sicurezza. I cavalli di San Marco, furono trasportati in Palazzo Venezia a Roma. Nel dopoguerra Marangoni continuò il consolidamento strutturale di pilastri, di archi, della volta dell'Apocalisse e di quella dell'entrata di Gesù in Gerusalemme.

La fabbriceria ritorna procuratoria

Nel 1931, il conte Giuseppe Volpi, ministro del regno e sindaco di Venezia, fu nominato primo fabbriciere. Il Re d'Italia con proprio decreto consentì alla fabbriceria di fregiarsi dell'antico titolo di Procuratoria di San Marco, di conseguenza i fabbricieri del titolo di procuratori e l'ingegnere di quello antico di proto di San Marco.

Marangoni contribuì alla storia della fabbrica marciana con *l'architetto ignoto di san Marco* [39] in cui interpreta l'iscrizione incisa sulla fascia che conclude il rivestimento marmoreo della cappella di san Clemente. Mise a punto il sistema di restauro del mosaico da tergo, utilizzato in occasione del consolidamento della muratura della volta dell'entrata di Gesù in Gerusalemme.

La Seconda Guerra Mondiale lo costrinse a realizzare di nuovo quanto già studiato ed eseguito per proteggere la chiesa durante la prima. I cavalli furono portati nel convento benedettino di Praglia presso Padova.

Marangoni, apprezzato proto, colto, acuto, ma troppo coinvolto nel passato regime, non fu rieletto. Ne soffrì molto, si dimise nel febbraio del 1948 e morì nel 1951.

Il dopoguerra

Un faticoso periodo di riavviamento delle opere in basilica caratterizzò il dopoguerra. Per la prima volta venne nominato proto un ex soprintendente, l'ingegner Ferdinando Forlati che rimarrà in carica dal 1948 al 1971[18].

L'attività fu caratterizzata da opere di completamento dei consolidamenti di strutture e mosaici avviati dal Marangoni, che, nel 1946, aveva inviato ai procuratori l'elenco degli interventi necessari e urgenti [40].

L'alluvione del 1966

A seguito dell'alluvione del 4 novembre 1966, che per la prima volta inondò la basilica, Forlati realizzò importanti interventi di sottofondazione dell'angolo tra la porta dei Fiori e la Cappella dei Mascoli e di sant'Isidoro, con il sistema di micropali iniettati. Restaurò rimettendo in luce l'antico chiostro di sant'Apollonia, del XII secolo, realizzando una protezione dalle acque alte in gran parte del piano terra del nuovo museo. Forlati pubblicò annuali resoconti dei restauri in *Arte Veneta* e concluse con *La Basilica attraverso i suoi restauri* nel 1975 [41].

Dopo Forlati si avvicendarono per brevi periodi nel ruolo di proto l'ingegnere Antonino Rusconi, ancora un ex soprintendente, quindi l'architetto Angelo Scattolin, professore di restauro allo IUAV (Istituto Universitario di Architettura di Venezia).

Apparivano le resine tra i prodotti per la conservazione dei materiali antichi. Rusconi fece testare in cripta, nel 1974 dalla ditta IAR, il prodotto in un tratto della parete sud della navatella centrale, con buoni risultati. Breve fu la sua presenza poiché per i contrasti avuti con la procuratoria si dimise dall'incarico e morì nel febbraio del 1975.

---

[18] ASPSM, La procuratoria fu guidata dal senatore prof. Giovanni Ponti dal 1948 e dal conte Vittorio Cini dal 1955.

L'attività di Angelo Scattolin fu rivolta a chiarire le tensioni cui era sottoposta la struttura della basilica, partendo dall'accertamento delle cause che avevano creato dislivelli e strapiombi.

In cripta scoprì che il bordo delle volte aperte verso la navata era solcato da una gola che correva lungo l'arco e i piedritti delle forature da cui si entrava in quella che Cattaneo definì "retrocripta" o cripta antica. All'inizio fu uno spazio aperto per accedere dalla navata alla cripta attuale, allora una sottoconfessione che consentiva ai fedeli di recarsi alla tomba del santo patrono. Assieme ad altri studiosi e ingegneri fondò lo IABSE (International Association for Bridge and Structural Engineering).

La relazione da lui lasciata dopo l'incarico, illustra succintamente i lavori di quegli anni, tra cui l'inizio del restauro della cupola di san Giovanni[19].

Gli studi e i restauri contemporanei

La procuratoria ha trasferito dalla fine dell'"800 le antiche tecniche, sull'onda di una sicurezza che si è diluita negli anni tra le due guerre ed è stata ripresa dopo l'alluvione del '66, che ha evidenziato la necessità di affrontare con nuovi strumenti e metodi la conservazione della fabbrica di San Marco.

Dopo gli studi di Sergio Bettini e Valentino Vecchi, nel dopoguerra si pubblicano i determinanti contributi stranieri di Otto Demus [42-43], Fredrich Deichmann [44] e H.R. Hahnloser [46] per l'architettura, i mosaici, l'arte e il tesoro della basilica marciana.

Nel marzo 1981 la procuratoria nomina proto l'architetto Ettore Vio.

L'attività in basilica fu accompagnata da rilievi e indagini[20]. Una nuova stagione italiana di studi si apre con *Venezia Origini* del Dorigo nel 1983 che rivede la posizione del Cattaneo sulla prima cappella ducale. Nel 1989 il proto Vio pubblica uno studio che evidenzia l'azione del Saccardo, quasi dimenticato per una sorta di *damnatio memoriae* avvenuta per presunte colpe nel crollo del campanile[21].

Tra il 1988 e il 1991 ENEL per il suo 25° anniversario finanziò il rinnovo dell'impianto di illuminazione ed elettrico della basilica. Per celebrare l'evento vennero editi due volumi [46-47]. Nell'aprile del 1992 l'Accademia dei Lincei li presentò come le migliori pubblicazioni italiane scientifiche non universitarie.

---

[19] ASPSM, relazione del proto Angelo Scattolin alla fine del suo mandato 31 dicembre 1980, sui lavori eseguiti in basilica.

[20] ASPSM, (1983-1993) Controllo altimetrico delle strutture della fabbrica da parte di C. Monti e A. Giussani politecnico di Milano; (1983-2010) Rilievo fotogrammetrico dell'intera basilica in più fasi: Foart 1983-1986, Geosigma 1989-1992 per Magistrato alle Acque, Polimi (C. Monti Politecnico di Milano) per le soffitte le cupole e il completamento delle sezioni 2001-2010.

[21] [15], pp. 557-558 e nota in merito alle accuse di Michele Spirito.

I risultati delle livellazioni in corso da quasi un decennio indussero a valutare il grado di stabilità globale della fabbrica. Furono eseguite analisi fisico-chimiche dei materiali, indagini conoscitive dell'apparato fondazionale, realizzato il modello matematico delle strutture, catalogati documenti e grafici dei restauri ottocenteschi, integrato in parte il rilievo fotogrammetrico del monumento.

Il 14 dicembre 1993 si riaprì la cripta restaurata con la collaborazione della IAR. Il restauro consentì scoperte archeologiche determinanti per la storia della prima San Marco, che furono oggetto di altri due volumi editi nel 1992 e nel 1993 [48, 16]. Dorigo in *Venezia Arti* pubblicò nuove esaustive considerazioni sulla cripta [49]. Sono gli anni in cui gli studi fioriscono per l'intensa collaborazione tra procuratoria e università [50, 51].

Per le celebrazioni del IX centenario della basilica (1994), volute dal primo procuratore Feliciano Benvenuti, si indissero 5 convegni internazionali: *Storia e agiografia di san Marco*, 25 aprile 1994; *Storia dell'arte Marciana* suddivisa in 3 convegni, *Architettura, Mosaici, Arazzi e Tesoro*, 8-11 ottobre 1994, *Scienza e Tecnica del Restauro della Basilica di San Marco*, 15-19 maggio 2005, *Il vangelo di san Marco*, giugno 1995 e successiva pubblicazione degli atti [52-55].

Nel 1997 il patriarca di Venezia concesse l'uso del Salone dei Banchetti per museo. Il collegamento col museo venne realizzato attraverso le soffitte della basilica. Nel 1999 fu completato l'ascensore che consente ai diversamente abili di accedere ai due livelli del museo.

Le pubblicazioni a cura di studiosi e del proto resero noti i principali restauri condotti a termine: le Tarsie lignee della Sacrestia [56], gli Arazzi della basilica [57] e i suoi Marmi [58]. All'inizio del nuovo Millennio uscì un volume generale sulla basilica [59].

L'8 ottobre 2003 si inaugurò il museo ampliato che si espande nei matronei dell'albero della vergine e del pozzo, dai quali si gode lo svolgersi del manto musivo su archi, volte e cupole della chiesa.

Completati i rilievi delle soffitte e delle cupole della basilica si poté disporre di dati per la valutazione "in continuo" delle tensioni nelle strutture della fabbrica. Renato Vitaliani predispose il software del modello matematico interattivo della struttura della basilica. Il variare di livelli e di strapiombi corrisponde a variazioni dimensionali delle e tra le strutture e modifica le tensioni nelle membrature architettoniche. Introducendo nel software interattivo del modello matematico della fabbrica che controlla la coesione strutturale di migliaia di elementi finiti, si evidenziano le tensioni prodotte per mantenere uniti i singoli elementi. Le tensioni sono evidenziate con colorazioni del modello che variano dal blu al rosso se risultano negative o positive. Per l'efficacia del software si è dovuto implementare il rilievo di quei dati che consentissero la certezza dei pesi e dei momenti di inerzia delle singole componenti le strutture.

I restauri dalla facciata nord completarono un'attività iniziata nel novembre 1981 con l'arcone principale della basilica poi proseguita nella fronte ovest, quindi la sud e infine la nord ultimata nel dicembre del 2006. I restauri della cappella di sant'Isidoro impegnarono mosaicisti e marmisti per sette anni fino al settembre 2010. Un restauro che ha offerto indicazioni inaspettate sulle precedenze costruttive della chiesa.

Molti altri interventi sono in corso nelle cupole, nei mosaici, nel pavimento e nei marmi. Una particolare attenzione fu rivolta agli impianti adeguati con le tecniche più sofisticate. In particolare si è completato nel 2009 il rilievo 3D del pavimento e del suo modellato in scala fino la vero, utilissimo per i restauri. Luigi Fregonese dà notizie più dettagliate del lavoro compiuto in questa pubblicazione.

A partire dal 2006 si dà conto dei principali restauri e studi con la pubblicazione di un quaderno annuale [60-64].

La procuratoria, guidata da Feliciano Benvenuti dal 1987 al 1999 e ora da Giorgio Orsoni, coadiuvati da illustri studiosi e amministratori, continua con la pietas dovuta nell'azione di conservazione della basilica di San Marco, metafora della città, per trasmettere alle future generazioni i valori di storia, fede e arte che questa esprime e contiene.

Bibliografia

[1]   R. Cecchi (2003) *La basilica di san Marco. La costruzione bizantina del IX secolo. Permanenze e trasformazioni*. Marsilio, Venezia, pp. 19-31

[2]   AA.VV. (1881-1893) Documenti Ongania n. 37-DCCCCLXXVI, in: *La basilica di san Marco in Venezia illustrata nella storia e nell'arte da scrittori veneziani sotto la direzione di Camillo Boito*, Ongania, Venezia

[3]   E. Vio (1993) Fondazioni, murature, volte, ulteriori elementi per la storia della cripta di san Marco, *Venezia Arti* 7, Viella, Roma, pp. 5-16

[4]   W. Dorigo (1983) *Venezia origini: fondamenti, ipotesi, metodi*, Electa, Milano

[5]   M. Jacoff (1993) *The horses of san Marco and the quadriga of the Lord*, Princeton, USA

[6]   V. Vecchi (1943) *I Santi nei mosaici della basilica di san Marco* (tesi laurea, rel. S. Bettini) Padova

[7]   S. Bettini (1944) *Mosaici antichi di San Marco a Venezia*, Bergamo

[8]   E. Vio (2008) La cappella di sant'Isidoro e i restauri dei mosaici, in: *Quaderni della procuratoria di san Marco 2008*, Marsilio, Venezia

[9]   L. Marangoni (1933) L'architetto ignoto di San Marco, *Archivio Veneto*, s. V, vol. XIII, C. Ferrari, Venezia, pp. 1-78

[10]   AA.VV. (1881-1893) La processione ducale (M. Pagan), ristampa Ongania (1886), in: *La basilica di san Marco in Venezia illustrata nella storia e nell'arte da scrittori veneziani sotto la direzione di Camillo Boito*, Ongania, Venezia

[11]   D. Howard-L. Moretti (2009) *Sound and space in Renaissance Venice: architecture, music, acoustics*, Yale University Press, New Haven

[12]   E. Vio (1995) Il cantiere marciano, in: E. Vio e A. Lepschy (a cura di) (1999) *Scienza e tecnica del restauro della basilica di San Marco*, vol. I, atti del convegno internazionale di studi, Istituto Veneto di Scienze, Lettere ed Arti, Venezia

[13]   A. Hopkins (1998) Architecture and Infirmitas. Doge Andrea Gritti and the chancel of San Marco, The British School at Rome, *JSAH* 57:2

[14]   E. Vio (1994) Le trasformazioni urbane dell'area marciana, in: *Le procuratie vecchie in piazza san Marco*, Editalia, Roma, pp. 59-110

[15]   E. Vio, Pietro Saccardo (1830-1903) proto di san Marco: una nuova cultura del restauro, in: *Atti IVSLA tomo CXLVII (1988-89)*, Classe scienze morali, lettere e arti, Venezia, p. 539

[16]   AA.VV. (1993) *Basilica patriarcale in Venezia. San Marco. La cripta, il restauro* (progetto e coordinamento di E. Vio), Vallardi, Milano

[17]   E. Vio (1967) *La villa Farsetti a Santa Maria di Sala*, F. Ongania di Muneratti e Zotti, Padova, p. 10

[18]   A. Cosulich (1984) *I naufragi del '700 e dell''800*, I Sette, Venezia

[19]   G. Samonà (1970) Caratteri morfologici del sistema architettonico di piazza san Marco, in: *Piazza san Marco l'architettura la storia le funzioni*, Marsilio, Venezia, pp. 9-36

[20]   S. Pratali Maffei (1996) Antoine Chrysostome Quatremère de Quincy (1755-1849), in: S. Casiello (a cura di), *La cultura del restauro*, Marsilio, Venezia

[21]   M. Da Villa Urbani (2001) L'iscrizione imperiale, in: E. Vio (a cura di) *Lo splendore di san Marco*, scritta voluta da Francesco I imperatore d'Austria, sulla fronte dell'arcone di san Marco, Rimini, p. 102

[22]   *Le fabbriche e i monumenti cospicui di Venezia illustrati da L. Cicognara, A. Diedo, G. A. Selva* (1858), vol. I, p. 88, tav. 1, 2, 3, 4 bis, edizione con note e aggiunte di F. Zanotto, Venezia

[23]   E. Vassallo (1996) Eugène Emmanuel Viollet-Le-Duc (1814-1879), in: S. Casiello (a cura di), *La cultura del restauro*, Marsilio, Venezia

[24]   A. Maramotti Politi (1996) Ruskin fra architettura e restauro, in: S. Casiello (a cura di), *La cultura del restauro*, Marsilio, Venezia

[25]   J. Unrau (1984) *Ruskin and St. Mark's*, Thames and Hudson, New York

[26]   E. Vio (1992) Appunti sui mosaici e sull'architettura del battistero di San Marco in Venezia, in: *Mosaici a S. Vitale e altri restauri: il restauro in situ di mosaici parietali*, Longo, Ravenna, pp. 133-146

[27]   A.P. Zorzi (1877) *Osservazioni intorno ai restauri interni ed esterni della basilica di San Marco*, Venezia

[28]   P. Saccardo (1864) *Saggio di uno studio storico-artistico sopra i mosaici della chiesa di San Marco in Venezia*, Atti dell'Ateneo Veneto, 3 settembre 1864, pp. 447- 479, in estratto: Tip. del commercio, Venezia, 1864, p. 35

[29]   E. Vio (1994), I calchi di carta dello Studio di mosaico, in: *Atti del convegno Storia dell'arte marciana: i mosaici*, Venezia, San Giorgio, 11-14 ottobre 1994, Venezia, 1997 pp. 323-335

[30]   P. Saccardo (1890) *I restauri della basilica di San Marco nell'ultimo decennio*, Tip. Emiliana, Venezia, VI, p. 63, ill.

[31]   P. Saccardo (1892) *I restauri della basilica di San Marco in Venezia dall'agosto 1890 a tutto l'anno 1891*, Tip. Emiliana, Venezia, p. 22

[32]   P. Saccardo (1895) *I restauri della basilica di S. Marco in Venezia dal principio dell'anno 1892 a tutto l'agosto 1895*, Tip. Emiliana, Venezia, p. 11

[33]   P. Saccardo (1901) *La basilica di San Marco e il suo pavimento nei restauri dell'ultimo ventennio*, Naratovich, Venezia, p. 30

[34]   AA.VV. (1992) *Il Campanile di san Marco. Il crollo, la ricostruzione, 14 luglio 1902 – 25 aprile 1912*, Catalogo della mostra in Palazzo Ducale (14 luglio-31 dicembre 1992) per il 90° anniversario della caduta, a cura di M. Fenzo, Milano

[35]   F. Borsi, M.C. Buscioni (1983) *Manfredo Manfredi e il classicismo della nuova Italia*, Electa, Milano, pp. 143-171

[36]   M.E. Manfredi, L. Marangoni (1904) *Le condizioni statiche della basilica*, C. Ferrari, Venezia

[37]   M.E. Manfredi, L. Marangoni (1908) *Le opere di restauro nella basilica*, Callegari e Salvagno, Venezia

[38]   G. Scartabello (1933) *Il martirio di Venezia durante la grande guerra e l'opera di difesa della Marina italiana*, voll. I-II, Venezia, pp. 30-41

[39]   L. Marangoni (1933) L'architetto ignoto di San Marco, *Archivio Veneto*, s. V, vol. XIII, 1933, C. Ferrari, Venezia, pp. 1-78

[40] L. Marangoni (1946) *La basilica di San Marco in Venezia: urgenza di provvedimenti per la sua conservazione*, C. Ferrari, Venezia

[41] E. Vio (1999) Rodolfo Pallucchini e la basilica di san Marco, in: Omaggio all'arte veneta per ricordare Rodolfo Pallucchini a 10 anni dalla sua scomparsa, *ARTE Documento* 13, Venezia

[42] O. Demus (1960) *The church of San Marco in Venice: history, architecture, sculpture*, Dumbarton Oaks, Washington D.C., Research

[43] O. Demus (1984) *The mosaics of San Marco in Venice*, The University of Chicago Press, Chicago and London

[44] W.F. Deichmann (1981) *Corpus der kapitelle der Kirche von san Marco zu Venedig*, Richter, Wiesbaden

[45] *Il Tesoro di San Marco: I. La Pala d'oro – II. Il tesoro e il museo*, opera diretta da H.R. Hahnloser (1965-1971), Sansoni, Firenze

[46] AA.VV. (1990) *Basilica Patriarcale in Venezia. San Marco. I mosaici, la storia, l'illuminazione* (progetto e coordinamento di E. Vio), Fabbri, Milano

[47] AA.VV. (1991) *Basilica Patriarcale in Venezia. San Marco. I mosaici, le iscrizioni, la pala d'oro* (progetto e coordinamento di E.Vio), Fabbri, Milano

[48] AA.VV. (1992) *Basilica patriarcale in Venezia. San Marco. La cripta, la storia, la conservazione* (progetto e coordinamento di E.Vio), Vallardi, Milano

[49] W. Dorigo (1993) Una discussione e nuove precisazioni sulla cappella Sancti Marci nel IX-X secolo, *Venezia Arti* 7, pp. 17-36

[50] R. Polacco (1991) *San Marco. La basilica d'oro*, Berenice, Milano

[51] O. Demus, G. Tigler (a cura di) (1995) *Le sculture esterne di San Marco*, Electa, Milano

[52] R. Polacco (a cura di) (1997) *Storia dell'arte marciana. L'architettura. Atti del convegno di Storia dell'arte marciana (Venezia 11-14 ottobre 1994)*, Marsilio, Venezia

[53] R. Polacco (a cura di) (1997) *Storia dell'arte marciana. I mosaici. Atti del convegno di Storia dell'arte marciana (Venezia 11-14 ottobre 1994)*, Marsilio, Venezia

[54] R. Polacco (a cura di) (1997) *Storia dell'arte marciana. Sculture, tesoro, arazzi. Atti del convegno di Storia dell'arte marciana (Venezia 11-14 ottobre 1994)*, Marsilio, Venezia

[55] E. Vio e A. Lepschy (a cura di) (1999) *Scienza e tecnica del restauro della basilica di San Marco: atti del convegno internazionale di studi (Venezia, 16-19 maggio 1995)*, Istituto Veneto di Scienze, Lettere ed Arti, Venezia

[56] U. Daniele, C. Schmidt Arcangeli, E. Vio (a cura di) (1998) *Tarsie lignee della basilica di San Marco*, Rizzoli, Milano

[57] L. Dolcini, D. Davanzo Poli, E. Vio (a cura di) (1999) *Arazzi della basilica di San Marco*, Rizzoli, Milano

[58] I. Favaretto, E. Vio, S. Minguzzi, M. Da Villa Urbani (a cura di) (2000) *Marmi della basilica di San Marco: capitelli, plutei, rivestimenti, arredi*, Rizzoli, Milano

[59] AA.VV. (2001) *Lo splendore di San Marco a Venezia*, a cura di E. Vio, Idea Libri, Rimini

[60] I. Favaretto, M. Da Villa (a cura di) (2006) La facciata nord, in: *Quaderni della Procuratoria: arte, storia, restauri della basilica di San Marco a Venezia*, Marsilio, Venezia

[61] I. Favaretto, M. Da Villa (a cura di) (2007) La Madonna dalle mani forate fontana di vita: iconografie bizantine in San Marco, in: *Quaderni della Procuratoria: arte, storia, restauri della basilica di San Marco a Venezia*, Marsilio, Venezia

[62] I. Favaretto, M. Da Villa (a cura di) (2008) La cappella di Sant'Isidoro, in: *Quaderni della Procuratoria: arte, storia, restauri della basilica di San Marco a Venezia*, Marsilio, Venezia

[63] I. Favaretto, M. Da Villa (a cura di) (2009) Il coronamento gotico, in: *Quaderni della Procuratoria: arte, storia, restauri della basilica di San Marco a Venezia*, Marsilio, Venezia

[64] I. Favaretto, M. Da Villa (a cura di) (2010) Ferdinando Ongania editore e la Basilica di San Marco, in: *Quaderni della Procuratoria: arte, storia, restauri della basilica di San Marco a Venezia*, Marsilio, Venezia

Simmetria a San Marco

di Michele Emmer

La simmetria è una materia vasta, importante nell'arte e in natura. La matematica ne è la radice, e sarebbe ben difficile trovare un campo migliore in cui dimostrare come operi il pensiero matematico.[1]

Così concludeva nel 1951 il suo agile volume *Symmetry* il matematico Hermann Weyl, congedandosi dall'*Institute for Advanced Study* di Princeton. Scriveva tra l'altro Weyl:

Ci si può domandare se le proprietà estetiche della simmetria dipendano dal loro valore come si manifesta nella vita: l'artista ha forse scoperto la simmetria di cui la natura ha dotato le sue creature, in obbedienza a una sua legge, e ha poi copiato e perfezionato quanto la natura presentava in realizzazioni ancora imperfette? Oppure il valore estetico della simmetria proviene da una fonte indipendente? Come Platone, anch'io sono incline a riconoscere nell'idea matematica l'origine comune di entrambi i valori: le leggi matematiche che reggono la natura sono l'origine delle manifestazioni naturali della simmetria; e la mente creativa dell'artista applica per intuizione queste leggi nell'opera d'arte; sono pronto tuttavia ad ammettere che l'aspetto esteriore della simmetria bilaterale del corpo umano ha agito come stimolo ulteriore nel campo artistico.

Il libro di Weyl è ricco di esempi presi dall'arte, sui quali costruisce poi la teoria matematica dei gruppi di simmetria. Altrettanto importante della simmetria è la sua mancanza, la rottura delle simmetrie. Esempio citato a questo proposito da Weyl è un bassorilievo che si trova nella basilica di San Marco. Weyl descrive via via i diversi tipi di trasformazioni simmetriche. Una delle prime è la simmetria di traslazione. Weyl cita come esempio la facciata del Palazzo Ducale di Venezia: sulla facciata vi sono pannelli che si ripetono per riempire tutta la parete, oltre a diversi altri motivi simmetrici.

L'idea di simmetria si è venuta modificando con il passare dei secoli e ai giorni nostri il significato di questo termine dipende in modo essenziale dall'area di-

Fig. 1. Palazzo Ducale a Venezia

sciplinare e dal settore scientifico in cui viene utilizzata. La parola simmetria è una di quelle parole che può significare tutto e niente.

A riprova di come si possano guardare con occhio diverso gli stessi elementi di simmetria, si può prendere come esempio proprio la facciata del Palazzo Ducale. Se Weyl ne sottolinea le strutture simmetriche, indubbiamente molto evidenti, per Ruskin, autore del famoso libro *The Stones of Venice* (1851-53), è da mettere in evidenza la rottura della simmetria. Parlando della facciata del palazzo che dà sulla laguna nota che [2]:

> ... le due finestre a destra sono più basse delle altre quattro. In questa disposizione si può ravvisare uno degli esempi più notevoli che conosca dell'ardito sacrificio della simmetria alla funzionalità, che costituisce l'aspetto più nobile dell'arte gotica.

Nel capitolo sulla "natura del gotico", Ruskin aveva spiegato che:

> ... la richiesta di precisione contraddistingue sempre un fraintendimento dei fini artistici [...] L'imperfezione è in un certo senso consustanziale a tutto ciò che sappiamo della vita [...] Nulla di ciò che vive è, o può essere, assolutamente perfetto [...] e in tutte le creature viventi si riscontrano irregolarità e manchevolezze che non sono soltanto segni di vita, ma anche di bellezza. S'ammette la regolarità in quanto implica il mutamento; bandire l'imperfezione significa distruggere l'espressività, reprimere lo sforzo, paralizzare la vita.

Ecco che allora bisogna combattere la monotonia in architettura, utilizzandola proprio per far risaltare ciò che varia. La varietà perseguita dalle correnti gotiche è sana e piacevole perché risulta dalle necessità pratiche più che da un mero desiderio di cambiamento.

Una delle virtù principali dei costruttori gotici fu quella di non permettere che regole e simmetrie interferissero nell'uso reale o nel valore di quanto stavano edificando. Se ritenevano necessaria una finestra, l'aprivano; se occorreva una stanza, l'aggiungevano, procedendo senza darsi pena delle convenzioni o delle apparenze esteriori. Nel più fulgido periodo del gotico si sarebbe preferito piuttosto aprire una finestra in un luogo inatteso, per il puro piacere della sorpresa, che proibirne un'altra per amor di simmetria.

L'esempio sono proprio le finestre di Palazzo Ducale, in cui la simmetria è sacrificata alla convenienza. Elementi di non simmetria inseriti in una struttura simmetrica. Anche se a prima vista è l'apparente simmetria dell'insieme che colpisce. È come quando si osserva il viso di un uomo o di una donna: c'è un'apparente simmetria ma se si prende una metà del viso e la si replica si ottiene un viso alquanto diverso dall'originale.

Ha scritto Ruskin:

L'originalità dell'architetto di Palazzo Ducale consiste nell'adozione dei trafori dell'abside per scopi di edilizia civile, dopo averli assai raffinati e sviluppati, apportandovi delle modifiche fondamentali.

Vennero aumentati enormemente di spessore e di misura e poi, al fine di reggere meglio il peso sovrastante, il quadrifoglio venne posto tra un arco e l'altro, adempiendo in questo modo a una funzione portante molto più specifica. Per Ruskin il passaggio da un'architettura ricca di ricami e riflessi argentei, in cui la decorazione bizantina coesiste con la sagoma gotica dell'arco, alla semplicità degli archi gotici puri, quali si vedono sulla facciata del Palazzo Ducale, è uno dei fenomeni più notevoli nella storia dell'arte veneziana.

La basilica di San Marco

Entrando nella basilica di San Marco, a lato del Palazzo Ducale, una delle cose più affascinanti sono i mosaici della pavimentazione, mosaici che come tutti i motivi periodici che riempiono una superficie si basano sulla struttura dei 17 gruppi cristallografici.

Non vi è pericolo che le risorse dell'autore di pattern, di motivi, siano esaurite dai vincoli della geometria, perché ognuno dei gruppi e degli strumenti descritti dai matematici può essere combinato con altri in un'infinità di combinazioni e permutazioni. Sono infinite le possibilità!

Parole scritte dall'artista olandese Maurits Cornelis Escher nel 1958, parole di un grande esperto di motivi che tassellano l'intero piano in modo periodico [3].

Come sanno bene i decoratori, non tutte le forme possibili di mattonelle si possono usare per ricoprire senza vuoti una parete o un pavimento. Dalla combinazione dei diversi tipi di mattonelle e dalle simmetrie dei disegni inseriti nelle mattonelle stesse, si hanno diversi tipi di simmetria, utilizzando i movimenti simmetrici del piano, le traslazioni, le riflessioni, le rotazioni e le glissoriflessioni. Utilizzando tutti questi movimenti si ottengono precisamente 17 tipi diversi di simmetrie, i 17 gruppi cristallografici del piano, senza tener conto del colore, altrimenti la situazione si complica: utilizzando solo il bianco e nero.

Alcune civiltà hanno privilegiato certi gruppi di simmetria, altre ne hanno preferiti altri. Naturalmente non si sta dicendo che nel corso dei secoli coloro che realizzavano le decorazioni fossero consapevoli della struttura di gruppo, delle possibili varianti delle simmetrie del piano: essi utilizzarono quelle proprietà in modo empirico, senza sapere che vi era una teoria, una struttura matematica che li comprendeva tutti (non ne avevano alcuna necessità, peraltro).

Sarà solo alla fine dell'Ottocento che un matematico russo si accorgerà che alcune strutture – i cristalli in particolare – avevano le proprietà dei gruppi, e che le decorazioni come quelle dell'Alhambra avevano le stesse proprietà. Sarà poi il matematico George Polya, nel 1924, a individuare le caratteristiche di tutte le possibili simmetrie delle decorazioni piane, dette in matematica tassellazioni. Polya noterà inoltre che non è necessario utilizzare interamente una mattonella ripetuta all'infinito per ottenere il ricoprimento di tutta la parete. Basta prendere una parte molto piccola della mattonella e del disegno in essa contenuto, e ripetere solo quella utilizzando le regole della simmetria del piano, a partire cioè da quella che si chiama cella elementare.

In questo modo, a partire da alcuni tratti molto semplici, utilizzando le regole di simmetria, si ottiene la tassellazione finale. Un procedimento meccanico e ripetitivo. Proprio per questo motivo è chiaro che quando iniziarono a essere sperimentati i primi calcolatori grafici, una delle prime cose realizzate furono programmi per creare i 17 gruppi cristallografici del piano.

Strutture matematiche che non limitano affatto la fantasia. Come ha detto Ernst Gombrich, non vi è pericolo che le risorse dell'autore di pattern, di motivi, siano esaurite dai vincoli della geometria, perché ognuno dei gruppi e degli strumenti descritti dai matematici può essere combinato con altri in un'infinità di combinazioni e permutazioni. Sono infinite le possibilità [4]!

E una delle tante dimostrazioni di questa affermazione di Gombrich è proprio nel pavimento della basilica di San Marco.

Fig. 2. Mosaici bizantini da *The Grammar of Ornament* di Owen Jones, tra essi alcuni provengono dal pavimento della basilica di San Marco

Non potevano mancare, in quella grande enciclopedia dei motivi decorativi che è *The Grammar of Ornament* di Owen Jones [5], motivi bizantini e quindi mosaici e tarsie della decorazione della basilica di San Marco; del pavimento in particolare ne sono riportati una decina dei più interessanti. La disposizione dei motivi sul pa-

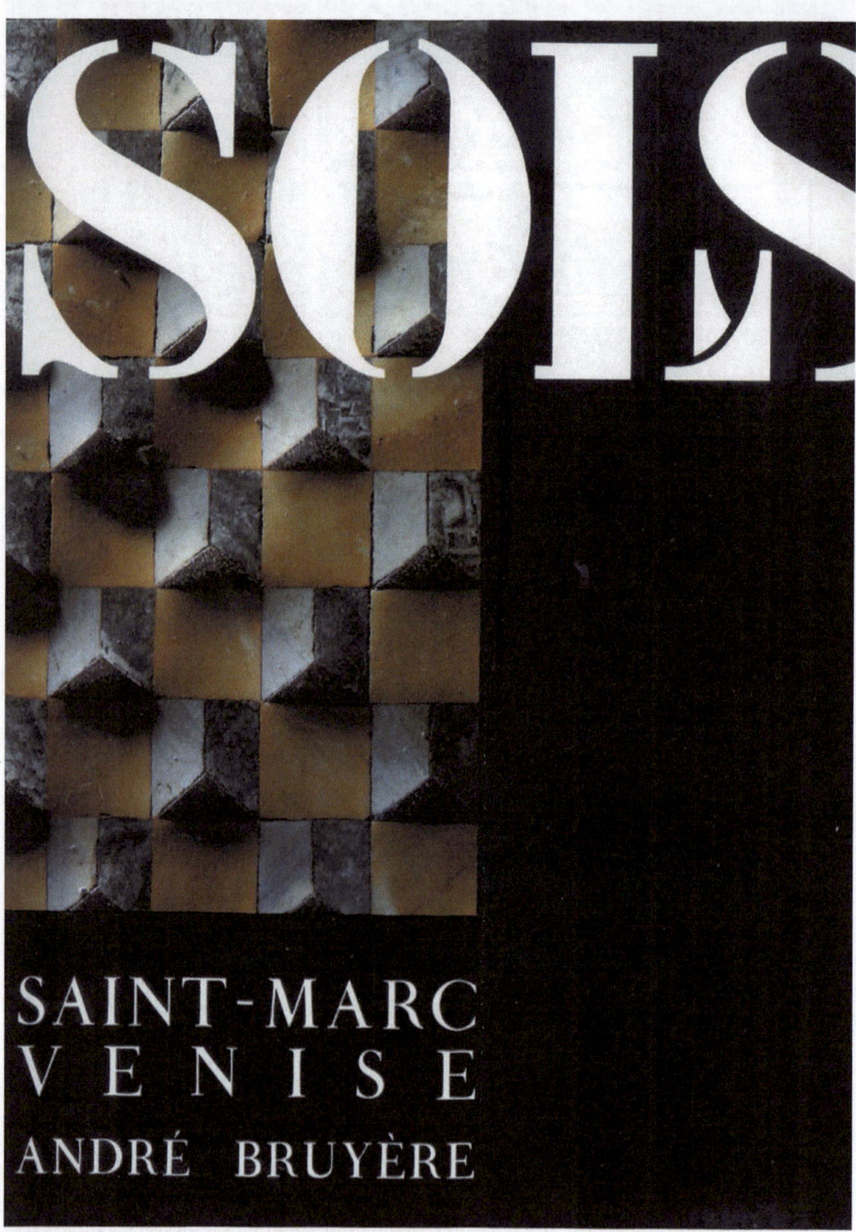

Fig. 3. André Bruyère, *Sols. Saint-Marc, Venise* [6]

vimento della basilica – come si può notare solo in una pianta, dato che per la maggior parte sono coperti per proteggerli dai visitatori – è anch'essa simmetrica con elementi di non simmetria (ovvero non simmetrica con elementi di simmetria).

> Ripetizione e moltiplicazione, due parole semplicissime. Tuttavia la totalità del mondo che è possibile percepire attraverso i nostri sensi conoscerebbe una disintegrazione caotica se non potessimo riferirci a queste nozioni [...] A volte ho l'impressione di aver percorso questo campo per tutta la sua estensione, ammirato tutti i panorami, seguite tutte le strade, ma ecco che ne scopro ancora un'altra che mi procura una nuova gioia.

Così scriveva sempre Escher, che a Venezia aveva realizzato un disegno dell'isola di San Giorgio vista attraverso i trafori a quadrifoglio e le colonne che si ripetono sul loggiato del Palazzo Ducale, quelle di cui parlava Ruskin. Ma nella basilica di San Marco non basta guardare le strutture architettoniche:

> Guarda dove metti i piedi. Questi pavimenti geometrici scompaiono sotto la pesante camminata dei turisti, per l'umidità e l'oscurità della cupola. Questi mosaici sono così fragili che da qualche tempo sono nascosti sotto dei grandi tappeti, e solamente questo libro li rivela. Sono l'immagine della libertà. Quando il rigore è costruito da una mano inventiva, lungi dal meccanizzare l'immaginazione, consente di sperimentare tutte le possibile sensuali avventure.

Nel 1990 l'architetto e fotografo francese André Bruyère pubblica il volume *Sols. Saint-Marc, Venise* [6] in cui inserisce le fotografie che ha realizzato dei mosaici che costituiscono il pavimento della basilica:

> Nascosti dai luoghi comuni sono i nostri antichi segreti. Pensiamo di conoscerli possedendoli. Sono dei volti, delle parole e delle opere. L'abitudine nasconde la conoscenza. Ma se sono visti come sconosciuti, allora si impara qualcosa di bello: guardate il pavimento di San Marco.

Potrebbe sembrare curioso che a questa grande meraviglia, i mosaici del pavimento della basilica di San Marco, non siano stati dedicati grandi studi. Restano in gran parte sconosciuti non solo ai visitatori occasionali ma anche agli studiosi di cose veneziane. Come scrive Xavier Barral I Altet, professore emerito di storia dell'arte medievale presso l'Università di Rennes in Francia:

> ... il pavimento di San Marco ha spesso impressionato i ricercatori, ma l'attrazione esercitata dai mosaici murali della basilica ha relegato il pavimento, in tutte le monografie dedicate alla basilica e ai suoi mosaici, in un livello secondario. [7]

Questo il motivo principale perché Barral I Altet ha dedicato un libro ai mosaici dei pavimenti medioevali di Venezia, Murano e Torcello. Nel ricostruire la storia della costruzione della basilica, si occupa anche della storia della realizzazione dei mosaici del pavimento. Tra l'altro la basilica divenne cattedrale di Venezia solo nel 1807, essendo in precedenza la cappella ducale. Si ritiene che la basilica sia stata edificata a partire dal IX secolo dopo l'arrivo delle reliquie di san Marco nel 829. La ricostruzione totale della basilica dopo un incendio è degli anni 1042-1071. La consa-

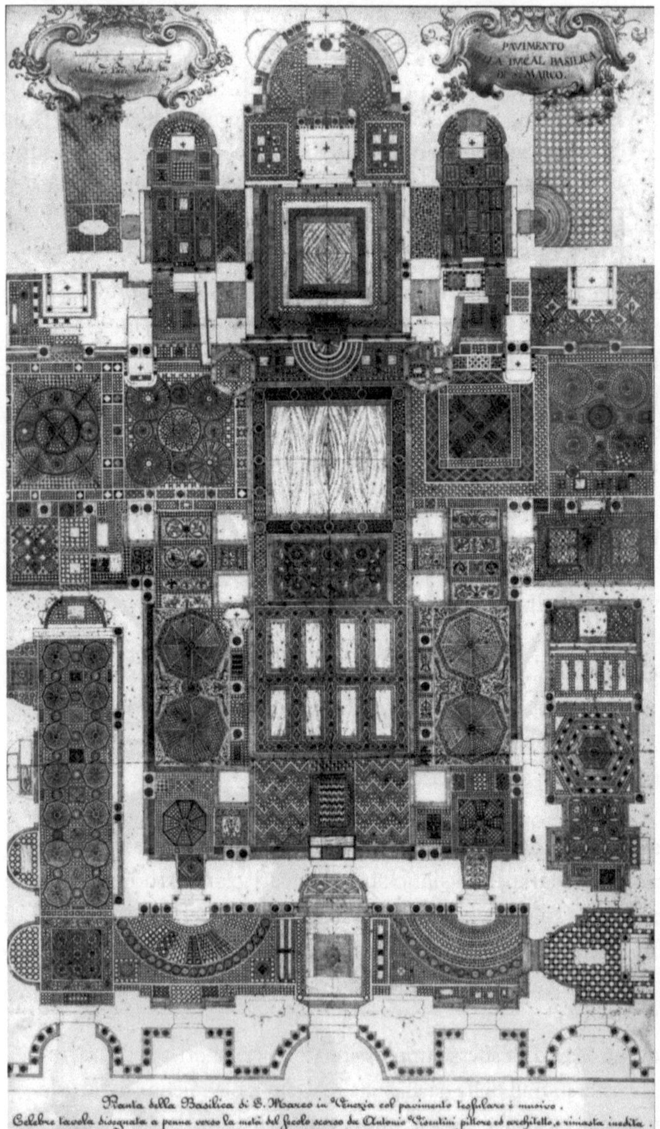

Fig. 4. Pianta del pavimento di San Marco di Visentini

crazione dovrebbe essere avvenuta nel 1094, anche se a quella data non era ancora completata. La datazione invece delle diverse parti del pavimento secondo Barral I Altet non risale a prima del XII secolo. A partire dal XV secolo si hanno molte maggiori informazioni sui lavori per il pavimento a mosaico e si conoscono anche alcuni dei nomi di coloro che vi hanno lavorato. Rimando al libro di Barral I Altet per i dettagli della storia.

Sin dal XV secolo Sabellico, storico che scrisse una *Historiae rerum Venetarum ab urbe condita* (libri 33, Venezia 1487) presentava il pavimento con le parole: "Pavimentum figurarum varietate incredibili distinctum, ac in tanta colorum diversitate nulla alia nisi marmorea materia praeditum."

Il mosaico del pavimento è del tipo *sectile*, l'*opus sectile* è considerato una delle tecniche di ornamentazione marmorea più raffinate e prestigiose, sia per i materiali utilizzati, marmi, che per la difficoltà di realizzazione, dovendosi sezionare il marmo in fogli assai sottili, sagomarlo con grande precisione, e utilizzare le più diverse qualità di marmo allo scopo di ottenere gli effetti cromatici desiderati.

Osserva ancora Barrl I Altet nel 1985 che "malgrado gli studi importanti che sono stati consacrati alla basilica di San Marco bisogna rammaricarsi di non possedere una buona pianta attuale del monumento". Nel suo libro lo storico dell'arte pubblica le piante del pavimento che erano note, in particolare quella del Visentini (XVIII secolo) nonché quella del Moretti della fine dell'Ottocento. Fortunatamente il lavoro di realizzare una pianta definitiva del pavimento di San Marco è stata

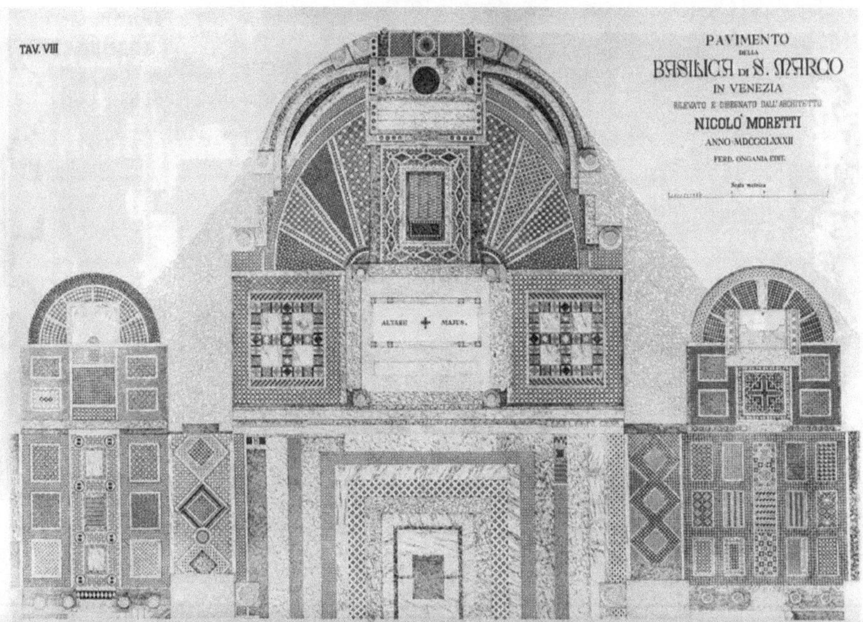

Fig. 5a. Moretti, dettaglio del pavimento di San Marco

Fig. 5b. Moretti, dettaglio del pavimento di San Marco

Fig. 6. Dettaglio del pavimento

finalmente realizzata utilizzando una tecnica che ha permesso di ottenere un pianta ad altissima risoluzione (si veda il contributo di Luigi Fregonese).

Molto interessante è notare, come fa Renato Polacco, che vi è una sistematica corrispondenza tra i simboli geometrici pavimentali e le iconografie figurate dei mosaici parietali sovrastanti [7].

Per esempio sotto la cupola nord sul pavimento si trovano:

[...] tre cerchi concentrici intersecati da una croce i cui 4 bracci attraversano quattro cerchi intrecciati al cerchio più esterno; essi sono il simbolo dei due Angeli, del Cherubino e del Serafino che sorreggono il cosmo. Esiste una perfetta corrispondenza iconografica tra i mosaici delle volte e le geometrie pavimentali.

Non si può non seguire il suggerimento di André Bruyère: "Guardate dove mettete i piedi ma non smettete di sognare."

Fig. 7. Foto dal volume Sols di André Bruyère

Bibliografia

[1]   H. Weyl (1962) *La simmetria*, Feltrinelli, Milano
[2]   J. Ruskin (1932) *Le pietre di Venezia*, a cura di A. Guidetti, Utet, Torino
[3]   M. C. Escher (1958) *Le remplissage pèriodique d'un plan*, Utrecht (Ristampato in J. L. Locher (1981) *La vie et l'oeuvre de M. C. Escher*, Chene/Hachette, Paris, p. 155-174)
[4]   E. Gombrich (1984) *Il senso dell'ordine*, Einaudi, Torino
[5]   O. Jones (1856) *The Grammar of Ornament*, Day and son, London
[6]   A. Bruyère (2002) *Sols. Saint-Marc Venise*, 2ª ed., Imprimerie Nazionale Editions, Paris
[7]   X. Barral I Altet (1985) *Les Mosaïques de pavement medievales de Venise, Murano e Torcello*, Picard, Paris
[8]   R. Polacco, Il pavimentum sectile di S. Marco, in: *Bollettino dipartimento Storia e Critica delle Arti*, Università di Venezia, *Venezia Arti 1990*, Viella ed., Venezia, pp. 29-37

Il pavimento tessulare di San Marco

di Luigi Fregonese

La conoscenza del Bene Culturale e la sua documentazione

L'approccio conoscitivo e programmatico applicato ai metodi di rilievo e di restituzione dei Beni Culturali parte dalla definizione data dall'art. 29 del Codice dei Beni Culturali in cui si afferma che "la conservazione del patrimonio culturale è assicurata mediante una coerente, coordinata e programmata attività di studio, prevenzione, manutenzione e restauro". Nel contesto italiano e internazionale – in un ambito di attività non saltuarie ed episodiche, ma programmate – assumono particolare rilevanza i temi della manutenzione e del rilievo, che sempre il Codice definisce come "il complesso delle attività e degli interventi destinati al controllo delle condizioni del bene culturale e al mantenimento dell'integrità, dell'efficienza funzionale e dell'identità del bene e delle sue parti". In questa definizione si considera l'attività di *rilievo* come un'attività complessa che richiede un approccio globale nella definizione dei modelli di organizzazione, nelle strategie conoscitive e attuative. In un contesto necessariamente multidisciplinare il rilievo è disciplina caratterizzata da un doppio compito: da una parte quello analitico, finalizzato a definire la conoscenza del Bene Culturale dal punto di vista geometrico materiale, radiometrico, con analisi degli elementi di dissesto e di degrado atti a descrivere quadri diagnostici dello stato di funzionamento e di degrado o di rischio; dall'altra quello metodologico-sperimentale, il cui obiettivo è quello di definire le migliori strategie di intervento in merito alle strumentazioni utilizzabili, alle metodologie di applicazione e alla ricerca delle forme migliori di rappresentazione, nonché, come ultimo aspetto, la sostenibilità economica in funzione delle scelte sui metodi di rappresentazione del rilevato. La rappresentazione di superfici complesse, lo studio della forma e del colore del supporto tessulare in genere, comportano la creazione di modelli tridimensionali articolati sia per le metodologie utilizzate per la loro acquisizione, sia per la gestione delle informazioni metriche e le accuratezze che si vogliono riprodurre. Il termine "riprodurre" che si utilizza nella creazione di modelli virtuali pone alcune questioni legate al significato stesso: produrre nuovamente un oggetto significa poterlo conoscere metricamente con un'accuratezza definita a priori in base alle scale di rappresentazione scelte. Se tuttavia la finalità della conoscenza è quella di eseguire una copia dell'oggetto a una scala reale, le precisioni richieste produrranno un modello del tutto simile alla realtà medesima. La riproduzione ex-novo pone in evidenza un altro aspetto: la conoscenza metrica deve essere accompagnata da un'adeguata conoscenza delle informazioni di colore (corretta posizione spaziale delle informazioni radiometriche) per poter collocare gli elementi che definiscono il complesso di una superficie musiva pavimentale. Ecco che la documentazione dei Beni Culturali attraverso l'acquisizione di dati digitali e la realizzazione di modelli 3D attualmente può contare su molteplici procedure e strumenti di rilievo che negli ultimi decenni si sono evoluti e sempre più specializzati per la raccolta di informazioni metriche con alti livelli di risoluzione, affidabilità e accuratezza. I dati raccolti possono essere archiviati, georeferenziati, gestiti e interrogati in database numerici che, opportunamente elaborati, consentono di ottenere rappresentazioni 3D reali (digitalizzazione), realistiche (ricostruzione) e interattive dei manufatti [1]. La letteratura degli ultimi anni riporta numerosissimi esempi in cui attraverso la generazione di modelli digitali 3D multirisoluzione è possibile restituire adeguatamente i contenuti geometrici, spaziali, radiometrici e multispettrali degli oggetti indagati per la loro conoscenza e conservazione. Basti pensare a elementi e architetture complesse o progetti di rilievo dove devono essere registrati e restituiti elementi a piccola e grande scala: in questi casi solo un approccio tridimensionale al rilievo [2], in cui si ha l'integrazione di varie metodologie, consente di cogliere le forme e le caratteristiche del manufatto e del contesto in cui si inserisce. Molti lavori documentati riportano questo, citandone soltanto alcuni [1], [3], [4].

In questo contesto ci si propone di sperimentare e documentare sulla base delle esperienze già acquisite, nuove metodologie che contemperino al tempo la documentazione necessaria agli interventi di rilevamento ai costi degli stessi, trovando un compromesso soddisfacente fra le esigenze di raffinata e precisa rappresentazione, tipo di rappresentazione, scala, visione fotografica (ortofoto), modelli 3D, valutazione dei costi in funzione della tecnologia adottata e della sua funzionalità per un risultato utile.

Metodi di rilievo

La basilica di San Marco rappresenta una risorsa culturale, sociale ed economica che deve essere preservata dai segni del tempo. I flussi turistici, la subsidenza, l'inquinamento, le maree obbligano a un continuo aggiornamento delle tecniche e degli strumenti per la tutela della basilica.

Nel corso del tempo si sono verificati movimenti e deformazioni che hanno lasciato segni profondi; in passato si era soliti intervenire con opere di consolidamento e restauro che arrivavano anche al rifacimento di parti della struttura originaria. Questo non servì a risolvere il problema, in quanto, i carichi e i cedimenti ai quali la basilica era soggetta hanno contribuito a un lento ritorno alle precedenti condizioni di deformazione.

Nel caso del pavimento tessulare si sono verificate variazioni altimetriche che hanno determinato un andamento fortemente ondulatorio, con dislivelli anche di diversi centimetri. Fino alla fine dell'Ottocento, esso non era riconosciuto come un bene artistico da preservare, per questo ha subito diverse modifiche nei materiali e nella sua conformazione, nel tentativo di ripristinare il suo andamento regolare.

Soltanto dopo una conoscenza più approfondita del comportamento della basilica ci si è resi conto che la sua conformazione irregolare è una caratteristica indispensabile che va preservata. Per salvaguardare la conservazione del pavimento, si è pensato a un tipo di rappresentazione con un elevato grado di dettaglio, che potesse documentare la disposizione e lo stato di ogni tassella del mosaico, unitamente alle diverse quote della pavimentazione. Il risultato che si voleva raggiungere è stata la realizzazione di un ortofoto 3D in scala 1:1 dell'intero pavimento.

Prima di produrre l'ortofoto dell'intero pavimento è stata necessaria una fase sperimentale per valutarne la fattibilità, durante la quale è stato costruito un Digital Surface Model (DSM) in duplice modalità: per via fotogrammetrica e per via laser scanner, sulla stessa porzione di pavimento. La principale differenza tra i due metodi sta nel fatto che con il rilievo fotogrammetrico il DSM viene ottenuto per autocorrelazione d'immagine, mentre con il laser scanner esso dipende dalla nuvola dei punti rilevata con l'apparecchiatura laser.

Inizialmente è stata testata l'area dei pavoni nella navata destra. Le operazioni di presa sono state effettuate con una macchina metrica Rollei D7 (sensore CCD con Chip da 2/3" per 2552 x 1920 pixels, con profondità pari a 30 bit e lunghezza focale fissa di 27 mm) dove era previsto un ricoprimento dei fotogrammi del 60% longitudinalmen-

Fig. 1. Degrado del pavimento tessulare nel transetto destro della basilica in prossimità dell'ingresso del Tesoro

Fig. 2. Il pavimento restaurato

te e del 20% trasversalmente, con risoluzione a terra del pixel di 1 mm. Il laser scanner utilizzato, invece, è stato il Callidus con il quale sono state effettuate sei scansioni, per un totale di 1.500.000 punti. I software usati sono stati Spider Alias Wave Front per la gestione delle nuvole di punti, ArcInfo 8.0.2 e ArcGIS 8.1 per il calcolo e la visualizzazione del DSM, APEX PCI 7.0 per la produzione dell'ortofoto. In seguito le ortofoto 3D ottenute dai due diversi metodi furono stampate su indeformabile trasparente e confrontate con la realtà. Quella ricavata da DSM per autocorrelazione d'immagine era perfetta, quella da laser presentava qualche incertezza.

Dopo aver eseguito questa prima sperimentazione, verificandone la fattibilità tecnica, sono state introdotte delle modifiche rivolte al miglioramento del rilievo. Per prima cosa si è pensato di ridurre la dimensione del pixel a terra da 1 mm a 0.5 mm, mediante l'utilizzo di una diversa camera con una più alta risoluzione e una maggior dimensione del sensore. Si trattava della camera Rollei DB44 Metric a 16 milioni di pixel che si era resa disponibile come prototipo. La riduzione della dimensione del pixel a terra a 0.5 mm fu legata all'alta precisione che richiedeva la restituzione in scala 1:1, per avere una precisa resa delle tessere del pavimento.

In seguito alla scelta di utilizzare una diversa macchina, è stata necessaria la sua sperimentazione su un'ulteriore parte del pavimento. L'area situata nel braccio destro del transetto, di fronte alla Camera del Tesoro, era stata considerata significativa come zona per accertare la fattibilità del rilievo. Si trattava di un'area molto degradata, con rigonfiamenti e rotture della superficie causati dalle tensioni che si sono verificate per l'utilizzo, all'interno della malta di allettamento, di un cemento che ha reagito chimicamente con i sali marini.

In quest'area, di circa 40 mq, le operazioni di rilievo sono state effettuate utilizzando, come già accennato, la camera Rollei DB44 Metric (sensore CCD-Chip con 4080 x 4076 pixel e dimensioni 36.72 x 36.684 mm, profondità di colore fino a 48 bit, 32 MB per immagine), con metodologia di presa nadirale, tipica della fotogrammetria aerea per la realizzazione di rilievi cartografici. La macchina fotografica è

Fig. 3. Camera Rollei DB44 Metric

stata montata su un carrello cercando di mantenere la posizione del sensore parallela al piano del mosaico, a una distanza di presa di circa 2.30 m consentendo un ricoprimento a terra per ogni fotogramma di circa 4 mq. Sono state effettuate un totale di 27 prese suddivise in tre strisciate, ciascun fotogramma prevedeva una sovrapposizione longitudinale del 60% e una sovrapposizione trasversale del 20%.

In relazione al ricoprimento a terra e alla sovrapposizione dei singoli fotogrammi sono stati programmati i punti d'appoggio; essi sono stati rilevati topograficamente con stazione totale motorizzata TCRM1103 e TCRA1103 e con livello digitale Leica DNA03 ad alta precisione (0.3 mm/km in doppia lettura), per limitare l'errore di posizione a un paio di millimetri e in quota al di sotto del mezzo millimetro. I punti di appoggio, in totale 70, sono stati utilizzati tutti per il calcolo dell'orientamento delle prese attraverso la triangolazione aerea per stelle proiettive; oltre a essi sono stati rilevati topograficamente anche altri punti come controllo, per verificare l'attendibilità del modello.

In questa fase l'ortofoto e il modello 3D sono stati realizzati mediante l'utilizzo del software APEX PCI 7.0, nel quale i fotogrammi sono stati introdotti nel formato TIF senza compressione per avere la massima risoluzione alla scala 1:1. I software utilizzati devono, quindi, operare con un'entità di dati considerevole; è per questo che per visualizzare tutte le immagini contemporaneamente ricorrono alla cosiddetta "piramide d'immagine" con otto livelli di risoluzione in base al grado di zoom.

Il programma ha permesso di costruire il DSM su una maglia di nodi molto fitta di 15 mm x 15 mm; esso misura le quote dei punti sulle immagini orientate e determina per interpolazione le quote degli spazi tra nodo e nodo, così da ottenere una superficie coerente con la realtà. La riuscita di un modello il più possibile reale è legata alla concentrazione dei nodi; si deve, però, trovare un compromesso tra passo della griglia e tempo di calcolo, infatti più la maglia dei nodi è fitta più alto è il tempo di calcolo.

Dopo la realizzazione del DSM, attraverso il programma ArcGIS si è potuto visualizzare l'ortofoto e il DSM, ma anche ricavare e gestire dati numerici, dai quali

Fig. 4. Ortofoto digitale tridimensionale della zona sperimentale del pavimento della basilica di San Marco

sono state ricavate sezioni del modello tridimensionale. Il programma APEX, infatti, non è in grado di produrre, direttamente dal DSM, file dxf e dwg che rappresentino l'andamento del pavimento musivo.

L'importanza che questa tipologia di rilievo ha assunto per il restauro della basilica, dopo averne accertata la fattibilità, ha spinto la redazione dell'ortofoto all'intero pavimento.

L'ortofoto digitale delle superfici complesse

La metodologia impiegata per la realizzazione dell'ortofoto, ritenuta la più idonea forma di rappresentazione avendo sia la qualità semantica, sia quella quantitativa, è dunque quella classica fotogrammetrica, che sinteticamente determina una corrispondenza univoca tra i punti che appartengono alle immagini, elemento base del processo fotogrammetrico, e i corrispondenti punti dell'oggetto reale. Per fare questo si ricorre alla creazione di un modello virtuale con l'applicazione di relazioni geometriche, dal quale ottenere successive rappresentazioni con differenti caratteristiche in base ai diversi utilizzi per i quali si effettua il rilievo.

Per creare un modello fotogrammetrico dell'oggetto che si vuole rappresentare, si deve poter ricostruire la geometria di presa di ogni fotogramma; matematicamente significa determinare il valore di sei incognite che equivalgono alla posizione nello spazio della camera nel momento di presa: le tre coordinate del centro di proie-

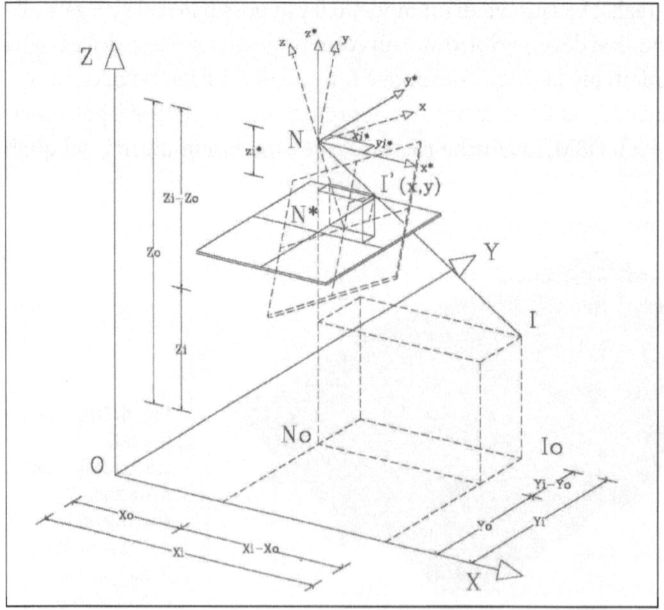

Fig. 5. Schema della presa fotogrammetrica

zione X_0, Y_0, Z_0 e i tre angoli di rotazione dell'asse ottico, rispettivamente attorno agli assi x, y e z della presa. Questi sei valori vengono chiamati "parametri dell'orientamento esterno". È necessario conoscere anche altri tre valori chiamati "parametri dell'orientamento interno" che si riferiscono alle caratteristiche del mezzo fotografico: la distanza principale c, e le coordinate x_0, y_0 del punto principale nel sistema di riferimento immagine, cui si aggiunge la conoscenza della curva di distorsione dell'obbiettivo impiegato. I parametri dell'orientamento interno possono essere conosciuti usando una camera con certificato di calibrazione e in questo modo il problema fotogrammetrico risulta semplificato, oppure possono essere anch'essi incogniti. In questo caso i parametri incogniti dell'orientamento interno andranno a sommarsi ai sei dell'orientamento esterno e andranno tutti determinati.

Le equazioni che regolano il passaggio dallo spazio oggetto a 3D allo spazio immagine a 2D sono definite equazioni di collinearità, ossia determinano l'allineamento dei punti oggetto I, del punto immagine I' e del centro di proiezione N.

In fotogrammetria si trattano dunque tre tipi di grandezze: le coordinate 3D (X, Y, Z) dell'oggetto, le coordinate (x, y) dell'immagine e i valori dei parametri di orientamento. Il processo fotogrammetrico consiste dunque nell'utilizzare questi parametri per trasformare gli spazi immagine 2D nello spazio oggetto 3D e quindi dar luogo alla restituzione dell'oggetto rilevato.

$$x_i = -c \cdot \frac{\left[r_{11} \cdot \left(X_i - X_o \right) + r_{12} \cdot \left(Y_i - Y_o \right) + r_{13} \cdot \left(Z_i - Z_o \right) \right]}{\left[r_{31} \cdot \left(X_i - X_o \right) + r_{32} \cdot \left(Y_i - Y_o \right) + r_{33} \cdot \left(Z_i - Z_o \right) \right]}$$

$$y_i = -c \cdot \frac{\left[r_{21} \cdot \left(X_i - X_o \right) + r_{22} \cdot \left(Y_i - Y_o \right) + r_{23} \cdot \left(Z_i - Z_o \right) \right]}{\left[r_{31} \cdot \left(X_i - X_o \right) + r_{32} \cdot \left(Y_i - Y_o \right) + r_{33} \cdot \left(Z_i - Z_o \right) \right]} \cdot$$

Per poter ottenere i dati dell'Orientamento Esterno dei fotogrammi, occorre eseguire un processo di orientamento fotogrammetrico classico che prende il nome di Triangolazione Aerea (TA) a stelle proiettive, dove si uniscono in blocco tutti i fotogrammi adiacenti, e il calcolo dell'orientamento avviene in modo simultaneo per l'intero blocco. Sono necessari per poter realizzare tale metodo una serie di punti di appoggio ben distribuiti all'interno del blocco fotogrammetrico di cui sono note le coordinate nello spazio oggetto, rilevate topograficamente; tali punti convenzionalmente vengono chiamati Ground Control Point (GCP). A questi punti vengono aggiunti in modo automatico mediante i software fotogrammetrici (nel caso specifico Socet Set 5.2.0. della Bae System) altri punti definiti di passaggio (Tie Point – TP) che irrigidiscono e aumentano le osservazioni in compensazione del sistema che si viene a creare.

Complessivamente per orientare tutte le immagini del pavimento di San Marco (oltre 2000 prese) sono stati rilevati circa 3800 punti.

Fig. 6.
Distribuzione
dei GCP per
l'orientamento
dei fotogrammi

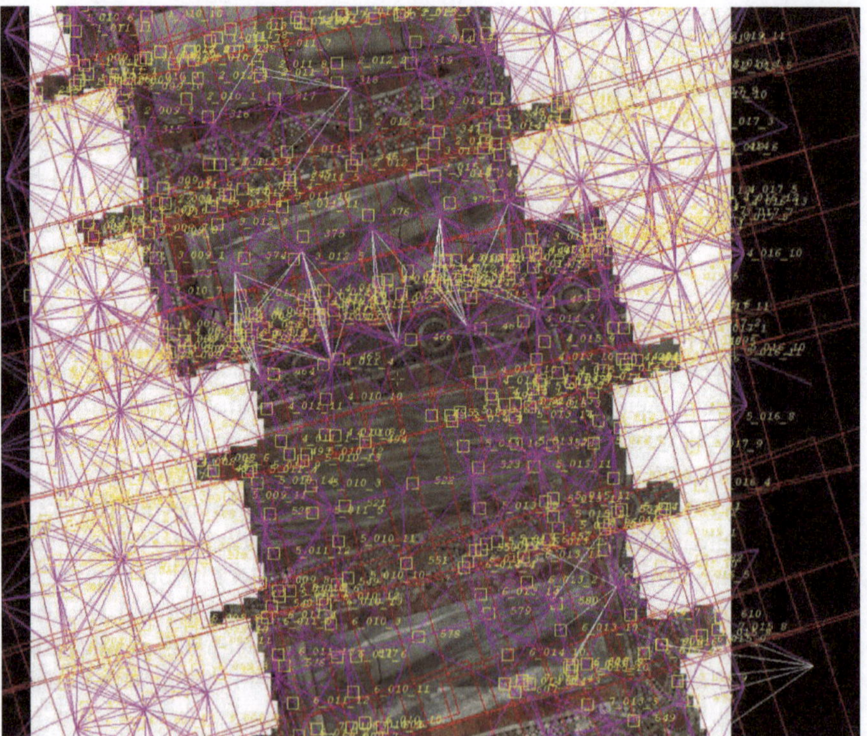

Fig. 7. Dettaglio di una TA eseguita in un blocco, con indicati i legami tra i centri di presa e i punti a terra GCP o TP

Nella successiva fase, a TA avvenuta, ed esaminati i residui in orientamento sui punti GCP e TP, si passa alla successiva fase di generazione del DSM in modo automatico per via fotogrammetrica.

La generazione del DSM avviene secondo una ricerca automatica di punti omologhi sulle immagini digitali adiacenti, appartenenti alla stessa strisciata.

Nel metodo a correlazione d'immagine si tratta di scegliere su un'immagine di riferimento una finestra centrata sull'incrocio della maglia del grigliato del DSM così come proiettata dal modello approssimato del pavimento (in genere piano). Successivamente si cerca sull'immagine o sulle immagini che si sovrappongono a quella di riferimento, la finestra che massimizza la correlazione dei toni di colore o che minimizza il quadrato degli scarti nel senso del *matching* (ottimizzazione della posizione ai minimi quadrati). Definite le coppie (o la serie) di punti omologhi, noto l'orientamento esterno dei fotogrammi, l'intersezione dei raggi omologhi determina il punto sul pavimento. Il grigliato del DSM può essere più o meno fitto: nel caso dell'intera superficie tessulare di San Marco si è optato, dopo ulteriori prove, per un grigliato di 10 mm di lato, ovvero 10000 punti (i nodi del grigliato) per metro quadro. Ad esempio il DSM del nartece nord, realizzato con un blocco di 120 fotogrammi per circa 150 mq di superficie, comporta 15 milioni di punti. È ovvio come vi siano problemi e soprattutto tempi lunghi di elaborazione dei dati, ma i risultati sono ottimi: l'incertezza media del DSM riferita ai GCP è contenuta in 1 mm.

Per generare un'ortoimmagine e correggere così sull'immagine originale l'effetto del rilievo dell'oggetto, per il pavimento tessulare di San Marco (pixel dell'immagine 9 micron) una volta definita la dimensione in uscita dell'immagine finale pari a 0.5 mm, si passa alla definizione di una matrice-immagine nel piano XY del sistema di coordinate oggetto, seguita poi dalla trasformazione del centro di ciascun pixel di questa immagine (ancora inesistente) nel sistema di coordinate dell'immagine originale.

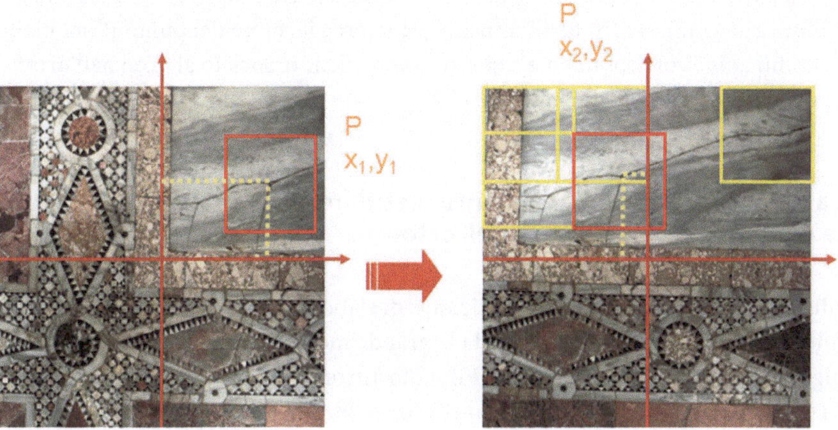

Fig. 8. *Matching* delle immagini per la ricerca dei punti omologhi per la generazione del DSM

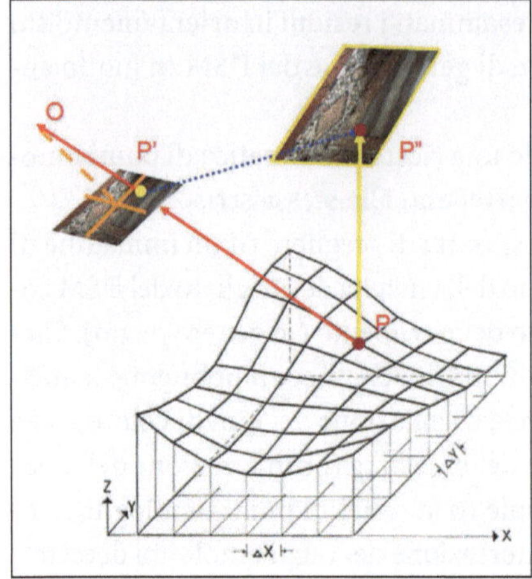

Fig. 9. Schema di generazione dell'ortofoto

Per questa trasformazione è necessario conoscere anche le quote dei punti del grigliato. Essi si ricavano dal DSM generato al passo precedente. Noti gli orientamenti interno ed esterno dell'immagine digitale originale si possono trasformare i centri dei pixel, dal sistema terreno a quello dell'immagine digitale originale, applicando le equazioni di collinearità. Si ha così la localizzazione, corretta dalla distorsione prospettica, del pixel immagine. In questa fase si applicano anche le correzioni relative agli errori sistematici, quali, ad esempio, la distorsione dell'obbiettivo. Il colore dei pixel dell'ortoimmagine può essere ottenuto associando il valore di colore del pixel più vicino sull'immagine di riferimento oppure, più comunemente, viene ottenuto per ricampionamento dell'immagine originale, con una trasformazione bilineare; infine, se si vuole evitare una riduzione del dettaglio dell'immagine originale, con un'interpolazione di ordine superiore.

In particolare a partire dal punto P della superficie DSM (Fig. 9) attraverso la collinearità con il centro dell'immagine, si ricerca il colore del punto P' sul piano dell'immagine corrispondente e questo colore viene associato al pixel nell'ortofoto nella posizione corretta nel punto P".

La valorizzazione del pavimento tessulare attraverso la consultazione definitiva dell'ortofoto

Alla conclusione delle fasi di acquisizione, di elaborazione e di rifinitura dell'ortofoto complessiva del pavimento, data la grande mole di dati prodotti in termini di gigabyte di immagini (circa 130) si è dovuto affrontare l'aspetto della sua visualizzazione in modo semplice con sistemi di consultazione che ne valorizzassero il potenziale.

La prima fase ha visto la creazione di un mosaico unico delle ortofoto prodotte di tutto il pavimento. In particolare il pavimento era stato suddiviso in zone omogenee per parti per poter produrre le singole ortofoto, ad esempio un blocco relativo alla navata centrale, due blocchi relativi alle navate laterali, tre blocchi relativi al transetto, etc.

Fig. 10. Schermata iniziale del software di navigazione – calibrazione del monitor

Fig. 11. Navigazione dell'ortofoto in funzione di scale prefissate (a destra) o in modalità continua

Fig. 12 Ortofoto generale completa

Fig. 13.
Particolare
del pavimento
tessulare
in corrispondenza
del transetto nord
– zona messe

Fig. 14.
Particolare
del pavimento

Fig. 15.
Particolare
del pavimento

Il prodotto completo dell'ortofoto formato TIF, comprensivo delle aree esterne alla basilica, per la riproduzione del pavimento esterno, è stato elaborato per poter essere visto in una riproduzione piramidale trasparente per l'utilizzatore mediante le tecniche di compressione e visualizzazione del software Zoomify™.

In particolare l'immagine complessiva è stata scomposta in piccole immagini in formato JPG dalle dimensioni ridotte (256x256 pixel) che vengono progressivamente gestite per essere visualizzate in real-time: complessivamente sono state elaborate 652291 immagini in formato JPG che portano a un'occupazione di memoria ottimizzata di 4.7 Gb tali da permettere la diffusione in DVD del dato.

A valle della gestione del file è stata implementata un'interfaccia di consultazione che permette la visualizzazione dell'ortofoto, anche attraverso la lettura comparata dei rilievi precedenti del pavimento tessulare che oggi sono conservati presso l'Archivio Storico della Procuratoria di San Marco.

Bibliografia

[1]   N. Tsirliganis et al. (2004) Archiving Cultural Objects in the 21st Century, *Journal of Cultural Heritage*, Elsevier, 379-384

[2]   F. Fassi, C. Achille, L. Fregonese, C. Monti (2010) Multiple data source for survey and modelling of very complex architecture, *International Archives of Photogrammetry, Remote Sensing and Spatial Information Sciences*, Symposium, Newcastle upon Tyne

[3]   F. Remondino, A. Rizzi (2009) Reality-based 3D documentation of world heritage sites: methodologies, problems and examples, *22nd CIPA Symposium*, Kyoto, Japan

[4]   G. Guidi, M. Russo, J.A. Beraldin (2010) *Acquisizione 3D e modellazione poligonale*, McGraw-Hill, Milano

[5]   T. Voegtle, S. Wakaluk (2009) Effects on the measurements of the terrestrial laser scanner HDS 6000 (Leica) caused by different object materials, *ISPRS Congress Laserscanning09*, Paris

[6]   F. Fassi (2007) 3D Modeling Of Complex Architecture Integrating Different Techniques – A Critical Overview, *3D-ARCH 2007 Proceedings: 3D Virtual Reconstruction and Visualization of Complex Architectures*, ETH Zurich

[7]   F. Remondino, S. El-Hakim (2006) Image-based 3D Modelling: A Review, *The Photogrammetric Record*, vol. 21, n. 115, 269-291 (23), Blackwell Publishing

[8]   G. Bezoari, C. Monti, A. Selvini (1984) *Fondamenti di rilevamento generale*, vol. I, II, Hoepli, Milano

[9]   K. Kraus K. (1997) *Photogrammetry – Advanced Methods and Applications*, vol. II, Dummler, Bonn

Gondole e traghetti

di Guglielmo Zanelli

Traghetti e gondole da guadagno

Trent'anni fa, nella *storica* galleria del Centro Internazionale della Grafica di Venezia, al civico 1090 di Campo San Silvestro, con la scusa di proporre immagini fotografiche di realtà cittadine scomparse o trasformate, venne allestita la mostra "Traghetti e gondole da guadagno". L'intento dell'esposizione era quello (le parole sono tratte dal catalogo della mostra stessa) di *proporre e approfondire un aspetto poco conosciuto delle comunicazioni a Venezia e del trasporto pubblico e precisamente dei traghetti...* [1] aprendo così una riflessione della città (le parole sono di Paolo Lombroso che ideò la mostra) su come alcune *realtà al di fuori della realtà di oggi fatte di efficienza, di razionalità e di correttezza nei rapporti possano ancora insegnarci qualcosa.* La mostra, frutto di una ricerca storica portata a termine, sotto la guida del Lombroso, da Chiara Bustaffa, Luciano Mandato, Roberto Mazzetto e dal sottoscritto, presentava attraverso fotografie, mappe e soprattutto le tavole della raccolta "Il Canale Grande di Venezia" (Antonio Quadri, 1828), percorsi cittadini non più praticabili a causa della soppressione di alcuni traghetti sul Canal Grande. L'evento ebbe un buon successo, portò i visitatori a interrogarsi e sollevò alcune problematiche legate alla qualità della vita a Venezia tutt'oggi insolute. L'esito più tangibile fu la ripresa di ricerche sul mondo dei traghetti, delle imbarcazioni e dei cantieri navali lagunari [2].

A Venezia l'acqua è sempre stata la principale via per le comunicazioni e quindi la barca il mezzo insostituibile del suo vivere quotidiano tra canali e rii. Nella sua lunghissima storia la città lagunare è stata oggetto di continue trasformazioni del suo aspetto fisico e architettonico, con adattamenti necessari a garantirne la sua crescita commerciale e, in parte, il benessere e la qualità della vita dei suoi abitanti. L'adozione di ponti, prima in legno e poi in mattoni o in pietra, per collegare le isole cittadine principali ha certamente influito sul vivere quotidiano dei cittadini, senza tuttavia scalfirne la vocazione anfibia: le imbarcazioni per il trasporto delle persone e delle merci hanno continuato per secoli a essere al centro delle attività commerciali e della vita sociale della città. La soluzione scelta di volta in volta per l'attraversamento dei rii ha determinato e poi modificato, durante i secoli e a riprese successive, le varie direttrici di penetrazione e attraversamento urbano articolate sulla duplice viabilità acquatica e terrestre. Due viabilità separate e autonome (quella pedonale attraverso calli, fondamenta e campi e quella acquea attraverso rii e canali) che trovavano e trovano tuttora nel traghetto e nel ponte il naturale completamento.

Con l'arrivo delle dominazioni straniere si progettò d'uniformare la città d'acqua, o parti di essa, alle città normali; interramenti di rii e sventramenti del tessuto edilizio, realizzati soprattutto nel XIX secolo, sembrarono interventi indispensabili all'ammodernamento di Venezia. Questo provocò l'abbandono d'alcuni *antichi* percorsi favorendo la migrazione d'attività commerciali, insediamenti abitativi e contribuendo, indirettamente, allo spopolamento d'alcune *insule* a favore di altre. Molti traghetti risultarono così inutili e chiusero la loro attività, proprio com'è accaduto recentemente con la costruzione del ponte *della Costituzione*, progettato da Santiago Calatrava, e la conseguente soppressione del traghetto della *Ferrovia*.

Di questi vecchi percorsi restano alcune tracce: la toponomastica cittadina, e in particolare qualche toponimo legato alla memoria di non più esistenti traghetti, consente la loro ricostruzione. Affiorano così situazioni ambientali completamente diverse dalle presenti anche se, a volte, ancora intuibili con fatica nel tessuto urbano. Tale rilettura fornisce, però, un altro tassello per la conoscenza della storia di Venezia, rendendo evidente l'importanza dell'arte dei traghettatori veneziani e delle arti legate alla costruzione delle gondole e delle barche in genere nel complesso dell'economia cittadina (mi riferisco in particolare agli squeraroli, ai remeri, agli intagliatori, ai fabbri). Approfondendo l'analisi, la visione si allarga a dismisura fuori dai confini urbani; traghetti *da viazzo o di fuori* assicuravano, infatti, il regolare scambio di merci e passeggeri con tutta la terraferma veneziana, oltre che con gli stati confinanti.

La gondola *da guadagno* dei tempi della Serenissima Repubblica oggi è *da nolo* e destinata soprattutto ai turisti, ma le questioni riguardanti la categoria dei gondolieri non sono poi tanto dissimili. È vero che nel tempo si è modificata l'organizzazione del lavoro e i *gastaldi* si chiamano ora *bancali*, ma le problematiche dell'arte (che giornalmente deve preoccuparsi di orari, turni, stazi, pontili, regolamenti, addobbi della gondola) sono pressoché immutate. Come quasi immutate sono le forme della *barchéta* da traghetto e della gondola da *guadagno*.

I traghetti

La laguna di Venezia, come tutte le coste di mari con bassi fondali e apporti fluviali, si è formata in tempi lunghissimi e senza i continui interventi dell'uomo non sarebbe certamente com'è adesso. Senza scendere nei dettagli temporali, si ricorda soltanto che in epoca romana la laguna veneta (o meglio sarebbe dire le lagune, ricordando quelle contigue di Caorle e Grado verso nord e Comacchio verso sud) era quasi tutta emersa e centuriata. L'antropizzazione dei suoi territori era completa; abitazioni, ville, opifici, strade e approdi ritrovati negli ultimi anni ne forniscono amplia testimonianza. Dal 150 d.C. il mare Adriatico ha ripreso la sommersione dei territori costieri di quello che diverrà poi il *golfo di Venezia* formando le attuali lagune. I paesi che si trovavano su questi terreni cominciarono a convivere con le acque alte difendendo le rive e rialzando i terreni. Poco a poco le terre divennero arcipelaghi abitati e gli antichi agricoltori si convertirono in pescatori, navigatori e commercianti.

Nelle antiche lagune tutto doveva essere trasportato su imbarcazioni, dalle pietre ai legnami per le costruzioni edili fino alle derrate alimentari per gli abitanti. Per questo motivo si può tranquillamente affermare che il mestiere di barcaiolo sia contemporaneo ai primi insediamenti lagunari. Un'idea di come potesse essere la città primitiva la possiamo avere da un'immagine, inserita in un codice marciano, che mostra la ricostruzione grafica di una Venezia antica, con la prima chiesa di San Lio inserita in un paesaggio urbano, composto di canali e case di legno ricoperte di paglia. Tale immagine è del tutto simile a una descrizione della laguna veneta fatta nell'anno 537 dal magistrato romano Cassiodoro che narrava di barche legate alla porta di casa al posto dei cavalli.

Come già accennato, il tessuto originario della città di Venezia era, molto più che al presente, legato alla percorribilità acquea: i canali erano più numerosi e i percorsi pedonali, non ancora lastricati, s'interrompevano sulle sponde d'ogni isola. Soltanto sui rii più stretti esistevano improvvisati ponti *mobili*, realizzati con una semplice tavola gettata fra una riva e l'altra. I primi ponti fissi sono citati nelle cronache dalla fine del IX secolo ed erano certamente in legno, i più grandi forse realizzati come quello di Rialto (sostituito con l'attuale in pietra ultimato nel 1591) con la parte centrale mobile per consentire il transito delle imbarcazioni alberate.

Il passaggio da una riva all'altra poteva pertanto avvenire soltanto per mezzo di un idoneo galleggiante. Le testimonianze dei cronisti ci rendono edotti sul fatto che qualsiasi transito acqueo fra isola e isola o fra isola e terraferma era chiamato *traghetto*. Tale parola identificava sia il servizio di trasporto nel suo complesso, sia il luogo ove il traghettamento aveva inizio e fine. Il termine di traghetto indicò così anche l'imbarcazione destinata a compiere il trasporto di persone o cose su un percorso prefissato: un vero e proprio servizio di linea. Quei barcaioli, che già nei tempi più antichi si erano consociati in *fraglie* e si erano dotati di particolari statuti, inventarono, di fatto, il trasporto pubblico urbano. Le barche da traghetto, a differenza delle carrozze o delle portantine usate nelle altre città d'esclusivo uso padronale, avevano, infatti, orari e tariffe ben definite ed erano a disposizione di chiunque facesse richiesta. Più tardi, altre cronache testimoniano in Venezia l'esistenza di barche che pur essendo munite di vela erano adibite a traghetto; sono questi i natanti destinati ai *traghetti da viaggio*, in altre parole quelli destinati ai collegamenti con Marghera, Padova, Treviso, Portogruaro, Vicenza e Verona in ambito veneto e Ferrara, Bologna, Milano in ambito extra nazionale. Questi traghetti furono parte attiva e propulsiva per la storia della città.

Volendo dare a tali consorzi d'impresa una posizione temporale più definita, dobbiamo rifarci a documenti relativamente più recenti: del *traghettum Sancti Benedicti*, uno dei più antichi, abbiamo notizia soltanto nel 1293 (mentre sappiamo che il primo ponte di Rialto risale almeno al 1180). In ordine cronologico troviamo poi altri traghetti cittadini quali San Barnaba, Santa Sofia, San Felice e così via fino al traghetto di San Gregorio il cui statuto è dell'anno 1400.

Gli statuti delle varie corporazioni dei mestieri erano chiamati a Venezia *mariegole* ed erano soggetti al controllo della magistratura della *Giustizia vecchia*: lo stato veneziano era, infatti, molto attento alla gestione dei problemi legati al trasporto acqueo di merci e passeggeri, dalle cui *fraglie* attingeva uomini per le proprie galee e riscuoteva tasse. Tali *mariegole* erano, inizialmente, le raccolte delle norme interne delle *fraglie*. Con il passare del tempo però lo stato si sostituì al libero arbitrio delle confraternite e legiferò così in merito ad assunzioni, vendita e numero di *libertà* (licenze) ammesse in ogni traghetto e intervenne sulla qualità e sui costi del servizio offerto agli utenti: le *mariegole* divennero vere e proprie raccolte di norme di diritto pubblico. Ogni traghetto, in caso di necessità ed in proporzione al numero delle sue *libertà di traghetto* (per *libertà* s'intendeva il diritto, acquistato o ereditato, d'occupare un posto nel traghetto ed esercitare quindi il mestiere di *barcairol*), doveva fornire un certo numero d'uomini da remo per le *pubbliche galee* (obbligo del resto comune anche alle altre corporazioni di mestiere).

Le *mariegole* dei traghetti (a Venezia ne sono rimaste una trentina, conservate soprattutto al Museo Correr e all'Archivio di Stato) forniscono notizie che consentono una conoscenza approfondita della vita, non solo associativa, dei barcaioli veneziani. A capo delle varie *fraglie* vi era un *gastaldo* eletto dagli associati che permaneva in carica un anno. La *libertà* poteva essere concessa soltanto a chi aveva raggiunto i trent'anni d'età e avesse lavorato, per almeno quattro anni, come barcaiolo *de casada* (ovvero presso un privato). I nuovi barcaioli dovevano pagare una tassa di *ben entrada* alla rispettiva *fraglia* e prestare giuramento d'obbedienza al *gastaldo*. Dall'anno 1531 fu proibito di concedere *libertà* alle donne, poiché queste, di fatto, non esercitavano il mestiere, ma affittavano a uomini la loro licenza. I barcaioli non potevano portare durante il servizio nessun tipo d'arma, né giocare a carte e soprattutto non potevano esercitare il mestiere al di fuori del traghetto d'appartenenza.

Il prezzo del passaggio da una riva all'altra era in origine contrattato liberamente fra trasportatore e trasportato: in seguito fu fissato dagli statuti delle varie *fraglie*. Il governo veneziano intervenne d'autorità nel fissare le tariffe soltanto nel 1577; tale ingerenza ci mostra l'importanza della funzione dei traghetti nella vita cittadina, anche in un periodo in cui i ponti erano già numerosi. Dopo tale data, le magistrature cittadine emanarono, con frequenza periodica più o meno lunga, tutte le disposizioni atte a rendere omogenee sia le tariffe sia i servizi offerti dai vari traghetti. Fu fissato anche il numero massimo di passeggeri consentito per ogni imbarcazione ed emesso l'obbligo del servizio notturno.

Lo *stazio*, inizialmente riva di sosta e approdo delle barche, ha imposto il nome alla *fraglia* del traghetto, ma nel tempo la posizione dello *stazio* è cambiata, così come in alcuni casi è cambiato il nome della *fraglia*: la nascita di nuove *fraglie*, accorpamenti e cessazioni, avvenute lungo i secoli, hanno reso ancor più confusa l'identificazione dei siti originali dei vari traghetti. La ricerca della posizione originale degli *stazi* dei traghetti *di dentro* (una quarantina) e *de fora* o *da viazo* (almeno trenta) è stata facilitata dalla lettura della *Pianta iconografica di Venezia* del 1697, redatta da Padre Vincenzo Coronelli "lettore e cosmografo della Serenissima Repubblica".

La maggior parte dei traghetti cittadini era sul Canal Grande, in altre parole sul canale che offriva maggior distanza fra le rive opposte. Il Canal Grande costituiva, almeno fino al XV secolo, anche il porto commerciale di Venezia e sulle sue rive erano dislocati i magazzini delle merci più importanti; ancora oggi alcune sue rive (*riva del vin*, *riva del carbon* e *riva dell'ogio*) conservano i nomi delle merci ivi movimentate. Nei pressi di Rialto era posto anche l'approdo dei principali traghetti *de fora*, di quei traghetti cioè che assicuravano, attraverso la fitta rete fluviale interna, lo scambio delle merci con le città della terraferma.

Si valuta in circa 2.000 unità il numero delle imbarcazioni usate per i traghetti (sia quelli della città sia quelli extraurbani). I traghetti avevano, infatti, da un minimo di venti libertà (traghetto di Santa Lucia) a un massimo di 40 (San Barnaba e San Stae). Nei traghetti *di dentro*, ovvero quelli cittadini, erano impiegate in prevalenza delle *barchette*, imbarcazioni a fondo piatto che non dovevano differire di molto dai *gondoloni da parada* usati il giorno d'oggi per l'attraversamento del Canal Grande. Nei traghetti *de fora* e *da viazo* le imbarcazioni erano suddivise in due distinte tipologie a seconda che trasportassero passeggeri o merci. Al primo gruppo appartenevano imbarcazioni lunghe fino a 15 metri, frequentemente dotate di una cabina che consentiva ai passeggeri un minimo di comodità, e chiamate *burchielli*, al secondo erano destinate principalmente delle *peate* con grandi capacità di trasporto e frequentemente dotate di un albero abbattibile per transitare anche sui corsi d'acqua attraversati da ponti.

La progressiva contrazione del numero dei traghetti non ha un'unica causa, ma è la congiuntura di più fattori. All'inizio fu l'edificazione dei ponti in pietra che creando percorsi pedonali alternativi fece scemare l'importanza dei traghetti cittadini sui canali interni (come visto erano una quarantina all'inizio del XVII secolo) e poi ne decretò la scomparsa. La crisi politico-economica conseguente alla caduta della Repubblica di Venezia portò a una riduzione degli addetti al trasporto urbano a remi e altre contrazioni avvennero dopo gli interramenti ottocenteschi di molti canali interni.

La realizzazione del ponte ferroviario translagunare e l'adozione del motore provocarono poi la fine dei traghetti *de fora*. La costruzione del ponte degli Scalzi e di quello dell'Accademia e lo spostamento dei poli produttivi cittadini provocò la chiusura degli importanti traghetti di san Geremia, della Carità e di san Vio.

Dopo la soppressione del traghetto della *Ferrovia*, cui ho già accennato, sopravvivono oggi, grazie al Comune di Venezia e all'*Istituzione per la conservazione della gondola e la tutela del suo gondoliere* (sebbene non tutti con continuità di servizio) sette *stazi* per l'attraversamento del Canal Grande: *san Marcuola, santa Sofia, Carbon, san Tomà, san Barnaba, Giglio* e *Dogana*. Oltre a quelli appena nominati, vi sono, poi, in città numerosi *stazi* per le gondole *da guadagno* destinate ai turisti desiderosi di una visita più intima di Venezia.

La gondola

La gondola, oggetto dal disegno inconfondibile e per milioni di turisti icona stessa di Venezia, è certamente l'imbarcazione più dipinta e più fotografata al mondo.

Definita con i sopranomi e gli aggettivi più fantasiosi, nei tempi passati la gondola serviva da *status symbol* delle famiglie veneziane e per questo motivo era addobbata e decorata con sfarzo: ciò spinse le magistrature veneziane a emanare leggi che limitarono l'utilizzo di tessuti preziosi e decorazioni eccessive. Il suo colore nero, nonostante il convincimento del grande Goethe che, pensando al colore del lutto (anche se a Venezia era il rosso), paragonava la gondola a una bara galleggiante, deriva probabilmente dall'utilizzo della pece per impermeabilizzarne lo scafo.

La gondola, così come ci appare oggi, è l'esito di un'evoluzione lunghissima. Le gondole sono costruite artigianalmente nello *squero*, in altre parole nel cantiere navale veneziano, e i loro costruttori, gli *squeraroli*, si tramandano oralmente, spesso di padre in figlio, le metodologie costruttive. Gli *squeraroli*, in altre parole i carpentieri navali veneziani, hanno profuso nella gondola tutta la loro secolare capacità di progettazione navale. La gondola odierna è un natante frutto d'almeno cinque secoli di continue modifiche per adattare l'imbarcazione alle esigenze degli utilizzatori, per migliorarne le qualità nautiche, ma soprattutto per adeguare lo scafo alle mutate caratteristiche delle acque su cui doveva e deve anche oggi navigare.

Le sue caratteristiche costruttive, ne fanno un'imbarcazione unica: è asimmetrica, con il lato sinistro più largo di quello destro, e per questo naviga sempre leggermente inclinata su un fianco. Ha una lunghezza attorno agli 11 metri e una larghezza di quasi un metro e mezzo, pesa oltre 350 chilogrammi e ha un fondo piatto che le consente di superare anche fondali di pochi centimetri. Sono otto i tipi di legname utilizzato (rovere, abete, larice, ciliegio, tiglio, noce, mogano, olmo) e circa 283 i vari elementi costruttivi che la compongono. La gondola deve poi essere completata col *parécio*; *remi* e *forcole* innanzitutto, ma anche il sedile centrale (*sentàr*), due seggioline fisse (*banchéte*) e due mobili (*careghini*) per i passeggeri e qualche elemento decorativo come la *portèla a spigolo*, le *fodre*, il *simièr* e il *canon*. Anche gli elementi metallici, *ferri* di prora e di poppa e i due *cavalli*, hanno un posto importante nella caratterizzazione di questa eccezionale imbarcazione. Questi accessori destinati all'abbellimento della gondola sono tutte opere di eccellenti artigiani e alcuni sono utilizzati anche come oggetti artistici d'arredamento domestico.

Il remo è molto importante per il movimento e la manovra di una gondola. I remi devono essere di faggio, un'essenza molto flessibile. Non sono mai in unico pezzo, ma, per ottenere la pala molto larga, è riportata sui lati una striscia rastremata detta *coltello*. La forcola è il punto d'appoggio del remo; realizzata in un unico pezzo di noce; simile a un braccio piegato, quasi ad angolo retto, con la sua forma particolare consente di variare in molti modi le posizioni del remo per far fronte alle più varie esigenze della voga. In una gondola ve ne possono essere più di una, ma la più importante agli effetti della manovra è quella di poppa. La costruzione di remi e forcole è compito del *remer* al quale è richiesto il possesso, oltre a perizia e abilità, di una notevole esperienza.

Il *ferro* di prora aveva in origine una funzione di protezione e, forse, di stabilità longitudinale per bilanciare il peso del gondoliere. La tradizione popolare, ma la spiegazione è tutt'altro che scientifica, vuole che i denti anteriori rappresentino i sei sestieri cittadini e quello posteriore l'isola della Giudecca, la doppia curvatura a *esse* dovrebbe rappresentare il Canal Grande e la lunetta, sotto uno stilizzato *corno ducale*, il ponte di Rialto.

Un discorso a parte merita un accessorio ormai in disuso: il *felze*. È questa una cabina di legno, amovibile, che posta al centro della gondola serviva da riparo ai passeggeri nel periodo invernale e in caso di cattivo tempo. Originariamente era solo un'esile copertura che si è andata via via modificandosi, fino a chiudersi completamente per offrire più conforto ai passeggeri. Oggi non è più utilizzato perché ostacola la visibilità e quindi non è indicata per il turista, ma ne esistono ancora molti esemplari presso privati e musei.

Non dimentichiamo però che la vita di gondole e traghetti è legata a quella dei loro conduttori: i gondolieri. Questi devono essere iscritti al *Ruolo specifico dei gondolieri* istituito presso la Camera di Commercio di Venezia, ruolo cui si accede soltanto con specifici requisiti fra i quali il superamento di una prova di *voga*. Questa prova è fatta da un'apposita Commissione e fino a un anno fa è stato un ostacolo insormontabile per le donne aspiranti alla licenza da gondoliere. Le licenze comunali da gondoliere sono 425 e 167 sono gli altri *barcarioli* iscritti al ruolo che lavorano con l'incarico di *sostituti*, ossia subentrano al titolare di una licenza quando questo non può, per scelta o cause di forza maggiore, lavorare. La scelta del *sostituto* da parte del titolare della licenza fa sì che, di fatto, questa sia trasmissibile al figlio o altro familiare al momento del pensionamento.

Bibliografia

[1]   AA.VV. (1980) *Traghetti e gondole da guadagno* (catalogo della mostra), Stamperia del C.I.G. Soc. Coop. S.r.l., Venezia
[2]   G. Caniato (1985) Arte degli *squeraroli*, Associazione Settemari, Venezia
[3]   G. Zanelli (1986) *Squeraroli e squeri*, Ente per la conservazione della Gondola e tutela del Gondoliere, Venezia
[4]   C. Donatelli (1990) *La gondola - una straordinaria architettura navale*, Arsenale Editrice, Venezia
[5]   G. Munerotto (1994) *Gondole - sei secoli di evoluzione nella storia e nell'arte*, Il Cardo, Venezia
[6]   G. Zanelli (1997) *Traghetti veneziani - la gondola al servizio della città*, Istituzione per la conservazione della gondola e tutela del gondoliere, Venezia
[7]   G. Penzo (1997) *Fòrcole, Remi e Voga alla Veneta*, Il Leggio, Sottomarina di Chioggia, Venezia

Bolle di sapone e architettura

Il design digitale nell'architettura – oltre la geometria classica
T. Walliser

Un piccolo libro sulle bolle di sapone
M. Emmer

Il design digitale nell'architettura – oltre la geometria classica

di Tobias Walliser

Idee matematiche come riferimento per progetti e design architettonici

Nel mio articolo "Other geometries in architecture: bubbles, knots and minimal surfaces", pubblicato nel 2008 [1], ho descritto quanto sia fascinoso utilizzare modelli matematici come fonte di ispirazione per il design architettonico. Il segreto non è tanto la comprensione assoluta delle formule matematiche che vi stanno alla base, quanto immaginare di trasferire questi concetti nei modelli architettonici. Tradizionalmente, l'architettura è legata al concetto euclideo di spazio e predominano tutt'ora teorie nate nel periodo rinascimentale di Leon Battista Alberti[1]. Alcuni di questi concetti sono diventati i dogmi del modernismo. La separazione di pelle e ossa, la descrizione di un edificio in analogia con il corpo umano sono concetti ancora ampiamente riconosciuti. Un altro pensiero, il materiale inteso come massa inanimata da modellare, ha coniato il concetto di architettura moderna secondo il quale forma e materia sono antagonisti. Con l'avanzare del design digitale in architettura, non solo si sono resi disponibili nuovi strumenti, ma sta prendendo piede un nuovo modo di intendere il processo di progettazione. Quest'ultimo sta portando alla creazione di nuove definizioni e a un nuovo modo di intendere la forma e la materia. L'attuale processo di trasformazione ha il potenziale per unire l'utilizzo delle tecniche computazionali in architettura, applicate in una discreta parte del processo di progettazione e di costruzione.

---

[1] Leon Battista Alberti (1404-1472), architetto italiano, umanista, pittore e critico d'arte. Ha scritto *Della Pittura* (1435), la prima bozza della Teoria della Prospettiva nel Rinascimento. Nel 1452 ha raccolto i suoi studi relativi alle costruzioni romane nel primo trattato teorico del periodo rinascimentale sull'architettura, il *De Re Aedificatoria*, composto di dieci volumi. Nella sua opera, considera l'architettura non come un mestiere ma come una disciplina umanistica e un'arte sociale, per la cui pratica sono necessarie due abilità, la pittura e la matematica.

Nella parte successiva, vorrei soffermarmi su un paio di concetti fondamentali riguardanti il design digitale e il processo di progettazione specifico. È importante spiegare alcuni termini comunemente utilizzati quando si parla di design computazionale in architettura.

Il processo di progettazione può essere considerato uno dei compiti principali di un architetto. Sostanzialmente ritengo che progettare significhi inventarsi qualcosa. Il verbo "inventare", nel senso di "trovare", implica da un lato un processo attivo, dall'altro dimostra che non si tratta di creare qualcosa dal nulla, ma che c'è qualcosa da trovare, una soluzione tra una molteplicità di possibili soluzioni. L'influsso delle tecniche digitali sulla progettazione è aumentato nettamente negli ultimi anni. Succede sempre più spesso che, quando viene ultimato un nuovo spettacolare edificio, si dica che senza l'aiuto delle più innovative tecniche informatiche non sarebbe stato possibile realizzarlo. In molti casi la tecnica digitale è stata utilizzata soltanto nella fase di realizzazione, mentre la progettazione è continuata in modo tradizionale. Tuttavia, pur utilizzando programmi informatici in fase di progettazione, ancora non si può parlare di una vera e propria "progettazione digitale". Il termine "digitale" indica la frammentazione di un processo in una discreta quantità di modelli, e la fusione di questi modelli fino alla creazione di nuove strutture utilizzate da un computer. Quindi il termine "digitale" descrive un processo, non un prodotto [2]. La "progettazione digitale" descrive l'inserimento di processi basati sull'informatica durante la fase di progettazione. L'inserimento dei computer non solo permette di visualizzare fedelmente progetti non ancora realizzati, ma anche di sviluppare nuovi processi di progettazione che lasciano spazio a nuove possibilità al di là delle idee tradizionali. Si potrebbero definire "costruzioni virtuali" strutture geometriche provvisorie che creano strutture d'ordine semplici da comprendere seppur non direttamente visibili nella formulazione del progetto dell'edificio. Strutture provvisorie basilari di questo tipo si trovano in tutta la storia dell'architettura, nelle regole e misure che determinano le proporzioni, nella mistica dei numeri oppure nelle potenziali nuvole digitali nonché negli oggetti che rendono descrivibili e quindi plasmabili le continuità invisibili e le relazioni.

Il processo di formazione dello spazio si sviluppa insieme ai nuovi strumenti di supporto digitali per la combinazione di studi sperimentali e possibilità innovative della generazione di forme.

Inizialmente vengono definite le dipendenze e le relazioni, infine si esplora il sistema creato, aggiornando continuamente le forme astratte iniziali arricchendole con informazioni specifiche. I quesiti relativi al progetto diventano in parte problemi matematici, il cui risultato viene definito tramite i parametri che ne stanno alla base. Il processo di svelamento della forma cambia dall'essere plasmato da fattori ambientali (morfologia) all'evoluzione della forma come ottimizzazione tramite la selezione e la ricombinazione di diversi fattori e parametri, evoluzione in cui le alternative di progettazione non vengono considerate singolarmente ma come l'attualizzazione di una tra tante potenziali alternative. Oltre a studiare intensamente i nuovi strumenti di progettazione, una delle nuove opportunità per gli architetti è la comprensione dell'intero processo fino alla realizzazione di prototipi, integrata dall'imposizione di limiti tecnici, costruttivi, materiali e di produzione.

Se la progettazione viene intesa come processo, si potrebbe illustrare la differenza tra le tecniche di progettazione tradizionali e quelle innovative basate sull'informatica con la differenza tra il gioco degli scacchi e il gioco del Go. Mentre negli scacchi ogni pedina ha un suo potenziale e un suo valore, nel Go inizialmente tutte le figure hanno lo stesso valore. Il loro significato nasce dal loro potenziale, dalla loro posizione in relazione alle proprie pedine e a quelle dell'avversario (Fig. 1).

Nella rappresentazione informatica di un progetto, gli elementi geometrici vengono definiti attraverso attributi variabili, detti parametri. Un *software* parametrico permette la rappresentazione e la costruzione di variazioni di elementi definiti parametricamente in tempo reale, e permette in questo modo al progettista di intervenire e controllare in modo diretto. In questi modelli geometrici associativi gli oggetti vengono definiti geometrie parametriche, che sono direttamente dipendenti dal processo della loro formazione; nonostante la forma sia uguale, è possibile che presentino caratteristiche differenti. In una situazione simile un rettangolo "sa" che l'angolo tra due spigoli deve essere retto. Non possono esserci deformazioni causate dallo spostamento di un punto, ovvero risultano in una messa in scala dell'oggetto. In questo modo non solo viene definita la forma, ma anche possibili reazioni a forze e cambiamenti. Lavorare con questi programmi richiede una diversa comprensione di relazioni e dipendenze come caratteristiche inseparabili di qualunque forma. In realtà la progettazione parametrica non è un modo nuovo di comprendere il processo di progettazione e vi sono anzi esempi storici che la illustrano. Nella cupola barocca della chiesa San Carlo alle Quattro Fontane di Roma, opera di Bor-

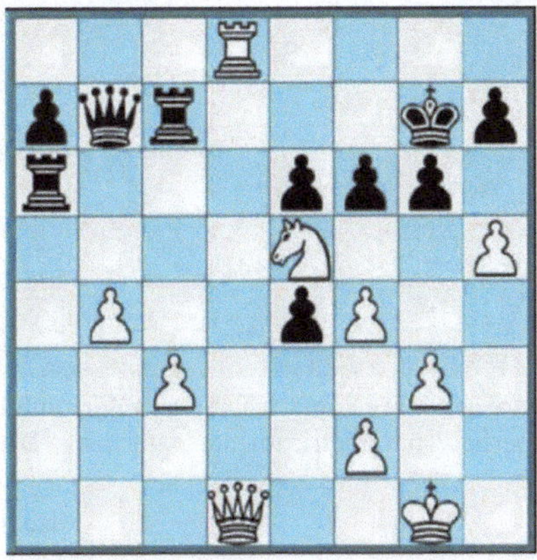

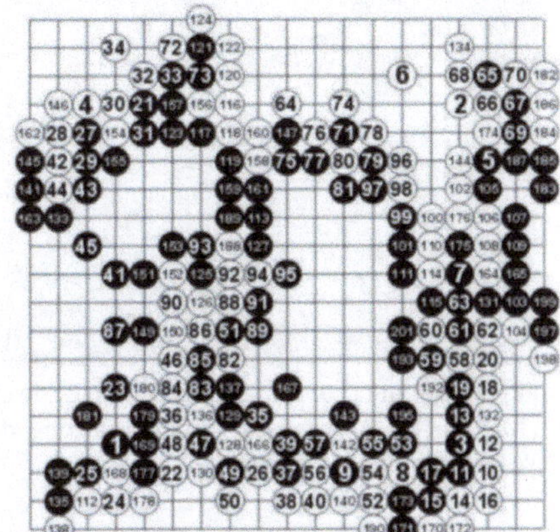

Fig. 1 Illustrazione del gioco degli scacchi vs. Go: due diversi tipi di gioco. Da: *Atlas of Novel Techtonics*, Reiser + Umemoto, Princeton Architectural Press, New York, 2006

romini (1638-1641)[2], gli ornamenti vengono deformati, nonché geometricamente modificati, dall'adattamento "associativo" di singole forme alla forma completa. Con l'inserimento associativo di elementi generici su superfici geometricamente complesse, la differenziazione di elementi standardizzati viene semplificata in modo decisivo. L'adattamento automatico delle parti sulla geometria della superficie porta alla nascita di un sistema completo in cui tutte le parti vengono create con lo stesso processo, ma ognuna di esse ha una forma diversa. Non è la forma degli ornamenti a essere invariabile, ma le regole che stanno dietro alla sua creazione (Fig. 2). Un ulteriore passo sono i sistemi regolati, in cui il *designer* incomincia col progettare un processo e provvede in seguito a ottimizzare varianti e a selezionare; in questo modo si crea in modo evolutivo la forma. Contrariamente alle deformazioni parametriche, si rendono così possibili trasformazioni qualitative. Il processo della generazione regolata di forme può portare, sulla base di regole semplici e chiare, a un'infinita molteplicità di forme, per cui è possibile controllare e dominare un altro tipo di complessità. Se per complessità si intende la durata delle operazioni e dei processi necessari per descrivere un risultato, è più semplice descrivere un al-

Fig. 2 Vista sulla cupola della chiesa San Carlo alle Quattre Fontane a Roma, realizzata da Borromini (1638–1641). È visibile la differenziazione della superficie parametricamente deformata. Da: Wikimedia con autorizzazione

---

[2] Francesco Borromini (in realtà Francesco Castelli; 1599, Bissone – 1667, Roma), architetto originario del Canton Ticino (Svizzera) ma attivo in Italia.

Fig. 3 Ogni secondo elemento della balaustra nel chiostro della chiesa San Carlo a Roma è montato con una rotazione, il ritmo acquisisce in questo modo un effetto più dinamico. Foto di Tobias Wallisser

bero come risultato di un sistema regolato che la geometria del padiglione di Mies van der Rohe a Barcellona.

A questo punto vorrei soffermarmi ancora un momento sulla chiesa San Carlo del Borromini. Nella balaustra del chiostro, ogni secondo elemento è montato con una rotazione di 180 gradi. Una regola molto semplice, che suscita un effetto di complessità: in questo modo viene infatti duplicato il ritmo della ripetizione di elementi identici, e la geometria delle giunture passa da un ordine statico a una composizione movimentata e vivace (Fig. 3).

In che modo l'utilizzo di regole porti a complessità ben maggiori lo dimostra un altro edificio, particolare in tutti i sensi e già molto all'avanguardia rispetto al suo tempo: la Sagrada Familia a Barcellona, il progetto più rinomato dell'architetto Antoni Gaudí[3].

Gaudí ha discostato la sua strategia di progettazione dalla pura composizione di forme libere (per esempio la Casa Milà detta *La Pedrera*), optando per una descrizione di forme rigida e regolata. Nonostante il progetto sia stato creato molto prima dell'invenzione del computer, è un perfetto esempio di progettazione parametrica. È caratterizzato dalla procedura sistematica della creazione di forme e offre un buon punto di partenza per analizzare l'utilità del computer nella progetta-

---

[3] Antoni Gaudí i Cornet (1852, Reus – 1926, Barcellona), architetto catalano nonché straordinario rappresentante del Modernismo.

Fig. 4 Volta della navata centrale della Sagrada Familia a Barcellona, realizzata da Gaudí

zione e costruzione. Poiché la maggior parte dei modelli originali di Gaudí era distrutta, si è cercato, tramite il processo di "Reverse Engineering", di ricostruire la logica originale e di completare i frammenti scansionati dei modelli in gesso. Dietro al progetto si cela un codice per una ricca generazione di forme, che crea una descrizione della geometria ripetibile e modificabile all'interno di regole. Molti elementi di Gaudí sono superfici geometriche rigate; il processo di produzione era parte dello sviluppo della forma, poiché le superfici rigate sono costruibili con pochi strumenti, e il fatto di essere sviluppabili permette di disporre elementi retti su superfici doppiamente curve. In questo caso la complessità e la molteplicità delle forme nascono dalla sovrapposizione di elementi semplici (Fig. 4).

Durante il semestre estivo del 2009 nel corso di progettazione digitale all'Accademia statale di Belle Arti di Stoccarda[4] abbiamo analizzato sulla base del termine "adattamento" il potenziale delle tecniche digitali di progettazione per articolare in modo specifico e in diverse situazioni un sistema sviluppato su base parametrica. In particolare si è discusso di una nuova definizione di progettazione contestuale. Secondo la distinzione biologica di genotipi e fenotipi, gli studenti hanno progettato inizialmente un sistema a padiglioni costituito da più sotto-sistemi so-

---

[4] Corso di Concetti di Costruzione e di Spazio innovativi/progettazione digitale, Prof. Tobias Wallisser, Ass. Martin Schroth, LB Ania Appolinarska – Studio Estate 2009 "Responsive Architecture Adaption"; Studenti partecipanti: Elena Armbruster, Mi-Jin Chun, Sebastian Inhofer, Martina Niebele, Alexander Simon, Xiaolong Zhang.

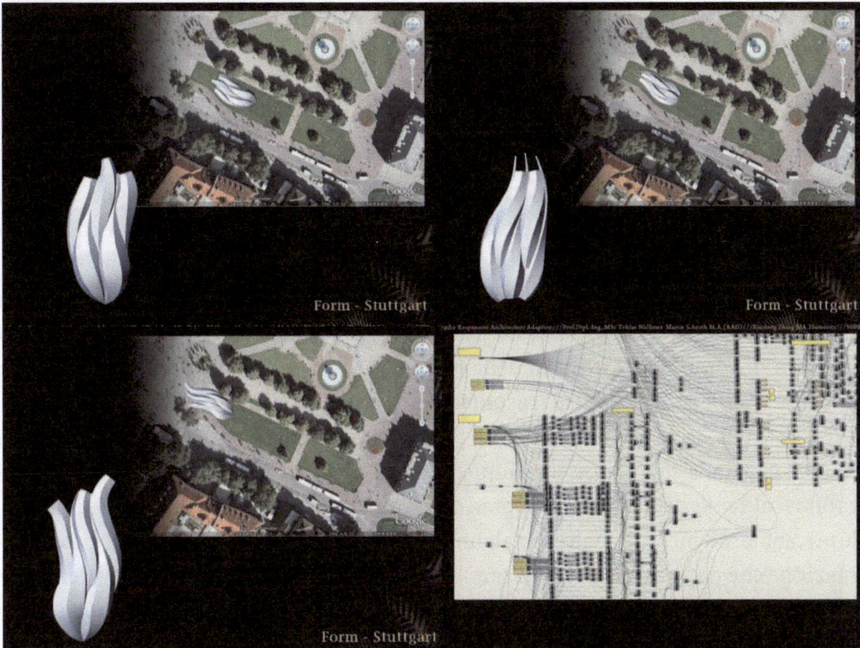

Fig. 5 Padiglione localizzato a Stoccarda. Un sistema di relazioni interne regolate determina la reale configurazione della forma e permette facilmente un adattamento al sito. Cambiare la posizione non comporta solamente una deformazione ma anche un cambiamento delle caratteristiche, ad esempio varia il numero di entrate. Progetto di Xialong Zhang, studio Wallisser, estate 2009

vrapposti. Tramite richieste specifiche questo sistema è stato successivamente testato in due luoghi differenti, nel centro di Stoccarda e in un posto qualunque a Roma. Le dipendenze lineari e non-lineari sono state analizzate nella loro relazione, raffigurate bi- e tridimensionalmente e trasportate in un sistema di regolazione parametrico. Si dovrebbe percepire la variazione del luogo nella concezione di spazio del padiglione. Contrariamente alla diffusa opinione che i modelli architettonici computerizzati possano generare solamente prodotti intercambiabili e non legati al luogo, abbiamo ricevuto dei lavori che dimostrano chiaramente che è possibile concepire sistemi semplici in modo tale che in luoghi diversi mostrino differenti caratteristiche di spazio, dovute al posizionamento (Fig. 5).

In base alle sue esperienze Marc Burry, che da oltre venticinque anni guida i lavori computerizzati alla Sagrada Familia, è giunto alla conclusione che i computer producono un effetto leggibile sulla qualità di progettazione e sulla forma costruita. La comprensione spazio-temporale passa dai concetti stabili dell'antichità o del Rinascimento a un modello più dinamico e imprevedibile, che si avvicina maggiormente alla comprensione dei sistemi naturali, contraddistinti da crescita, forma ed evoluzione [3].

Un hotel acquatico realizzato sulla base della superficie di Costa-Hoffman-Meeks

Questa parte descrive un possibile processo di progettazione basato sul progetto per un nuovo hotel in Messico.

Siamo stati contattati da un cliente per sviluppare un piano di progetto per un enorme parco di divertimenti, destinato a diventare una nuova meta turistica in Messico, sull'oceano Pacifico. Mentre le parti principali del progetto erano state previste su una collina vulcanica, l'elemento più sorprendente era la costruzione di un albergo completamente localizzato nell'oceano. Il cliente ha brevemente spiegato la sua idea di combinare l'utilizzo della torre dell'albergo con dei pontili previsti per circa tre traghetti, destinati al trasporto dei turisti dall'albergo-isola al parco divertimenti. Quest'isola artificiale è stata progettata nell'oceano, a circa un chilometro di distanza dalla spiaggia, e si svilupperà seguendo particolari caratteristiche, ispirandosi al tema dell'acqua. Per poter determinare le possibili articolazioni del volume, abbiamo incominciato con alcune piccole simulazioni con un *software* di animazione che permetta di visualizzare le proprietà fisiche. Osservando le istantanee di una goccia di latte che cade nell'acqua[5] abbiamo constatato che è diverso lasciar

---

[5] Questo è un riferimento bibliografico relativo ad alcune foto ad alta velocità di esperimenti in cui una goccia d'acqua o di latte viene rilasciata in un liquido e l'impatto e il cratere diventano visibili.

[6] Sino al 1982 erano note solo tre superfici minime di una classe particolare: le superfici di questo tipo sono dette superfici minime complete immerse, il che significa che la superficie si estende all'infinito e non si autointerseca mai; le tre superfici sono il piano, la catenoide e l'elicoide; una porzione di tutte e tre può essere ottenuta mediante lamine saponate.
Queste tre superfici sono tutte senza manici, per dirla in modo preciso il loro genere topologico è zero. Per quasi duecento anni i matematici si sono chiesti se esistessero superfici minime complete immerse di genere topologico maggiore di zero, cioè con almeno un manico.
I matematici statunitensi David Hoffman e William Meeks III, utilizzando le equazioni trovate dal matematico brasiliano Celso Costa, sono riusciti a dimostrare l'esistenza di una classe di superfici minime di tipo topologico comunque elevato: superfici minime con buchi, non ottenibili quindi con le lamine saponate. Il loro metodo è consistito nello studiare visivamente, sul terminale video di un elaboratore, le superfici costruite a partire dalle equazioni di Costa per cercare di capire quale ne fosse la struttura; dallo studio delle immagini i due matematici hanno potuto cogliere alcune simmetrie delle figure che vedevano, e da questa osservazione sono poi stati in grado di dimostrare analiticamente l'esistenza delle soluzioni. David Hoffman e i suoi colleghi hanno così descritto la loro scoperta:

> Nel 1984 Bill Meeks e David Hoffman hanno provato che esisteva un quarto esempio che soddisfaceva tutti i criteri: minimalità, completezza, immersione e semplicità topologica. Il nuovo esempio era stato descritto da Costa. Tuttavia dalle equazioni non si era in grado di stabilire se la superficie fosse o no immersa. Risolvemmo numericamente le equazioni [...] poi, con programmi grafici elaborati da J. Hoffman potemmo osservare la su-

cadere un volume nel mare. Osservando le tempistiche della sequenza e prendendo delle sezioni del volume tridimensionale, abbiamo testato diverse costellazioni, giungendo alla conclusione che vi erano diversi modi di posizionare parti della programmazione dello spazio sotto e sopra la superficie dell'acqua, concentrandoci su possibili relazioni sezionali. Questi esperimenti digitali sono stati effettuati non tanto a livello scientifico, ma piuttosto in modo intuitivo; ciò ci ha permesso di usare l'idea di far cadere un volume in acqua come strumento di progettazione (Fig. 6).

Entrambe le idee, da un lato l'albergo come isola artificiale, dall'altro il soggetto dell'acqua, hanno richiesto la combinazione di due differenti aspetti all'interno di un'esperienza continua. L'inserimento di un atrio dall'alto del volume permette alla luce del giorno di penetrare nell'edificio. L'atrio è progettato come uno spazio verde abitato da piante in modo da contrastare il panorama acquatico circostante. Il punto di forza della definizione del volume era il desiderio di trasformare l'edificio in un'isola portando al massimo la luce del giorno e le prospettive dei piani superiore e inferiore. L'interpretazione della superficie minima di Costa-Hoffman-Meeks[6] come inserzione di fori multidirezionali che connettono la parte superiore all'acqua e l'acqua sul fondo al cielo, ha fatto sì che un singolo gesto combinasse tutti gli aspetti.

perficie sotto diverse angolature [...] fummo in grado di vedere subito che la superficie era altamente simmetrica. Questo ci permise un'analisi delle formule che definivano la superficie e fummo in grado di provare che la superficie era davvero simmetrica. Usando questa simmetria appena trovata riuscimmo a provare che la superficie poteva venire scomposta in otto parti congruenti, una in ogni ottante. Questo ci permise di concentrarci su parti più piccole e di provare che ognuna di queste parti, e quindi l'intera superficie, era immersa. La *computer graphics* ci ha dunque consentito di verificare l'esistenza di un nuovo esempio che soddisfaceva tutti i criteri richiesti. Il computer è servito da guida nella costruzione di una dimostrazione formale [...] ha fornito uno strumento che ci ha consentito di investigare a fondo il problema. Inoltre, ci ha permesso di avere una comprensione così approfondita delle caratteristiche dell'esempio, da poter costruire una infinità di nuovi esempi. Le immagini generate da un computer permettono di osservare nuovi fenomeni matematici, spesso inaspettati, permettendo quindi di sperimentare; inoltre è possibile studiare aspetti sempre più complessi e interessanti di fenomeni anche già noti, aspetti che non sarebbe possibile studiare altrimenti. Sulla base poi dello studio di esempi e fenomeni si possono osservare configurazioni del tutto nuove. Infine è più facile e più fecondo stabilire legami con le altre discipline scientifiche, incluse le arti.

Nel considerare i problemi in cui la visualizzazione gioca un ruolo importante, i matematici hanno ottenuto immagini il cui fascino estetico ha coinvolto anche persone che non erano strettamente interessate ai problemi scientifici che le avevano originate. Il che non deve tuttavia far dimenticare l'interesse scientifico dei risultati ottenuti. A un convegno di matematica tenutosi a Parigi nel 1986, un famoso matematico, Peter Lax, ha definito quello di Hoffman e dei suoi colleghi uno dei pochissimi risultati importanti ottenuti in campo matematico con la *computer graphics* negli ultimi anni [N.d.C.].

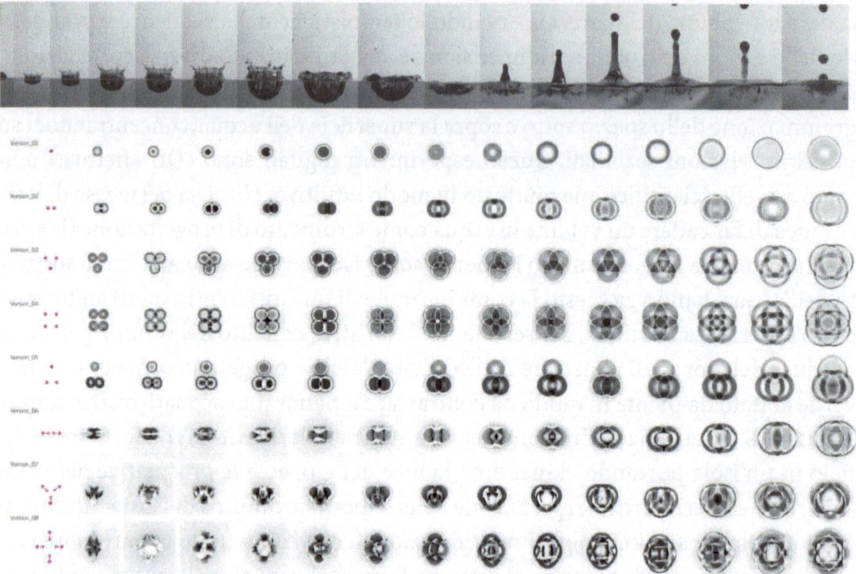

Fig. 6 Simulazione: lasciare cadere una palla in una vasca piena d'acqua. Test di progettazione utilizzando il software di animazione MAYA di autodesk. Immagine LAVA

La forma esterna viene definita separatamente, poiché la superficie minima non fornisce alcun volume per la costruzione né alcun volume racchiuso. La nostra prima proposta era di collocare la superficie minima all'interno di un volume sferico come oggetto, con una proporzione ottimizzata di volume e superficie contenuti.

Per motivi di visualizzazione il volume è stato allungato fino a ottenere una forma che fosse maggiormente in linea con l'idea della goccia d'acqua (Figg. 7 e 8).

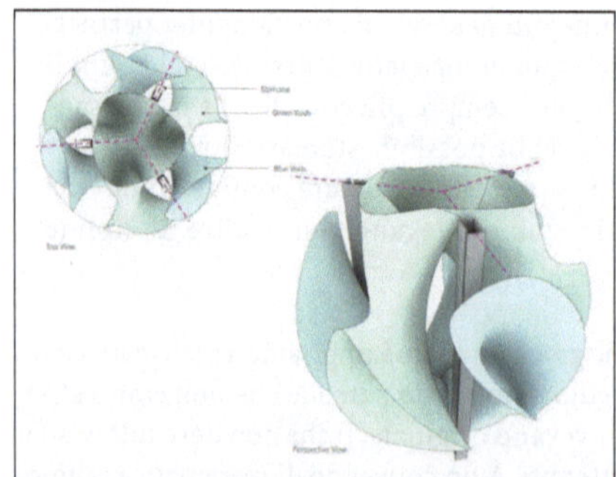

Fig. 7 La superficie minima di Costa immersa in una sfera è diventata il punto di partenza per il volume dell'albergo. Immagine LAVA

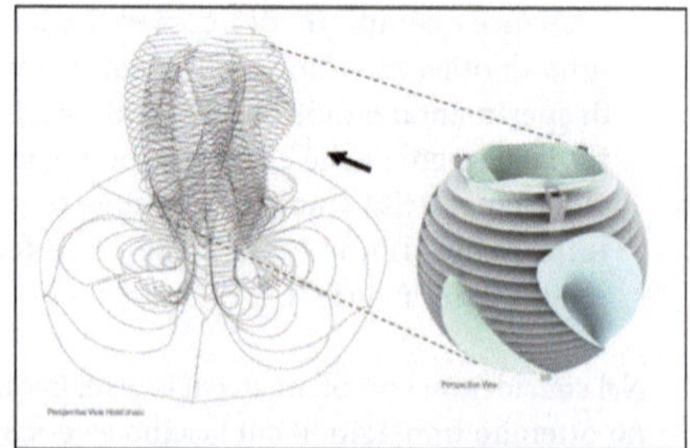

Fig. 8 La sfera è stata spostata per formare la parte superiore del volume complessivo dell'albergo, in seguito è stato aggiunto un elemento complementare per continuare questo processo nell'acqua. Immagine LAVA

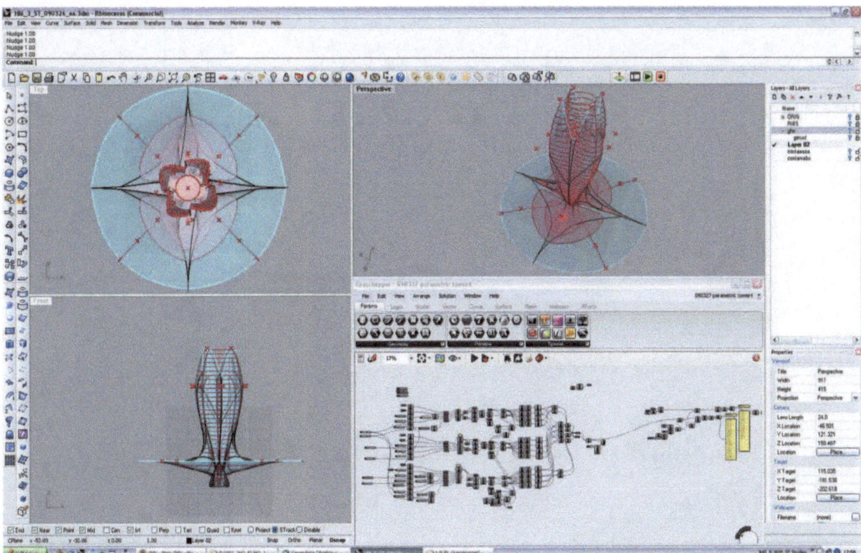

Fig. 9 Testare diverse possibili articolazioni dello strato più esterno utilizzando un modello parametrico. Immagine LAVA

Alcuni test sperimentali di configurazioni differenti per l'articolazione esterna e la collocazione del programma di spazio hanno portato alla definizione di una superficie minima ramificata in tre tubi trasformati in un sistema treppiedi per la torre di venti piani dell'albergo. Un modello parametrico è stato utilizzato per progettare la continuazione dei diversi volumi. Cambiare i parametri ha permesso di testare le diverse articolazioni, profili e relazioni. Un protocollo di connessioni sullo sfondo funge da strumento di progettazione programmato, utilizzato per produrre una grande varietà di variazioni (Fig. 9).

Tra le due ramificazioni di tubi della superficie minima sono stati introdotti tre nuclei in qualità di unici punti verticali fornitori di trasporto e stabilità. Intorno alla torre abbiamo aggiunto un elemento orizzontale di forma circolare in qualità di frangiflutti che protegge i tre pontili e che è responsabile di ulteriori funzioni legate alla stazione marittima. È stato progettato in rapporto a un atollo oppure a un'articolazione che circonda il foro formato dalla goccia d'acqua (Fig. 10).

Le nuove possibilità di progettazione computazionali sono in continua evoluzione ma vanno di pari passo con il problema che le possibilità del *software* abbiano il sopravvento sulle decisioni di progettazione e vengano applicate senza che vi sia una riflessione critica dietro. Per questo motivo è necessario avere una solida struttura concettuale del design in modo da poter sviluppare progetti architettonici coerenti. Un grande potenziale è nascosto nella combinazione di idee intuitive e vaghe esplorazioni di forma da un lato e relazioni definite matematicamente e indipendenze regolate dall'altro. La matematica può giocare un ruolo in entrambe le situazioni

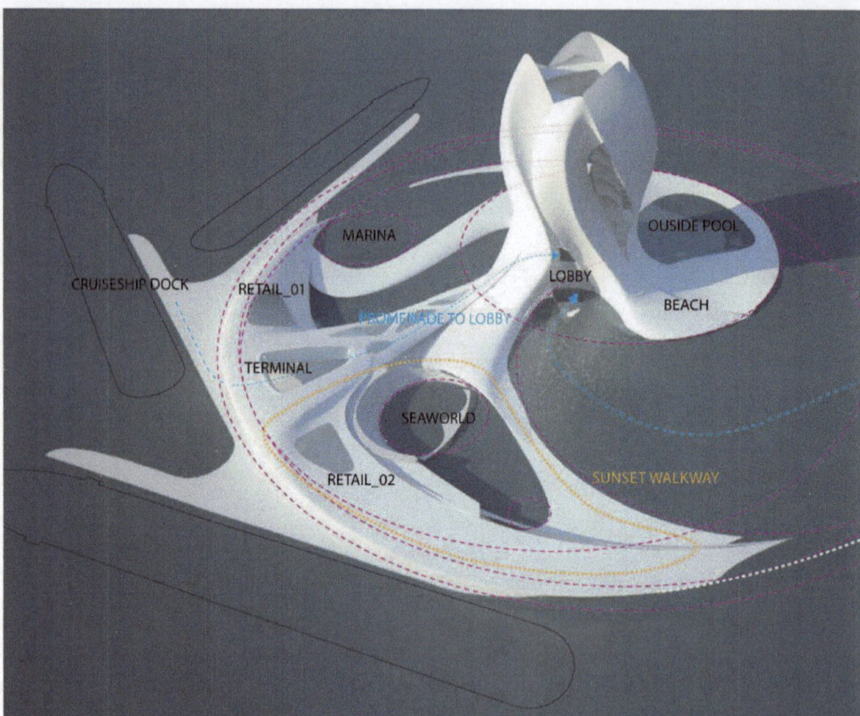

Fig. 10 Definizione del volume complessivo del progetto. Una torre di venti piani circondata da un edificio di forma circolare adibito a stazione marittima

Fig. 11 Una nuova icona: l'hotel acquatico sulla costa occidentale del Messico. Mentre internamente la struttura si basa sulla superficie minima di Costa-Meeks, la parte esteriore fa riferimento alla simulazione della goccia d'acqua. Tutte le stanze dell'albergo danno sull'esterno

come massima ispirazione concettuale per la generazione di idee e come strumento per le relazioni geometriche degli elementi. La superficie di Costa-Hoffman-Meeks ha dimostrato di essere una grande fonte di ispirazione per il design, un nuovo simbolo con un alto potenziale per la costa messicana (Fig. 11). Elegante, semplice, imponente e con una ricca esperienza alle spalle, questo edificio sarà un tributo alla significativa adozione di modelli matematici in architettura, fenomeno possibile solo grazie all'utilizzo intuitivo dei metodi computazionali più avanzati. E in architettura si tratta proprio di questo: definire un processo per incorporare dati esatti e regole per creare esperienze spaziali.

Bibliografia

[1]   T. Wallisser (2009) Other geometries in architecture: bubbles, knots and minimal surfaces, in: M. Emmer, A. Quarteroni (a cura di) *Mathknow*, Springer-Verlag, Milano, 91-111
[2]   K. Terzidis (2006) *Algorithmic Architecture*, MIT Press, Boston
[3]   M. Burry (2004) Gaudí l'innovatore, in: M. Emmer (a cura di) *Matematica e cultura 2004*, Springer-Verlag, Milano, 143-167; Mark Burry, "Gaudí unseen", conferenza presso l'Accademia di Belle Arti di Stoccarda, 2007 e Mark Burry, Jane Burry: Gaudí and CAD, http://itcon.org, 2006

Un piccolo libro sulle bolle di sapone

di Michele Emmer

La storia delle bolle di sapone molto probabilmente inizia con la lenta diffusione del sapone in Europa e con il grande interesse che le bolle di sapone, effetto collaterale della diffusione del sapone, suscitano nei bambini a partire dalle regioni del nord dell'Europa, Olanda e Germania soprattutto. Nel XVI e ancor più nel XVII secolo giocare alle bolle di sapone doveva essere un passatempo diffusissimo tra i bambini, come attestano centinaia di dipinti e incisioni, anche se in molte delle opere d'arte è il tema della bolla come simbolo della fragilità e della vanità delle ambizioni umane ad attirare l'attenzione degli artisti [1].

È molto probabile che proprio questa grande diffusione da un lato del gioco delle bolle di sapone e dall'altro il grande interesse degli artisti dell'epoca, spinga anche gli scienziati a porsi delle domande a proposito delle lamine di sapone.

Primo fra tutti Isaac Newton.

Newton il quale occupato al tavolino nelle sue scoperte di ottica, rivoltosi, per accidente vede un fanciullo che fa le bolle di sapone, e in quella osserva apparso, non senza sorpresa, il fenomeno dei colori per la rifrazione de' raggi. Una donna che potrebbe supporsi la sorella di Newton si trattiene col giovinetto reggendogli il recipiente d'acqua e sorridendo a quel giovane infante.

Parole scritte in una lettera del 13 settembre 1824 dal conte Paolo Tosio di Brescia al pittore Pelagio Palagi per indicargli con esattezza quale doveva essere il tema e i personaggi del dipinto che gli aveva commissionato: Newton che scopre il fenomeno del colore sulle lamine di sapone. Parole scritte molti anni dopo le ricerche di Newton, ma che raccontano di una scena altamente plausibile.

Alla fine degli anni Sessanta del XVII secolo Newton inizia a occuparsi di ottica. Nel 1666 pubblica *Of Colours*, quindi le *Optical Lectures* ("Lezioni di ottica") del 1669-1671, pubblicate solo nel 1728, e *New Theory of light and colours* nel 1672. Durante questo periodo studiò la rifrazione della luce dimostrando che un prisma può scomporre la luce bianca in uno spettro di colori, e quindi una lente e un secondo prisma possono ricomporre lo spettro in luce bianca.

Nel 1671 la Royal Society lo chiamò per una dimostrazione del suo telescopio riflettore. L'interesse suscitato lo incoraggiò a pubblicare le note sulla teoria dei colori che più tardi arricchì nel suo lavoro *Opticks* del 1704. Quando Robert Hooke criticò alcune delle sue idee, Newton ne fu così offeso che si ritirò dal dibattito pubblico e i due rimasero nemici fino alla morte di Hooke.

Nel 1672 lo scienziato inglese Hook presenta alla Royal Society una nota, riportata da Birch nella *History of the Royal Society* del 175. Scriveva Hook che:

> ... con una soluzione di sapone vennero soffiate numerose piccole bolle mediante un tubicino di vetro. Si poté osservare facilmente che all'inizio dell'insuflazione di ciascuna di esse, la lamina liquida sferica che imprigionava un globo d'aria, era bianca e limpida, senza la minima colorazione; ma dopo un poco, mentre la lamina si andava gradualmente assottigliando, si videro comparire sulla sua superficie tutte le varietà di colori che si possono osservare nell'arcobaleno.

Il colore era sicuramente uno dei motivi principali dell'interesse del gioco e del fascino che le bolle di sapone hanno esercitato sugli artisti dell'epoca; anche se la difficoltà di rendere con i pennelli il curioso effetto che si manifestava sulla superficie saponosa era abbastanza complicato, tant'è che in quasi tutti i dipinti le bolle di sapone appaiono pressoché trasparenti.

Isaac Newton nella sua *Opticks* descrive in dettaglio i fenomeni che si osservano sulla superficie delle lamine saponate. Nel volume secondo, Newton descrive le sue osservazioni sulle bolle di sapone [2]:

> Oss. 17.
> Se si forma una bolla con dell'acqua resa prima più viscosa sciogliendovi un poco di sapone, è molto facile osservare che dopo un po' sulla sua superficie apparirà una grande varietà di colori. Per impedire che le bolle vengano agitate troppo dall'aria esterna (con il risultato che i colori si mescolerebbero irregolarmente impedendo una accurata osservazione), immediatamente dopo averne formata una, la coprivo con un vetro trasparente, e in questo modo i suoi colori si disponevano secondo un ordine molto regolare, come tanti anelli concentrici a partire dalla parte alta della bolla. Via via che la bolla diventava più sottile per la continua diminuzione dell'acqua contenuta, tali anelli si dilatavano lentamente e ricoprivano tutta la bolla, scendendo verso la parte bassa ove infine sparivano. Allo stesso tempo, dopo che tutti i colori erano comparsi nella parte più alta, si formava al centro degli anelli una piccola macchia nera rotonda che continuava a dilatarsi.

Alla fine della successiva osservazione 18, aggiunge:

> Nel frattempo nella parte alta che era di un blu scuro, e appariva anche cosparsa di molte macchie blu più scure che altrove, comparivano una o più macchie nere e tra queste altre macchie di un nero più intenso [...] e queste si dilatavano progressivamente fino a che la bolla si rompeva [...] Da questa descrizione si può dedurre che tali colori compaiono quando la bolla è più spessa.

> Oss. XVII.
> Si sa comunemente che soffiando in una saponata leggiera e producendo una bolla, questa dopo un certo tempo comparisce circondata da vari colori [...] Il che permetteva ai colori di presentarsi sufficientemente ordinati, cingenti come tanti anelli concentrici la sommità della bolla. Poi a misura che l'acqua, calando continuamente in basso, rendeva la bolla sempre più sottile, questi anelli adagio adagio si allargavano e si distendevano su tutta la bolla. Intanto dopo che tutti i colori si erano manifestati nell'alto della bolla, nasceva al centro degli anelli una piccola macchia nera rotonda.

Plateau non è stato il primo a occuparsi di bolle e lamine saponate, come abbiamo visto, ma sono state le sue osservazioni sperimentali che hanno influenzato in modo determinante il lavoro dei matematici, anche se, essendo Plateau uno sperimentatore, il suo lavoro era principalmente rivolto ai fisici e ai chimici. Joseph Antoine Ferdinad Plateau (1801- 1883) inizia la sua carriera scientifica nel campo dell'ottica. Nel 1829 durante un esperimento espone troppo a lungo i suoi oc-

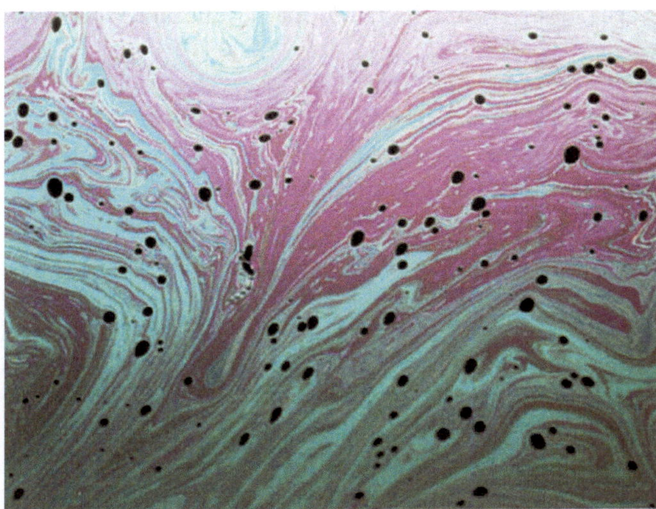

Fig. 1. Bach, *Colours of Soap Films*, foto realizzata presso l'*Institut fur Leichte Flächentragwerke*, Università di Stoccarda, dir. Frei Otto. I punti neri sono le parti più sottili della membrana. Per gentile concessione dell'autore

chi alla luce del sole, il che causa dei danni irreversibili alla sua vista. Dal 1843 è completamente cieco. È in questi anni che inizia a interessarsi alla natura delle forze molecolari presenti nei fluidi, arrivando a scoprire le forme che assumono le lamine di sapone contenute in particolari intelaiature metalliche immerse nell'acqua saponata.

Nel 1873 pubblica il risultato di quindici anni di ricerche nei due volumi del trattato *Statique expérimentale et théorique des liquides soumis aux seules forces moléculaires* [3].

La parte centrale del trattato di Plateau è intitolata *Systèmes laminaires. Lois aux quelles ils sont soumis; comment ils se developpent; principe général qui régit leur constitution. Démonstration théorique de leurs lois* ("Sistemi laminari. Leggi alle quali sono sottoposti; come si sviluppano; principi generali alla base del loro formarsi. Dimostrazione delle loro leggi").

> Da molti anni sono afflitto da una cecità completa; il lettore potrebbe quindi ragionevolmente avere qualche dubbio sull'esattezza dei fatti che espongo; lo devo rassicurare. Tutti gli esperimenti del primo capitolo e di una parte dell'intera opera sono stati effettuati da me stesso, quando ancora godevo della pienezza della vista; gli altri sono stati realizzati sempre con la mia presenza, sotto la mia direzione, con tutte le precauzioni possibili per evitare degli errori, da parte di persone capaci.

È Plateau che racconta e ci tiene a rassicurare i lettori del suo trattato sulla attendibilità dei suoi esperimenti sulla struttura delle lamine saponate. Se in quegli anni pittori come Couture e Manet dipingevano sulle loro tele delle bolle di sapone, Plateau non si accontenta della forma sferica delle bolle e sfrutta le proprietà fisiche e chimiche dell'acqua saponata per trovare forme del tutto nuove. È interessante notare che alla luce della sua esperienza, Plateau dà una giustificazione anche estetica delle esperienze fatte:

> Tutti questi esperimenti sono molto particolari; vi è un fascino [charme] enorme nel contemplare queste forme leggere, ridotte nella loro essenzialità a delle superfici matematiche, che si fanno adornare dei colori più brillanti, e che malgrado la loro fragilità durano per lungo tempo.

Tornando agli esperimenti di Plateau, è egli stesso a enunciare il principio generale che è alla base del suo lavoro; tale principio permette di realizzare tutte le superfici di curvatura media nulla e le superfici minime, di cui si conoscono o le equazioni o la generatrice geometrica. Si tratta di tracciare un contorno chiuso qualsiasi con le sole condizioni che esso circoscriva una porzione limitata della superficie e che sia compatibile con la superficie stessa; se allora si costruisce un filo di ferro identico al contorno in questione, lo si immerge interamente nel liquido saponoso e lo si estrae, si ottiene un insieme di lamine saponate che rappresenta la porzione di superficie in esame. Plateau non può fare a meno di notare che queste superfici, la maggior parte delle quali sono molto interessanti, si realizzano, aggiunge Plateau, *quasi per incantesimo*. È chiaro che il procedimento può essere applicato per risolvere il problema più complesso in cui non è nota la superficie che si sta studiando. In questo caso con le lamine saponate si ottiene la soluzione sperimentale del problema.

Per prima cosa Plateau si occupa della forma che si ottiene quando si soffia con una cannuccia in un liquido saponoso. È lo stesso fenomeno che occorre quando si forma una mousse di acqua saponata versando il detersivo nell'acqua per lavare i piatti. Come tutti sanno non si ottengono delle bolle di sapone, sferiche, staccate le une dalle altre ma un sistema di superfici saponose nessuna delle quali è perfettamente sferica.

Ed ecco la grande scoperta di Plateau, incredibile a prima vista.

> Comunque elevato sia il numero di lamine di sapone che vengono a contatto tra loro, non vi possono essere altro che due tipi di configurazioni.

Anche quando laviamo i piatti. Precisamente le tre regole sperimentali che Plateau scopre a proposito delle lamine saponate sono le seguenti:

1) Un sistema di bolle o un sistema di lamine attaccate a un supporto in fil di ferro è costituito da superfici piane o curve che si intersecano tra loro secondo linee con curvatura molto regolare.
2) Le superfici possono incontrarsi solo in due modi: o tre superfici che si incontrano lungo una linea o sei superfici che danno luogo a quattro curve che si incontrano in un vertice.
3) Gli angoli di intersezione delle superfici lungo una linea o delle superfici delle curve di intersezione in un vertice sono sempre eguali, nel primo caso a 120°, nel secondo a 109° 28'.

Plateau utilizza le regole scoperte per dare forma a un gran numero di strutture di acqua saponata, alcune delle quali molto interessanti. Per far questo basta costruire dei telaietti di ferro e immergerli nel sapone. Una volta estratti si ottiene per ogni telaietto un sistema di lamine che è la verifica sperimentale del problema di Plateau per quel telaietto. In questo modo è possibile avere un'idea precisa di come sono fatte le soluzioni sperimentali di problemi matematici di cui non è nota la soluzione esplicita; inoltre si verifica che in ogni caso le regole di Plateau sugli angoli siano sempre rigidamente soddisfatte, esperienza affascinante per chi la compie vista l'incredibile precisione delle composizioni che si ottengono. Uno dei primi telaietti che Plateau considera è in forma di cubo. Le lamine, una volta immerso ed estratto il telaio, raggiungono la forma stabile in pochi istanti.

Un piccolo libro sulle bolle

Lo stesso anno che Plateau pubblicava il risultato delle sue ricerche, è pubblicato a Pisa un piccolo libro di Carlo Marangoni e Pietro Stefanelli, insegnanti nel regio liceo e nella scuola tecnica *Dante* di Firenze [4]. Titolo del volume *Monografia delle bolle liquide*.

Il lavoro inizia, e non sarebbe potuto essere altrimenti, con una dedica:

Al Signore J. Plateau, a Voi che con bellissimo esempio di perseveranti propositi consacraste lunghe e pazienti cure allo studio delle lamine liquide; a Voi che sapeste arricchire la scienza d'ingegnosi trovati, pei quali nuova luce si sparse sul vasto campo della meccanica molecolare; a Voi che spesso avemmo occasione di rammentare nelle seguenti pagine — ci rechiamo ad onore d'intitolare questo nostro lavoro, che in stretto modo connettesi con le vostre predilette ricerche. Accoglietelo benevolmente come una pubblica dimostrazione dell'alta stima che vi portiamo, e credetici sempre
Vostri devotissimi Carlo Marangoni e Pietro Stefanelli
Firenze, 28 dicembre 1872.

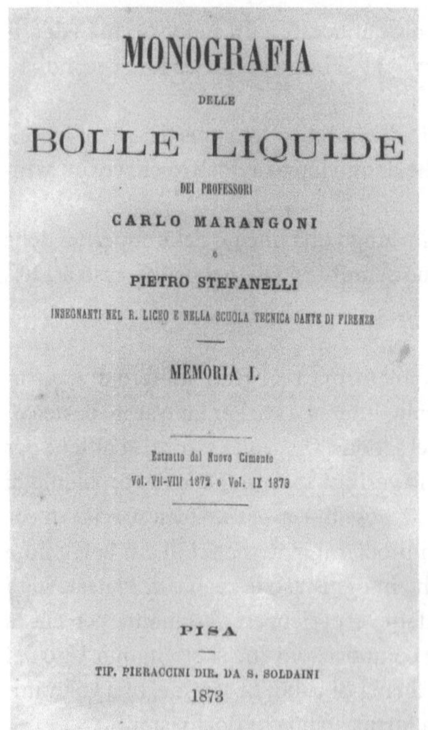

Fig. 2. Frontespizio

Nella prima pagina del lavoro i due insegnanti sentono il bisogno di giustificare le loro ricerche:

> Forse taluno ci muoverà rimprovero per aver prescelto a tema di minute e perseveranti indagini un argomento che sembra a primo aspetto di ben lieve importanza e del tutto remoto da ogni idea di pratica applicazione. Ma non per questo ci pentiremo del nostro operato, perché crediamo, come già lo avvertiva or son diciotto secoli Plinio il Vecchio, che *nello studio della natura niente v'è che possa stimarsi superfluo*.

Nella prima parte, prendendo spunto dalle notizie contenute nei volumi di Plateau, i due autori forniscono delle notizie storiche sulle osservazioni sulle bolle di sapone, notando fin dall'inizio che è stato impossibile stabilire chi per primo scoprisse o descrivesse l'esperimento di soffiare le bolle di sapone. Ricordano la notizia pubblicata da Plateau che al museo del Louvre a Parigi ci dovrebbe essere un vaso etrusco con bambini che giovano alle bolle di sapone. In realtà nelle collezioni del Louvre non sembrano esserci tracce in di questo vaso.

Fig. 3. Esperimenti di Brewster sul colore delle lamine

Tra le altre notizie gli autori ricordano che l'abate Florimond avvertì nel 1862 che le bolle di sapone riescono molto più grosse soffiandole con una pipa di vetro, invece che di argilla, come si suole comunemente. Aggiungendo pure che la loro grandezza cresce con l'aumentare del diametro dell'orifizio della pipa o del tubo che si adopera per ottenerle.

> Grossissime bolle furono ottenute verso il 1886 dal valente musicista Vivier per mezzo di un cornetto di cartone, probabilmente a molto grande apertura. Ed altre ancora grandissime (delle quali s'ignora l'esatto diametro) vennero prodotte nel 1838 da Böttger mediante un imbuto di 7 o 8 centimetri di apertura ed una decozione concentrata di scorza di Wuillaye (legno di Panama) che contiene buona dose di panamina, materia molto simile alla saponina.
>
> Il figlio del valente fisico Plateau si accorse nel 1862 che lanciando obliquamente in aria una certa quantità di soluzione saponosa contenuta in una capsula, in modo che il liquido si distenda in lamina appena uscito dal recipiente, in generale accade che cotal lamina si divide in più parti, ciascuna delle quali s'incurva per formare una bolla completa, che poi con maggiore o minor lentezza si abbassa.
>
> In questo esperimento soglionsi generare parecchie bolle assai piccole, ma qualche volta succede che una soltanto se ne produce. Circa gli studi fatti dal sig. Brewster nel 1867 intorno alla lamine liquide ci limiteremo a ricordare che i colori sviluppati da una lamina di acqua saponosa non derivano dalle differente grossezze di essa, ma sibbene da una materia particolare che galleggia sulla superficie del liquido.

Descrizione delle osservazioni fatte dai riferenti

Nel secondo capitolo gli autori passano a descrivere i loro esperimenti:

> Abbiamo cercato di eliminare o per lo meno attenuare alcune fra la più valide cause di rottura delle bolle. A tal fine fermammo il tubo di vetro ad uno stabile supporto e collocammo al di sotto dell'estremità inferiore del tuo medesimo una cassa quadrangolare sulla cui apertura ponemmo due lastre mobili di vetro. Così le bolle che venivano soffiate in fondo al tubo non subivano scosse e restavano completamente protette.

Sono descritte le dimensioni delle bolle di sapone che vengono ottenute utilizzando diversi liquidi, dal liquido glicerino di Plateau al sapone di Marsiglia, di potassio, alla soluzione di panamina e di saponina.

Vengono poi analizzate le dimensioni delle bolle di sapone in mezzo a corpi aeriformi più densi dell'aria, delle bolle sospese in mezzo ad altre bolle. Si esaminano le vibrazioni delle pareti delle bolle, e le possibili deformazioni, i prolungamenti e la moltiplicazione delle bolle, nonché la rottura delle bolle.

La parte davvero interessante è la tavola che conclude il lavoro. Vi sono descritti gli strumenti per realizzare bolle in modo che non vengano disturbate dall'ambiente circostante e poi disegnati in dettaglio i diversi esperimenti effettuati.

Esperienze eseguite con soluzione di sapone di Marsilia ripetutamente filtrata ed avente la densità di 1,015 alla temperatura di + 8°,3 C.

Diametro esterno dei tubi	Stato del labbro dei tubi	Massimi diam. delle bolle ottenute	OSSERVAZIONI
1^{mm}	Non fuso e tagliente	72^{mm}	Le pareti delle bolle non furono ingrossate con aggiunta di liquido. Le bolle scoppiarono dopo esser passate per tutta la serie dei colori di Newton ed avere assunto il bianco di primo ordine.
2	Idem	97	Le bolle vennero ingrossate con aggiunta di nuovo liquido. Esse non giunsero mai a ridursi incolore, ma scoppiarono mentre incominciavano a volgere al giallo.
5	Id., ma smerigliato	162	Idem. — Le bolle scoppiarono sempre innanzi di assumere il color giallo deciso.
9	Fuso, ma disunito	222	Idem. — Idem
11	Idem	290	Idem. — Idem.

Fig. 4. Tavola dal volume [4]

Diametro medio delle bolle, dedotto dalle sei più grandi osservate con un tubo di 6^{mm} di diametro esterno.

LIQUIDI	Diametro medio delle bolle	OSSERVAZIONI
Liquido glicerico di Plateau	14^c	Preparato da 6 mesi.
Soluzione di oleato di sodio puro ($\frac{1}{80}$)	14	Ottenuta di recente e filtrata.
»　　» sapone di Marsilia (»)	14	»　　　　　　»
»　　»　　» amigdalino (»)	12	Questo liquido, fatto a caldo, divenne in gran parte gelatiniforme nel raffreddarsi.
»　　»　　» di potassio (»)	11	Preparata il giorno innanzi e filtrata.
»　　» panamina. . . . (»)	8	»　　al momento e filtrata.
»　　» saponina . . . . (»)	6	»　　　　　　»

Fig. 5. Tavola dal volume [4]

Qualche anno dopo la pubblicazione degli esperimenti di Plateau, D'Arcy Wentworth Thompson pubblica *On Growth and Form* [5].

> Cellula e tessuto, conchiglia e osso, foglia e fiore sono porzioni di materia ed è in obbedienza alle leggi della fisica che le particelle che li compongono sono state assestate, modellate, conformate. Esse non fanno eccezione alla regola che Dio geometrizza sempre. I loro problemi di forma sono prima di tutto dei problemi matematici.

In particolare nel capitolo VII, "The Forms of Tissues or Cell-Aggregates", ricorda un problema che riguarda sempre le lamine di sapone:

> Pochi anni dopo la pubblicazione del libro di Plateau, Lord Kelvin mostrò come non si debba essere troppo sicuri nel ritenere che l'assemblaggio compatto di dodecaedri rombici rappresenti la reale soluzione al problema di suddividere lo spazio ottenendo l'area minima dei superfici divisorie. O che sia presente in una "schiuma" di un liquido in cui il problema generale viene risolto completamente e automaticamente. Lord Kelvin scoprì che, attraverso l'assemblaggio di figure con 14 facce o "tetracaidecaedri", lo spazio viene riempito e suddiviso uniformemente in celle uguali e ugualmente distribuite, economizzando la superficie in rapporto al volume meglio che in un assemblaggio di dodecaedri rombici. [6]

Nel 1994 è stata ottenuta una soluzione migliore di quella proposta da Lord Kelvin da parte di Denis Weaire e Robert Phelan del Trinity College di Dublino utilizzan-

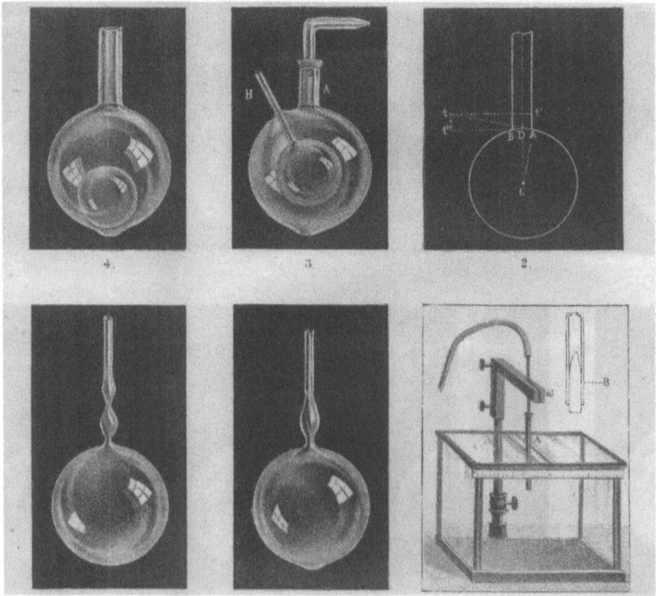

Fig. 6a. Tavola dal volume [4]

do due celle di uguale volume: dodecaedri irregolari e 14-edra che aveva utilizzato Kelvin, entrambi con le facce incurvate.

Fig. 6b. Tavola dal volume [4]

Fig. 6c. Tavola dal volume [4]

Nel 2008 Frank Morgan [7] ha dimostrato che un minimo per la configurazione del problema posto da Lord Kelvin esiste, ma la soluzione non è ancora stata trovata esplicitamente. Dopo il lavoro di Weaire e Phelan, John Sullivan aveva provato che esistono famiglie di poliedri di diverso tipo con area superficiale minore di quella proposta da Lord Kelvin (si veda il contributo di J. Sullivan).

I poliedri proposti da Weaire e Phelan sono stati a loro volta la fonte di ispirazione per la realizzazione del *Water Cube*, lo stadio olimpico del nuoto alle Olimpiadi di Pechino nel 2008. Progetto che è stato realizzato da una equipe di architetti australiani, tedeschi e cinesi, tra i quali Tobias Walliser che a sua volta si è ispirato alla superficie minina di Costa, Hoffman e Meeks per il progetto di un grattacielo (si veda il contributo di Walliser).

Una storia senza fine, quella delle bolle di sapone.

All the world's a tiny bubble
Floating inside
Those of us who notice are
Expected to hide
All the world's a tiny bubble
Floating inside, the truth...

Paul McCartney

Bibliografia

[1]   M. Emmer (2009) *Bolle di sapone tra arte e matematica*, Bollati Boringhieri, Torino. Premio Viareggio 2010

[2]   I. Newton (1704) *Opticks or a Treatise of the Reflections, Refractions, Inflections and Colours of light*, 1ª ed., London

[3]   J. Plateau (1873) *Statique expérimentale et théorique des liquides soumis aux seules forces moléculaires*, Gauthier-Villars, Paris

[4]   C. Marangon, P. Stefanelli (1873) *Monografia delle bolle liquide*, Tip. Pieraccini, Pisa. Estratto dalla rivista *Nuovo Cimento* vol. VII-VIII del 1872 e vol. IX del 1873

[5]   D'Arcy Wentworth Thompson (1942) *On Growth and Form*, Cambridge University Press, Cambridge

[6]   D'Arcy Wentworth Thompson (1887) On the Division of Space with Minimum Partitional Area, *Phil. Mag.* XXIV(151): 503-514

[7]   F. Morgan (2008) Existence of Least-perimeter Partitions, *Philosophical Magazine Letters* 88(9): 647-650

Matematica e applicazioni

Quando il cielo ci cade sulla testa
M. Abate

Google, come cercare (e trovare) un ago in un pagliaio
C. D'Angelo, L. Paglieri e A. Quarteroni

Ottimizzazione su reti
M. Falcone

Recenti sviluppi nella Teoria dei Giochi: l'ingegneria strategica
M. Li Calzi

Affascinanti forme per oggetti topologici
J.M. Sullivan

Quando il cielo ci cade sulla testa

di Marco Abate

Il Sistema Solare ha affascinato l'umanità fin dai tempi più remoti. Già i primi documenti storici narrano di antichi astronomi (babilonesi, egiziani, indiani, cinesi…) che passavano le notti stesi sui tetti a osservare il cielo stellato (niente inquinamento atmosferico, niente inquinamento luminoso, dovevano avere una vista magnifica), seguendo in particolare quelle poche stelle che, invece di starsene ferme al loro posto come le altre, si muovevano nel firmamento, seguendo traiettorie quasi del tutto regolari e sostanzialmente prevedibili (anche se, come vedremo, quel "quasi" e quel "sostanzialmente" saranno cruciali). E una domanda nasceva naturale, agli antichi astronomi (ma anche a quelli moderni): sarà sempre così? Il Sistema Solare come lo conosciamo noi durerà in eterno oppure è destinato a cambiare radicalmente fra cento, mille, milioni di anni? Parafrasando le immortali parole di Abraracourcix, dobbiamo aver paura che il cielo ci cada sulla testa?

Scopo di questo intervento è descrivere brevemente le risposte date a questa domanda nel corso dei secoli da matematici, fisici e astronomi; come vedremo, i punti di vista sono cambiati nel tempo, e, in particolare, risultati degli ultimi anni hanno gettato una nuova luce sull'intera questione. Ma prima di tutto dobbiamo specificare lievemente meglio a quale domanda vogliamo rispondere. Infatti, uno dei capisaldi della fisica e dell'astronomia contemporanea è che l'universo come lo conosciamo noi non è sempre esistito ma si è evoluto nel tempo, dal *big bang* ai giorni nostri. Inoltre, le stelle nascono e muoiono; in particolare il nostro Sole ha un'aspettativa di vita limitata, attualmente stimata in 5 miliardi di anni circa. È chiaro che non possiamo aspettarci che il Sistema Solare sopravviva intatto alla morte del Sole come lo conosciamo noi; quindi la domanda ha senso soltanto all'interno del periodo previsto di vita del Sole.

La seconda cosa che dobbiamo specificare è cosa intendiamo con Sistema Solare. I corpi celesti in qualche modo associati al Sistema Solare sono migliaia, includendo asteroidi, pianeti nani (Plutone, Ceres, Haumea, Makemake, Eris), e numerosi corpi celesti in orbita trans-nettuniana. La maggior parte di questi hanno masse molto minori dei pianeti classici e orbite estremamente irregolari e facilmente influenzabili da corpi più massicci; tenerli presenti complicherebbe inutilmente il problema[1]: anche se uno di essi improvvisamente lasciasse la sua orbita e fuggisse per sempre nello spazio infinito, il resto del Sistema Solare ne sarebbe influenzato in maniera impercettibile. Per questo motivo, in questo intervento ci limiteremo a considerare il Sistema Solare come formato dai pianeti maggiori (Mercurio, Venere, Terra, Marte, Giove, Saturno, Urano, Nettuno) e dalle loro lune.

La terza cosa che dobbiamo tenere presente è che il moto dei pianeti non è esattamente periodico, ma è continuamente soggetto a piccole perturbazioni e variazioni dovute principalmente alle influenze gravitazionali reciproche. Finché queste perturbazioni sono piccole, il Sistema Solare rimane qualitativamente lo stesso, e non dobbiamo preoccuparci; la domanda quindi è se davvero queste variazioni rimarranno piccole, oppure se dobbiamo aspettarci catastrofi quali la fuga di un pianeta dall'orbita solare, o la collisione fra due pianeti. Riassumendo, quello che ci vogliamo chiedere è se *il comportamento del Sistema Solare rimarrà qualitativamente lo stesso per tutta la durata della vita del Sole, oppure sono possibili variazioni rilevanti e catastrofiche della sua struttura?*

Che non si tratti di una domanda puramente accademica è stato confermato da una scoperta astronomica recente [1]. Il sistema solare BD +20 307 è composto da due stelle, entrambe molto simili in massa, temperatura e dimensione al nostro Sole, e orbitanti attorno al loro centro di massa ogni 3.42 giorni. Questo sistema binario ha un'età di diversi miliardi di anni, comparabile a quella del nostro Sistema Solare, e possiede un certo numero di pianeti. Ebbene: in BD +20 307 ci sono tracce evidenti di una collisione planetaria recente, che ha lasciato una straordinaria quantità di detriti in orbita attorno al sistema binario a una distanza paragonabile a quella della Terra dal Sole.

Dunque qualche motivo di preoccupazione potremmo averlo… o no? Vediamo cosa ci hanno detto al riguardo matematici, fisici e astronomi, partendo da Tolomeo e arrivando a Jacques Laskar.

Tolomeo

La rappresentazione del Sistema Solare più diffusa nell'antichità è quella formalizzata da Tolomeo (ca 100-175 d.C.), matematico e astronomo vissuto ad Alessandria d'Egitto. Com'è noto, il sistema tolemaico prevede la Terra al centro, immobile, attorno a cui ruotano, nell'ordine, la Luna, Mercurio, Venere, il Sole, Marte, Giove e Saturno[2], con le stelle fisse sullo sfondo. Nei modelli più antichi, le orbite dei pia-

---

[1] E non sarebbe corretto nei confronti dei nostri antenati, che non ne conoscevano l'esistenza.
[2] Urano e Nettuno, per non parlare di Plutone, verranno scoperti solo in seguito.

neti erano perfettamente circolari; la circonferenza, figura perfetta, ben si adattava alla sfera celeste, dominio degli dei. In questo contesto, il problema della stabilità non si poneva neppure o, meglio, aveva una risposta evidente. La sfera celeste, e di conseguenza il Sistema Solare, sono parte della divinità e in quanto tali puri e immutabili, contrapposti alla sfera terrestre dell'uomo, impura e caduca. Gli dei sono sempre esistiti, e sempre esisteranno; di conseguenza, il Sistema Solare sarà sempre uguale a se stesso. Mutamento e decadenza sono caratteri dell'imperfetta sfera terrestre, e noi limitati mortali possiamo percepire solo una rappresentazione approssimativa del moto delle sfere celestiali.

Già prima di Tolomeo, però, si capì che le osservazioni astronomiche dei moti dei pianeti non erano compatibili, neppure approssimativamente, con l'ipotesi di orbite circolari. Per adattare il modello ai dati sperimentali, gli astronomi dell'antichità (in particolare Ipparco, vissuto fra il 190 e il 120 a.C.) iniziarono ad aggiungere al modello circonferenze ausiliarie (*epicicli*): un pianeta seguiva un moto circolare attorno a un punto che a sua volta ruotava lungo un'altra circonferenza, ed era quest'ultima ad avere come centro la Terra. L'affinarsi progressivo delle osservazioni astronomiche richiese l'uso di un numero sempre crescente di circonferenze ausiliarie, trasformando un modello elegante degno degli dei in un meccanismo talmente intricato da non essere più credibile. Un cambiamento di punto di vista divenne inevitabile; ma, come vedremo, l'idea di descrivere i moti dei pianeti usando moti circolari sovrapposti riapparirà in seguito.

Kepler

L'uomo che più contribuì a cambiare il punto di vista fu Friedrich Johannes Kepler (1571-1630). Partendo dal modello eliocentrico di Nicolaus Copernicus[3] (1473-1543), e, soprattutto, dall'incredibile mole di dati raccolti da Tycho Brahe (1546-1601), di cui fu assistente, Kepler riuscì a identificare tre leggi a partire dalle quali era possibile descrivere con notevole precisione, e in accordo con i dati sperimentali dell'epoca, il moto dei pianeti.

Le tre leggi di Kepler sono:
1) l'orbita di un pianeta è un ellisse in cui il Sole occupa uno dei fuochi;
2) il vettore Sole-pianeta descrive aree uguali in tempi uguali;
3) il rapporto fra il quadrato del periodo di rivoluzione e il cubo del semiasse maggiore dell'orbita è costante, uguale per tutti i pianeti.

La prima legge descrive la forma geometrica delle orbite. Kepler rinuncia a usare circonferenze e le sostituisce con ellissi, curve che, pur non essendo eleganti co-

---

[3] Che però, pur mettendo il Sole al centro del Sistema Solare, manteneva le orbite circolari, con la conseguenza che anche il suo modello non era in accordo con i dati sperimentali.

me le circonferenze, sono comunque ben note e studiate fin dall'antichità. In questo modo ottiene l'innegabile vantaggio di usare un'unica curva per descrivere l'orbita, senza dover ricorrere a complicate sovrapposizioni di circonferenze. Inoltre, la Terra diventa un pianeta come altri (primo germe del cambiamento paradigmatico che sarà introdotto da Newton qualche anno dopo), mentre la Luna è declassata da pianeta a satellite, l'unica che continua a ruotare (in orbita sostanzialmente circolare) intorno alla Terra.

La seconda legge permette di descrivere il moto del pianeta lungo l'orbita. Quando un pianeta è lontano dal Sole[4] e percorre un dato tratto di orbita, il vettore che lo collega al Sole descrive un'area maggiore di quella che descrive quando lo stesso pianeta percorre un tratto di orbita di uguale lunghezza ma più vicino al Sole. Ma, per la seconda legge, l'area descritta in tempi uguali dev'essere la stessa; quindi il pianeta deve necessariamente muoversi tanto più velocemente quanto più è vicino al Sole.

La terza legge, infine, collega il moto dei pianeti (tramite il periodo di rivoluzione) con la forma geometrica delle orbite (tramite il semiasse maggiore). Inoltre, il fatto che il rapporto fra quadrato del periodo di rivoluzione e cubo del semiasse maggiore sia lo stesso per tutti i pianeti, Terra compresa, evidenzia come il Sistema Solare non sia un'accozzaglia di pianeti mescolatisi per caso, ma un tutto unitario, una parte coerente di un unico disegno divino.

Trattandosi di disegno divino, anche Kepler non si pose alcun problema di stabilità. Le sfere celesti sono ancora il regno della divinità, e come tali eterne e immutabili nel tempo. Inoltre, bisogna sottolineare che, con tutta la sua accuratezza, il modello di Kepler, come quello di Tolomeo, è un modello puramente fenomenologico: si limita a riprodurre fedelmente le osservazioni sperimentali, senza tentare di spiegare *perché* i pianeti si muovono lungo ellissi e non, per esempio, lungo cicloidi. La risposta era nella mente divina; toccò a Newton farla scendere sulla Terra.

Newton

Isaac Newton (1643-1727) introduce nel 1687 la legge della gravitazione universale, e l'universo cambia drasticamente aspetto. Due corpi si attraggono reciprocamente con una forza proporzionale al prodotto delle loro masse e inversamente proporzionale al quadrato della loro distanza. Due corpi *qualsiasi,* siano essi sulla Terra oppure nei cieli; la *stessa* legge si applica all'impura sfera terrestre e alla perfetta sfera celeste, spiegando in un colpo solo la caduta dei gravi e il moto dei pianeti. Newton è in grado di dedurre, partendo dalla legge della gravitazione universa-

---

[4] Ricordo che l'orbita ora è ellittica, per cui ci sono punti dell'orbita più vicini al Sole e punti più lontani.

le, sia il moto di un proiettile che tutte e tre le leggi di Kepler, supponendo semplicemente che le masse dei pianeti siano molto inferiori (come sono) della massa del Sole, e trascurando (ma vedi oltre) le influenze gravitazionali dei pianeti fra di loro. In altre parole, Newton dimostra che in un sistema composto da due corpi soggetti ad attrazione gravitazionale, con la massa di uno dei due trascurabile rispetto alla massa dell'altro, il corpo più leggero si muove necessariamente attorno al corpo più pesante seguendo esattamente le tre leggi di Kepler[5].

Quindi la legge di gravitazione universale *spiega* le tre leggi di Kepler: i pianeti soggetti alla gravità non possono fare altrimenti[6] che seguirle. Ma forse la più grande rivoluzione epistemologica causata dalle idee di Newton consiste nell'applicare la stessa legge sulla Terra e in cielo, eliminando con un solo colpo di penna la differenza fra sfera terrestre e sfera celeste: esiste un unico universo, guidato ovunque dalle stesse leggi. La divinità, se esiste (e Newton era un credente convinto), dimora altrove.

Questo mette per la prima volta in evidenza il problema della stabilità: il Sistema Solare, non essendo più parte della divinità, potrebbe mutare e decadere come ogni cosa terrestre. Newton stesso pone esplicitamente la questione; in particolare, si chiede se l'accumularsi nel tempo delle influenze gravitazionali reciproche dei pianeti, trascurate dalle leggi di Kepler, non possa degradare le orbite fino a compromettere la stabilità del Sistema Solare. La matematica (e in particolare il calcolo infinitesimale) sviluppata fino a quel momento non era sufficiente a rispondere a questa domanda, per cui Newton dovette limitarsi a una congettura. La sua congettura è che il Sistema Solare è *instabile:* lasciato a se stesso, sarebbe inevitabilmente destinato al collasso. Solo un intervento divino può garantirne la stabilità; secondo Newton, Dio, anche se non più dimorante nel Sistema Solare, lo osserva amorevolmente e ne assicura l'imperitura esistenza agendo quando necessario.

Laplace

Il problema di stabilire se l'intervento divino è effettivamente necessario per garantire la stabilità del Sistema Solare oppure se la legge di gravitazione universale è sufficiente a mantenerlo per tutti i tempi è una delle questioni che più hanno guidato lo sviluppo della matematica e della fisica nel Settecento. Per descrivere una delle risposte più raffinate, ottenuta da Pierre Laplace (1749-1827), dobbiamo introdurre la terminologia usata per descrivere la geometria delle orbite.

---

[5] Almeno fino a certe velocità limite; a velocità maggiori il corpo segue invece un'orbita parabolica o iperbolica, sfuggendo dal Sole come quelle comete destinate a un unico passaggio nel Sistema Solare.

[6] E ci sono motivi matematici e fisici perché la legge di gravitazione universale deve avere quella forma e non un'altra, ma parlarne ci porterebbe troppo lontano.

La forma di un'ellisse è determinata da due parametri: il *semiasse maggiore*, cioè la distanza fra il centro dell'ellisse e il punto più lontano dell'orbita, e l'*eccentricità*, un numero compreso fra 0 e 1 che misura l'asimmetria dell'ellisse (una circonferenza ha eccentricità 0, una parabola – interpretabile come una ellisse di semiasse maggiore infinito – ha eccentricità 1).

Per descrivere la posizione dell'orbita nello spazio si usano invece tre parametri angolari. Il primo è l'*inclinazione*, cioè l'angolo fra il piano dell'orbita e un piano di riferimento, chiamato piano dell'*eclittica*[7]. Il piano dell'orbita e il piano dell'eclittica si intersecano in una retta passante per il Sole, la *linea dei nodi*, che a sua volta interseca l'orbita in due punti, i *nodi*; in particolare, il *nodo ascendente* è il punto in cui l'orbita attraversa il piano dell'ellittica passando dall'emisfero meridionale a quello settentrionale[8]. Il secondo parametro allora è la *longitudine del nodo ascendente*, cioè l'angolo fra la semiretta della linea dei nodi contenente il nodo ascendente e una semiretta di riferimento posta sul piano dell'eclittica[9].

L'inclinazione e la longitudine del nodo ascendente determinano completamente la posizione del piano dell'orbita (che deve contenere il Sole) nello spazio; per determinare infine la posizione dell'orbita nel suo piano si usa l'*argomento del perielio*, cioè l'angolo (nel piano dell'orbita) fra la semiretta dei nodi contenente il nodo ascendente e il semiasse maggiore contenente il Sole.

Torniamo ora a Laplace. In [2], descrive molto chiaramente il problema della stabilità del Sistema Solare, con le seguenti parole:

> Les planètes sont assujetties, en vertu de leur action mutuelle, à des inégalités qui [...] altèrent les éléments des orbites par des nuances presques insensibles à chaque révolution des planètes, mais ces altérations, en s'accumulant sans cesse, finissent par changer entièrement la nature des positions des orbites; comme la suite des siècles les rend très remarquables, on les a nommées inégalités séculaires.[10]

---

[7] Nell'astronomia classica il piano dell'eclittica è il piano contenente l'orbita terrestre; nell'astronomia moderna è il piano passante per il Sole e ortogonale al momento angolare del Sistema Solare, dato dalla somma (costante) dei momenti angolari dei pianeti (e il momento angolare di un corpo in moto è il prodotto vettoriale fra il vettore posizione e il vettore velocità moltiplicato per la massa del corpo).

[8] L'*emisfero settentrionale* è il semispazio determinato dal piano dell'eclittica verso cui punta il vettore momento angolare del Sistema Solare; l'*emisfero meridionale* è l'altro semispazio.

[9] Di solito si usa quella contenente il *punto vernale*, corrispondente all'equinozio di primavera, e situato sull'intersezione fra il piano dell'eclittica e il piano equatoriale terrestre.

[10] "I pianeti sono soggetti, in virtù della loro azione reciproca, a delle perturbazioni [...] che alterano gli elementi delle orbite per sfumature quasi insensibili in ciascuna rivoluzione dei pianeti, ma queste alterazioni, accumulandosi incessantemente, potrebbero finire per cambiare completamente la natura delle posizioni delle orbite; siccome la successione dei secoli le rende molto significative, le abbiamo chiamate termini secolari" (traduzione dell'autore).

In questi termini, quindi, il problema della stabilità del Sistema Solare si traduce nel determinare l'eventuale presenza e rilevanza dei termini secolari.

I cento anni che separano Laplace da Newton non sono passati invano; le tecniche del calcolo infinitesimale sono state sviluppate abbastanza da permettere a Laplace di studiare approfonditamente i termini secolari. Newton aveva ottenuto le leggi di Kepler trascurando le masse dei pianeti; Laplace invece non le trascura, ma conserva invece nelle equazioni di Newton i termini di primo grado nelle masse dei pianeti (o, più precisamente, nel rapporto fra le masse dei pianeti e la massa del Sole). In questo modo, Laplace riesce a dedurre dalla legge di gravitazione universale i seguenti fatti, tutti in perfetto accordo con le osservazioni sperimentali:

- i semiassi maggiori (e quindi, per la terza legge di Kepler, i periodi di rivoluzione) sono costanti a meno di variazioni periodiche di lieve entità e breve periodo;
- eccentricità e inclinazione sono soggetti solo a piccole variazioni quasi periodiche centrate sul valore medio (ed esprimibili come sovrapposizione di moti circolari periodici di frequenze diverse);
- l'orbita ruota lentamente nel suo piano (*precessione del perielio*) mentre il piano dell'orbita ruota lentamente intorno al momento del Sistema Solare (*precessione dei nodi*).

In particolare, la legge della gravitazione universale è sufficiente a spiegare completamente il moto dei pianeti in totale accordo con le osservazioni astronomiche disponibili fino a quel momento; e inoltre la sostanziale immutabilità (a meno di variazioni periodiche di lieve entità) di semiassi maggiori, eccentricità e inclinazioni evita che i pianeti possano avvicinarsi troppo fra loro, e quindi assicura, secondo Laplace, la stabilità del Sistema Solare, senza bisogno di presupporre interventi esterni[11].

Le Verrier

Anche Laplace, nei suoi conti, aveva introdotto delle approssimazioni (aveva trascurato termini dipendenti dal quadrato delle masse dei pianeti), soprattutto nello studio di eccentricità e inclinazioni, ma era convinto che anche in assenza di approssimazioni il risultato sarebbe stato analogo. Questa certezza fu messa in dubbio cinquant'anni dopo da Urban-Jean-Joseph Le Verrier (1811-1877), astronomo noto per aver scoperto Nettuno[12] nel 1846. Usando le tecniche di Laplace, Le Ver-

---

[11] Per una descrizione più completa dell'opera di Laplace e più in generale del problema della stabilità del Sistema Solare si veda [3].

[12] Urano era stato scoperto da William Herschel nel 1781, giusto in tempo per essere inserito nei calcoli di Laplace.

rier aveva calcolato l'orbita di Urano e osservato lievi differenze fra le osservazioni astronomiche e le sue previsioni. Queste differenze potevano essere spiegate assumendo l'esistenza di un nuovo pianeta, di massa e posizione ben determinate; e una volta capito dove puntare i telescopi, identificare Nettuno fu immediato.

Forte di questo successo, Le Verrier decise di rifare i calcoli di Laplace ma con maggiore precisione, considerando anche termini dipendenti dal quadrato, cubo e potenza quarta delle masse dei pianeti. Un lavoro immane, con risultati inaspettati. Le Verrier infatti identificò una situazione in cui i termini trascurati da Laplace *avrebbero potuto* causare instabilità nelle orbite, anche se non fu in grado di dimostrare l'effettiva esistenza di tale instabilità.

Il problema è il seguente. Come accennato prima, eccentricità e inclinazione non sono costanti, ma variano seguendo un moto quasi periodico ottenuto sovrapponendo tanti moti circolari uniformi di frequenze diverse. Se una di queste frequenze è ottenibile come somma di multipli interi delle altre (*risonanza*), o almeno è approssimativamente uguale a una somma di multipli interi delle altre (*piccolo divisore*[13]), allora non è più detto che i termini secolari di Laplace siano trascurabili: le interazioni reciproche dei pianeti *potrebbero* sommarsi fino a distruggere la stabilità delle orbite, in particolare per i pianeti interni, più piccoli (e quindi più facilmente influenzabili).

In questo discorso, la parola chiave è "potrebbero"; i calcoli di Le Verrier non bastano a stabilire cosa accadrà davvero. Sono però sufficienti per segnalare che calcoli approssimati come quelli fatti fino ad allora non sarebbero stati in grado di dare una risposta al problema della stabilità del Sistema Solare; per esempio, Le Verrier stimò che un'incertezza di soli 3 decimi di secondo di grado nell'inclinazione limitava la validità delle sue soluzioni approssimate (pur molto più precise di quelle di Laplace) a circa 3 milioni di anni, contro i 5 miliardi di anni di vita previsti per il Sistema Solare. Il suo lavoro si concluse quindi con un appello a matematici e fisici[14] dell'epoca, invitandoli a trovare un diverso approccio al problema.

Poincaré

L'invito di Le Verrier fu raccolto da Henri Poincaré (1854-1912), uno dei più grandi matematici della fine del diciannovesimo secolo, che propose un nuovo cambiamento paradigmatico nell'affrontare il problema. Fino a quel momento, l'obietti-

---

[13] Più precisamente, il piccolo divisore è la differenza fra la data frequenza e la somma dei multipli interi delle altre, differenza piccola e che è a denominatore nelle formule che dovrebbero esprimere l'andamento temporale dell'orbita.

[14] Ai "geometri", come venivano chiamati indifferentemente matematici e fisici ancora nell'Ottocento.

vo ideale degli studiosi del Sistema Solare era stato trovare delle formule (per esempio in termini di somme infinite) che rappresentassero esattamente il moto dei pianeti. Poincaré osservò invece che per risolvere problemi come quello della stabilità non era necessario avere formule esplicite; bastava essere in grado di descrivere il comportamento *qualitativo* e *asintotico* (cioè per tempi molto grandi) delle orbite. E per far ciò era importante semplificare il più possibile le equazioni da risolvere effettuando dei cambiamenti di variabile *esatti,* non approssimati.

Poincaré propugnò quindi [4] un uso sistematico del cosiddetto *formalismo Hamiltoniano* per lo studio del Sistema Solare, che trasforma le equazioni di Newton nelle *equazioni di Hamilton-Jacobi*

$$\frac{dI}{dt} = -\frac{\partial H}{\partial \theta}\,(I,\theta), \qquad \frac{d\theta}{dt} = \frac{\partial H}{\partial \theta}\,(I,\theta),$$

descriventi la variazione nel tempo delle *variabili canoniche I* (detta *azione*, espressa in termini di semiassi, eccentricità e inclinazioni) e θ (detta *angolo*, espressa in termini di longitudini del nodo ascendente e argomenti del perielio) attraverso l'*energia totale* $H = H(I,\theta)$ del Sistema Solare.

Il formalismo Hamiltoniano chiarisce il motivo della comparsa di moti quasi periodici. Se l'energia totale non dipende dall'angolo θ, allora l'azione I risulta essere costante. Nelle variabili semiassi, eccentricità e inclinazione, gli insiemi in cui l'azione è costante sono dei tori[15], su cui vivono in modo naturale moti quasi periodici. Questo suggerisce di vedere se è possibile trasformare ulteriormente le equazioni in modo da eliminare la dipendenza dall'angolo; e Poincaré osservò che tutte le tecniche precedentemente usate per studiare la stabilità del Sistema Solare (incluse quelle di Laplace e Le Verrier) equivalevano a scrivere l'energia totale nella forma $H = H_0(I) + \varepsilon H_1(I,\theta)$, dove H_0 rappresenta l'azione del Sole sui pianeti, H_1 le interazioni fra pianeti, e ε il rapporto (piccolo) fra le masse dei pianeti e quella del Sole, e a cercare un cambiamento di variabili dipendente da ε che eliminasse la dipendenza di H_1 dall'angolo θ. Esprimendo questo cambiamento di variabili come somma di potenze crescenti di ε, i lavori precedenti consistevano quindi nel considerare solo i termini corrispondenti a potenze piccole di ε (di grado zero per Newton, fino a grado uno per Laplace, fino a grado quattro per Le Verrier). Una soluzione esatta consiste invece nell'utilizzare tutti i termini in ε, senza trascurarne nessuno; ma Poincaré mostrò che anche semplicemente nel caso dei 3 corpi (cioè considerando solo il Sole e altri due pianeti, per esempio Giove e Saturno) la presenza dei piccoli divisori rende i termini di grado superiore così grandi da impedire di dare un senso alla somma di tutti i termini della soluzione (cioè la serie non converge). In altre parole, le tecniche usate fino ad allora erano strutturalmente ina-

---

[15] Analoghi multidimensionali della superficie di una ciambella.

datte per studiare la stabilità del Sistema Solare; occorreva un approccio diverso, qualitativo e asintotico, appunto.

Kolmogorov, Arnold, Moser e Nekhoroshev

Le idee di Poincaré portarono alla nascita della moderna teoria dei sistemi dinamici; ma occorsero quasi cinquant'anni perché venisse sviluppata la matematica necessaria per affrontare sistematicamente lo studio qualitativo e asintotico da lui propugnato. Una volta ottenuti gli strumenti necessari, la teoria si sviluppò molto rapidamente, su molti fronti, ed è oggi una delle branche più importanti e affascinanti della matematica.

Per quel che riguarda il nostro problema, un risultato cruciale fu ottenuto da Andrei Nikolaevich Kolmogorov (1903-1987), Vladimir Igorevic Arnold (1936-2010) e Jürgen Moser (1928-1999) fra la fine degli anni Cinquanta e l'inizio degli anni Sessanta, all'interno della cosiddetta *teoria KAM*[16]. Semplificando molto, Kolmogorov, Arnold e Moser (usando le idee di Poincaré!) dimostrarono che:
- per un gran numero di condizioni iniziali e valori piccoli di ε la soluzione delle equazioni di Hamilton-Jacobi è quasi periodica (e il moto avviene su tori stabili); ma
- arbitrariamente vicino a soluzioni stabili si trovano soluzioni instabili.

Per quanto importante, questo risultato ancora non risolve il problema della stabilità: come facciamo a sapere se le condizioni iniziali (cioè le posizioni e velocità iniziali) del Sistema Solare danno luogo a soluzioni stabili se un errore anche minimo nella loro determinazione può far passare da soluzioni stabili a soluzioni instabili? Infatti, da solo questo non basta; ma nel 1979 un altro matematico russo, Nikolay Nekhoroshev (1946-2008), ha dimostrato che se si parte abbastanza vicino a un toro stabile, l'instabilità richiede un tempo enorme (molto maggiore della vita prevista del Sistema Solare) per svilupparsi, per cui a tutti gli effetti pratici la soluzione si può considerare stabile.

Riassumendo, la teoria KAM dice che per un gran numero di condizioni iniziali la soluzione è stabile; e il teorema di Nekhoroshev dice che, anche se si variano di poco le condizioni iniziali, la soluzione, anche se non stabile all'infinito, lo è per tempi enormemente lunghi. Certo, questo non dice che per tutte le condizioni iniziali la soluzione è stabile per lungo tempo; ma il Sistema Solare non sarà certo così sfortunato da essere partito proprio da una di quelle rare condizioni iniziali instabili…

Di conseguenza, l'opinione più diffusa fra gli addetti ai lavori fino all'inizio degli anni Novanta era (si veda per esempio [5]) che il Sistema Solare fosse sostan-

---

[16] Dove "KAM" sta per Kolmogorov-Arnold-Moser, appunto.

zialmente stabile (nel senso di Nekhoroshev). Neanche l'osservazione di Michel Hénon [6] che l'applicazione della teoria KAM richiederebbe masse molto più piccole di quelle dei pianeti reali scosse questa opinione; si ritenne che questa fosse solo una limitazione tecnica della dimostrazione, e che il risultato fosse in realtà applicabile anche a masse paragonabili a quelle dei pianeti che conosciamo.

Laskar

Il primo avviso che la situazione era più complicata di così fu fornito da una simulazione dell'evoluzione del moto di Plutone effettuata al computer nel 1988 [7], che dimostrò la caoticità dell'orbita di Plutone, con un'instabilità che si sviluppa nel giro di soli 400 milioni di anni. Ma la massa di Plutone è talmente piccola rispetto a quella degli altri pianeti da rendere la sua influenza trascurabile; e comunque Plutone è per molti motivi anomalo (e infatti, come detto all'inizio, non è considerato un pianeta).

Nel 1989 un fisico matematico francese, Jacques Laskar, iniziò uno studio sistematico al computer della stabilità del Sistema Solare, studio tuttora in corso (si veda, per esempio, [8, 9, 10]) e che ha portato a risultati sorprendenti.

Laskar riprende tutte le idee e le tecniche precedenti, e aggiunge due nuovi ingredienti. Il primo è l'idea di trasformare le equazioni in modo che descrivano il moto delle orbite, e non il moto dei pianeti; il moto delle orbite è molto più lento del moto dei singoli pianeti, e quindi più adatto a essere studiato su tempi molto lunghi. Il secondo ingrediente è dato da raffinate tecniche di analisi numerica che permettono di risolvere al computer con estrema precisione (e in tempi non geologici) equazioni differenziali anche molto complesse. Questo gli ha permesso di studiare contemporaneamente il moto di tutti i principali corpi del sistema solare, compresi satelliti e asteroidi, tenendo presente anche gli effetti relativistici. Il risultato è un sistema differenziale comprendente più di 150.000 (centocinquantamila!) termini, impossibile da scrivere a mano, ma alla portata dei computer contemporanei (soprattutto grazie allo sviluppo di algoritmi ottimizzati e raffinati; non è solo questione di potenza bruta di calcolo, ma anche e soprattutto di aver capito quali calcoli fare e come farli).

I risultati principali ottenuti da Laskar su questo tema sono:
- le orbite dei pianeti esterni, più massicci (Giove, Saturno, Urano, Nettuno) sono stabili;
- le orbite dei pianeti interni, più leggeri (Mercurio, Venere, Terra, Marte) sono invece *caotiche:* variando solo di poco le condizioni iniziali è possibile passare da orbite stabili a orbite altamente instabili in tempi paragonabili al tempo di vita previsto del Sole;
- causa dell'instabilità sono piccoli divisori causati dalle interazioni fra Terra e Marte, e fra Mercurio, Venere e Giove;

- in particolare, le eccentricità delle orbite di Mercurio e Marte sono molto instabili, potendo portare, in alcuni casi, alla collisione di Mercurio con il Sole o, addirittura, di Venere con la Terra.

Un'idea di quanto sia delicata la situazione è data da un articolo recentissimo di Laskar [10]. In questo lavoro l'evoluzione del Sistema Solare, e in particolare dei pianeti interni, è seguita per circa 5 miliardi di anni, partendo da condizioni iniziali che differiscono fra loro solo per la lunghezza del semiasse dell'orbita di Mercurio. Su 2.501 condizioni iniziali esaminate, in circa l'1% dei casi (che sarebbero il 10% se non fossero stati considerati gli effetti relativistici) l'eccentricità dell'orbita di Mercurio cresce fino a permettere collisioni con il Sole o con Venere; inoltre, in un caso particolare la variazione dell'orbita di Mercurio è tale da influenzare pesantemente anche gli altri pianeti interni, portando a possibili collisioni di Venere o Marte con la Terra in meno di 4 miliardi di anni. Il dato che più segnala la delicatezza della questione è che la differenza di lunghezza del semiasse fra una condizione iniziale che origina un'evoluzione stabile e una che origina orbite instabili è di pochi millimetri su 57.909.176 chilometri[17]!

I risultati di Laskar ancora non rispondono pienamente alla domanda iniziale sulla stabilità del Sistema Solare, ma illustrano bene come la situazione sia molto più complessa (e interessante!) di quanto sospettavano i nostri antenati (e probabilmente anche i nostri fratelli maggiori). Ricerche future produrranno sicuramente nuovi risultati; per esempio, una linea di ricerca che sembra molto promettente consiste nell'usare le tecniche di Laskar per studiare l'evoluzione del Sistema Solare nel passato, e confrontare i risultati ottenuti con le informazioni geologiche ricavabili dai pianeti. Infatti, variazioni nella forma e posizione delle orbite (e di altri fattori quali l'*obliquità*, cioè l'angolo fra l'asse di rotazione di un pianeta e il piano della sua orbita[18]) si riflettono sul clima di un pianeta; a loro volta, le variazioni climatiche influenzano la geologia. Un confronto fra le predizioni del modello e i dati geologici potrebbe permettere di selezionare condizioni iniziali compatibili con quanto è avvenuto nel passato. E così, facendo poi evolvere il modello sul computer, potremmo scoprire se prima o poi, in qualche miliardo di anni, il cielo ci cadrà sulla testa, o se potremo goderci tranquilli in poltrona il lento spegnersi del Sole.

---

[17] La lunghezza del semiasse maggiore dell'orbita di Mercurio è attualmente conosciuta con una precisione di qualche metro.

[18] Un altro dei risultati di Laskar mostra che l'obliquità di Marte è molto instabile, mentre quella terrestre è mantenuta stabile dalla presenza della Luna.

Bibliografia

[1]	http://schwab.tsuniv.edu/papers/apj/bd+20_307/pressrelease.html

[2]	P.S. Laplace (1784-1787) Mémoire sur les inégalités séculaires des planètes et des satellites, *Mém. Acad. royale des sciences de Paris.* (Ristampato in *Œuvres complètes, t. XI*, Gauthier-Villars, Paris, 1895)

[3]	J. Laskar (1992) La stabilité du système solare, in: *Chaos et déterminisme*, a cura di A. Dahan Dalmedico, J.-L. Chabert, K. Chela, Éditions du Seuil, Paris, pp. 170–211

[4]	H. Poincaré (1892-1899) *Méthodes nouvelles de la mécanique céleste.* (Ristampato nel 1987 da Librairie Scientifique et Technique Albert Blanchard, Paris. Recuperabile in rete all'indirizzo http://www.archive.org/details/lesmthodesnouve00poingoog)

[5]	V.J. Arnold (1990) *Huygens and Barrow, Newton and Hook*, Birkhaüser, Basel

[6]	M. Hénon (1966) Exploration numérique du problème restraint, *Bull. Astron.* 1: 49–66

[7]	G.J. Sussman, J. Wisdom (1988) Numerical evidence that the motion of Pluto is chaotic, *Science* 241: 433–437

[8]	S. Marmi (2000) Chaotic behaviour in the solar system, *Astérisque* 266: 113–136

[9]	J. Laskar (2003) Chaos in the solar system, *Ann. Henri Poincaré* 4: S693–S705

[10]	J. Laskar, M. Gastineau (2009) Existence of collisional trajectories of Mercury, Mars and Venus with the Earth, *Nature* 459: 817–819

Google, come cercare (e trovare) un ago in un pagliaio

di Carlo D'Angelo, Luca Paglieri e Alfio Quarteroni

Quando la matematica domina il mondo

Ogni giorno, milioni di persone usano i motori di ricerca per le loro attività lavorative, informative e ludiche, il più delle volte senza curarsi dell'incredibile complessità insita nel ricercare un termine fra miliardi di pagine web. Ma anche se si ponessero il problema, in quanti immaginerebbero che dietro all'efficacia di questi strumenti di ricerca risiede una raffinata matematica? In pochissimi saprebbero spiegare come funziona un motore di ricerca, e proprio in questo risiede il vero successo di Google&Co., ossia nel fatto che milioni di persone utilizzano strumenti di complessità notevolissima grazie a un'interfaccia semplice, che chiunque è in grado di usare e che cela gelosamente tale complessità.

Senza i motori di ricerca, internet perderebbe gran parte del suo potere di veicolare le informazioni in modo così efficace. È d'altronde ovvio che chiunque fosse in grado di primeggiare nel campo della ricerca nel *mare magnum* di internet, in breve tempo acquisirebbe uno straordinario potere di gestione di queste informazioni. Questo è il terreno in cui si muove il nostro breve excursus sulla matematica in Google; un fondamentale servizio alla diffusione della conoscenza, ma anche un terreno di lotta per il dominio del mondo dell'informazione.

Il web; cos'è e, soprattutto, quanto è grande?

Il World Wide Web è formato da tutti i documenti, in qualsiasi formato (testo, audio, video …), resi disponibili in internet tramite il protocollo HTTP, un insieme di istruzioni per gestire i trasferimenti di documenti tra PC collegati in rete. Un calcolatore (server) che ospita dei documenti può mettersi a disposizione per trasferirli a chiunque ne faccia richiesta (client) tramite i comandi HTTP. Poiché questi comandi sono complessi da utilizzare direttamente, il richiedente utilizzerà un

Fig. 1. Tim Berners-Lee ha ideato il protocollo
HTTP su cui si basa il World Wide Web

"browser"', ossia un programma apposito per eseguire questi comandi in maniera intuitiva mediante un'interfaccia grafica, con semplici "click" del mouse.

Il protocollo HTTP è anche il linguaggio che descrive il formato delle "pagine
web", ossia di quelle pagine visualizzabili con i browser che presentano informazioni multimediali e che possono contenere accessi diretti (i "link") ad altre pagine web o direttamente ai documenti di cui sopra.

Ideato nel 1991 da Tim Berners-Lee, allora presso il CERN di Ginevra, il protocollo HTTP ha mostrato un'eccezionale robustezza di base, intesa come efficienza
operativa e possibilità di espansione; queste caratteristiche gli permettono di essere ancora efficacemente utilizzato diciannove anni dopo, un periodo di tempo che
in informatica rappresenta l'equivalente di un'era geologica. Quanti documenti scritti in formato elettronico di diciannove anni fa sono ancora leggibili oggi? La domanda è legittima, se si pensa a quante volte abbiamo dovuto cambiare programma di videoscrittura in questi quattro lustri. Sorprendentemente, il protocollo
HTTP è sempre rimasto compatibile con le sue prime versioni, e la prima pagina
web, scritta diciannove anni fa, è tutt'ora attiva e perfettamente leggibile (anche se
non è più ospitata dal server web originale; purtroppo i computer non hanno questa longevità).

Quante pagine web sono attualmente attive nel mondo? Per una prima stima,
conviene distinguere fra le pagine web pubblicamente accessibili a tutti (il cosiddetto "internet web") e quelle protette da parole chiave o restrizioni di altro tipo,

Fig. 2. Larry Page e Sergey Brin, ideatori del motore di ricerca Google

che sono accessibili solo a determinate comunità di persone (detto comunemente "intranet web"). Recenti valutazioni riferiscono che le prime ammontano ormai a 24 miliardi, mentre il numero delle seconde è ritenuto essere di un ordine di grandezza più grande, anche se naturalmente la conta non è un'operazione semplice, visto che non sono pubbliche.

Ma già "solo" 24 miliardi di pagine costituiscono un bel "pagliaio" in cui cercare il nostro ago, un compito che sembrerebbe a prima vista impossibile, almeno in un tempo finito.

La rivoluzione Google

La necessità di disporre di un motore di ricerca, ossia di uno strumento che superasse il concetto delle liste di siti web alla base dei primi strumenti di ricerca internet (come *gopher*) è stata compresa pochi anni dopo la comparsa del web stesso, e decine di motori di ricerca sono comparsi prima di Google; fin dai primi anni '90 sono stati implementati i cosiddetti *text based ranking* systems il cui obiettivo era lo sviluppo di un indice di pagine web, che veniva scandito a ogni ricerca relativa a una data parola chiave. La pagina con il maggior numero di occorrenze della parola chiave era selezionata come la più rilevante. Tuttavia, questo approccio si rivelò ben presto problematico; ad esempio, le parole più comuni erano artificialmente utilizzate da siti commerciali per aumentare il proprio ranking. Chiunque avrebbe potuto inserire un milione di ripetizioni della parola "Internet" fra le righe del codice HTML della propria pagina web, mostrando magari soltanto annunci pubblicitari.

È quindi lecito considerare il 1998 – anno di comparsa di Google – come un momento "rivoluzionario" nella storia del web; fu infatti subito chiaro che il nuovo motore di ricerca riusciva a dare risultati più pertinenti, dando quasi l'idea di poter leggere nella mente dell'utilizzatore tanto esattamente riusciva a corrispondere il significato del termine cercato.

Il cuore dell'intuizione di Larry Page e Sergey Brin, quando ancora erano studenti a Stanford, è un algoritmo matematico per classificare le pagine trovate in base al termine immesso nel motore di ricerca e presentarle all'utilizzatore sulla base di una graduatoria di pertinenza più corrispondente alle aspettative. È infatti del tutto inutile presentare centinaia di migliaia di risultati di corrispondenza fra il termine cercato e le pagine web se non si dà anche un meccanismo di filtro che porti l'utilizzatore a usare fiduciosamente solo una minuscola frazione dei risultati trovati.

L'idea vincente grazie alla quale si superò il *text based ranking* fu quella di ricorrere alla democraticità della rete: si considerò infatti tanto più "rilevante" una pagina quanto più grande fosse il numero delle altre pagine contenenti link verso di essa. Il nuovo algoritmo basato su questa idea – il PageRank – fu appunto introdotto da Page e Brin. Oggi, i due "ragazzi" sono posizionati al numero uno nella "Top under 40", la classifica di *Fortune* sulle giovani persone di successo e la loro creatura è valutata 174 milioni di dollari, è seconda (dietro a Apple) nella classifica sulle compagnie più apprezzate e quarta nella classifica sulle compagnie in cui si lavora meglio, sempre secondo *Fortune*.

Vediamo quindi più in dettaglio la matematica che regge l'algoritmo Google, e che ha permesso questo incredibile successo commerciale.

Entra in gioco la matematica

Supponiamo di avere selezionato n pagine $P_1, \ldots, P_n$ e consideriamo il grafo orientato dei link presenti fra di esse, come nell'esempio della Fig. 3.

Indichiamo con p_{ij} la variabile booleana che vale rispettivamente 1 o 0 a seconda che P_i sia puntata da P_j o no. Sia A la matrice di elementi a_{ij} definiti come segue:

$$a_{ij} = \begin{cases} \dfrac{p_{ij}}{p_j} & se\ p_j \neq 0, \\ 0 & altrimenti, \end{cases} \qquad essendo \qquad p_j = \sum_{i=1}^{n} p_{ij}.$$

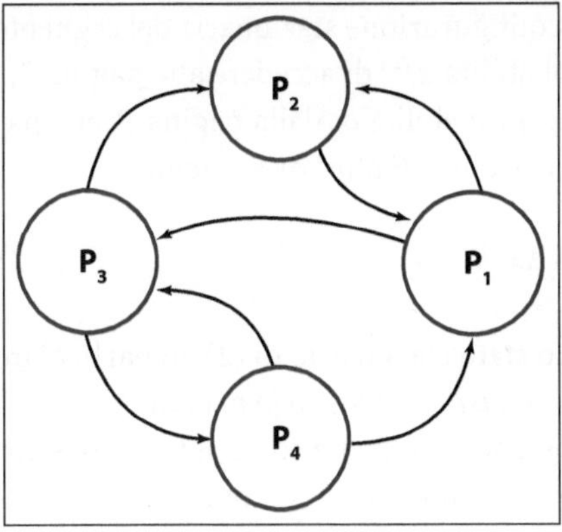

Fig. 3. Riferimenti fra 4 pagine web
rappresentati mediante un grafo orientato

Un primo significato del coefficiente a_{ij} è la probabilità (condizionata) che un visitatore attualmente posizionato su P_j salti alla pagina P_i. Ad esempio, per il grafo riportato in Fig. 3 abbiamo

$$A = \begin{bmatrix} 0 & 1 & 0 & 1/2 \\ 1/2 & 0 & 1/2 & 0 \\ 1/2 & 0 & 0 & 1/2 \\ 0 & 0 & 1/2 & 0 \end{bmatrix}.$$

Osserviamo come, in questo caso, tutte le colonne di A sommino a uno e tutti gli elementi di A siano compresi fra 0 e 1. Si dice allora che A è una *matrice stocastica (per colonne)*. Per definire il *rank* $x_i \in [0,1]$ della pagina P_i, ovvero un valore compreso fra 0 (rilevanza minima) e 1 (rilevanza massima), stabiliremo una relazione algebrica che "premia" una pagina proporzionalmente al numero di link diretti verso di essa. Per fare ciò, reinterpretiamo a_{ij} come il coefficiente di ripartizione del rank di P_j; ovvero, la rilevanza x_j della pagina P_j viene ripartita sulla pagina P_i in misura pari a $a_{ij} x_j$. Per questo motivo, A è detta anche matrice di transizione (secondo la terminologia dei *sistemi dinamici discreti*).

Definiamo il vettore $\vec{x} = (x_1, \dots, x_n)^T$ di ranking come l'unica soluzione del problema seguente

$$A\vec{x} = \vec{x}, \quad \vec{x} \in [0,1]^n, \quad \|\vec{x}\|_1 = 1, \tag{1}$$

ovvero come un vettore di componenti comprese fra 0 e 1, tale che la somma della rilevanza di tutte le pagine sia normalizzata a uno e che risulti essere la configurazione di *equilibrio* rispetto al "trasferimento di rank" indotto dalla matrice A. Si noti che le componenti del vettore $\vec{x}$ sono la configurazione stazionaria del seguente processo: all'istante k, un visitatore ha probabilità $x_i^{(k)}$ di accedere alla pagina P_i. A questo punto, seguendo i link salterà con probabilità a_{ij} dalla pagina P_i alla pagina P_j. Il processo evolve quindi secondo la *catena di Markov* seguente

$$\vec{x}^{\,(k+1)} = A\vec{x}^{(k)}. \tag{2}$$

La soluzione di (1) può essere vista come lo stato stazionario di (2), in particolare x_i rappresenta la *frequenza media con cui un visitatore visita la pagina* P_i.

Ovviamente, la definizione (1) è ben posta se A ammette come autovalore semplice $\lambda_1 = 1$ e se gli autovettori corrispondenti hanno tutte le componenti del medesimo segno. Come vedremo, questo non succede sempre. Occorre pertanto modificare leggermente la definizione della matrice A per avere una buona definizione. Infine, occorrerà sviluppare metodi numerici per il calcolo efficiente del ranking $\vec{x}$.

Ci sono inoltre altre situazioni da prendere in considerazione:

a) Cosa succederebbe se la pagina P_2 non puntasse a nessun'altra pagina (ovvero se fosse un cosiddetto *dangling node*)?

b) Cosa succederebbe se il grafo considerato fosse *sconnesso*?

Per ovviare ai problemi descritti ai punti a) e b), Brin e Page considerarono la seguente matrice modificata, ove $\theta \in (0,1)$, $\vec{e} = (1,1,\dots 1)^T$:

$$A_\theta = (1\text{-}\theta)A + \theta\,\frac{1}{n}\,\vec{e}\,\vec{e}^{\,T} = (1\text{-}\theta)\,A + \theta \begin{bmatrix} 1/n & 1/n & \cdots & 1/n \\ 1/n & 1/n & \cdots & 1/n \\ \vdots & & & \vdots \\ 1/n & 1/n & & 1/n \end{bmatrix}.$$

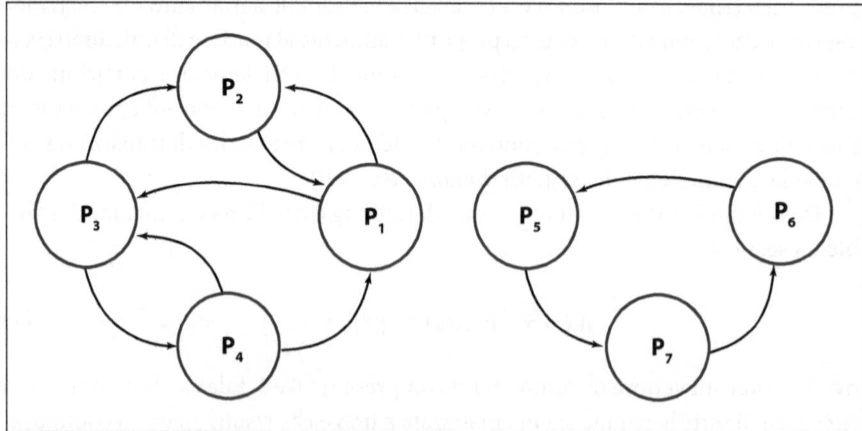

Fig. 4. Il caso di un grafo sconnesso, con ciclo

In pratica, al posto della matrice di transizione , si considera una combinazione convessa fra A e una seconda matrice di transizione che rappresenta salti casuali equiprobabili da ogni pagina a una qualsiasi delle altre pagine. Questo significa che la probabilità che un visitatore attualmente alla pagina P_j non continui il suo *surfing* sul grafo assegnato, ma salti invece a un'altra pagina in maniera completamente casuale, è precisamente θ. Il parametro θ, detto coefficiente di *damping*, dovrà essere sufficientemente piccolo per non alterare il modello originale, tuttavia ogni valore positivo di θ è sufficiente a garantire che la definizione del rank sia ben posta.

Il seguente teorema stabilisce il risultato di *esistenza* e *unicità*:

Teorema 1. Sia $A \in R^{(n \times n)}$ una matrice stocastica, a coefficienti positivi. Allora, $1 = \lambda_1$ è autovalore semplice di A, e inoltre $1 = \lambda_1 > |\lambda_i|$, $i = 2, \dots n$. In particolare, ogni autovettore associato a λ_1 si scrive come $\alpha \vec{x}$, con $\|\vec{x}\| = 1$. Infine, tali autovettori hanno tutte le componenti dello stesso segno. In particolare, la soluzione del problema (1) è unica.

Il Teorema 1 stabilisce che per una matrice stocastica positiva $1 = \lambda_1$ è un autovalore *semplice*. Mostriamo come tale risultato si possa applicare alla matrice modificata A_θ, per $\theta \in (0,1)$. Innanzitutto abbiamo che, indicati con $a_{\theta,ij}$ gli elementi di A_θ, $a_{\theta,ij} \geq \theta/n > 0$ dunque $A_\theta > 0$. Inoltre, A_θ è stocastica in quanto

$$\sum_{j=0}^{n} a_{\theta,ij} = \sum_{j=0}^{n} (1-\theta)a_{ij} + \theta \frac{1}{n} = (1-\theta) + \theta = 1.$$

Per la matrice introdotta da Brin e Page dunque, il ranking $\vec{x}$ che soddisfa (1) esiste ed è unico. Per calcolarlo, possiamo ad esempio utilizzare il metodo delle potenze [1].

La storia di convergenza di tale metodo applicato alla matrice associata al grafo della Fig. 4 per diversi valori di θ è riportata in Fig. 5. Osserviamo che per valori di θ piccoli, la velocità di convergenza diminuisce. Infatti che per $\theta = 0$, il metodo applicato alla matrice $A_0 = A$ non converge. In generale, abbiamo che la performance del metodo delle potenze dipende criticamente dal valore di θ scelto.

Il coefficiente utilizzato da Google è in effetti circa 0.15.

Pur nella necessaria approssimazione nella descrizione, si comprende come l'algoritmo del *page-ranking* e la ricerca dell'autovalore massimo costituiscano il cuore dell'intera struttura di Google e la base del suo successo.

Non solo ricerche

Avendo fra le mani uno strumento matematico così potente, Brin e Page hanno potuto sviluppare, a fianco del servizio di ricerca, una serie di servizi di *information re-*

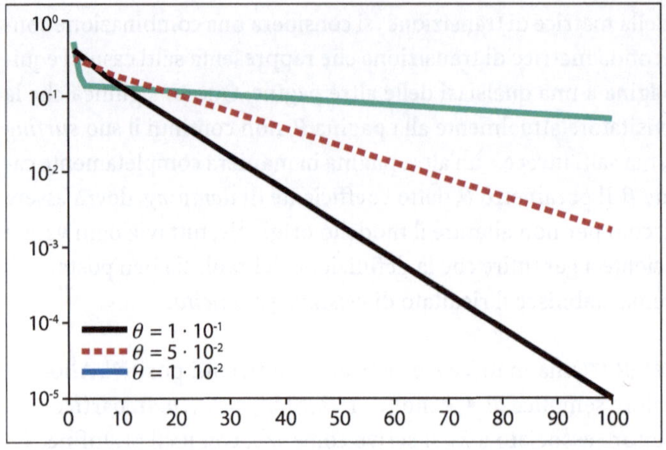

Fig. 5. Metodo delle potenze applicato al caso c): abbattimento dell'errore $E_k = ||\vec{x}^{(k)} - \vec{x}||_1$ per diversi valori di θ

trieval che potessero beneficiare dei risultati conseguiti da Google Search sia in termini tecnici che in termini di fama di affidabilità ed efficacia. Google Maps, Google Books, Google Scholar…, sono tutti servizi che elaborano le informazioni disponibili per renderle disponibili all'utente finale in maniera semplice, trasparente e veloce. Naturalmente anche dentro questi strumenti troviamo tanta matematica, basti pensare al trattamento di immagine di Google Maps o all'ottimizzazione dei percorsi da un luogo di partenza a una meta; è comunque interessante notare come alla base si tratti sempre di un grosso lavoro di ricerca a partire da un'enorme mole di dati, siano essi geografici o culturali. Parallelamente al web, quindi, Google si è premurata di dotarsi di ulteriori strumenti per la raccolta di dati, praticamente in ogni campo dell'umano sapere. Anche il servizio di posta elettronica Gmail non è altro, per Google, che un modo per alimentare i suoi database; la società non fa mistero di conservare e utilizzare il contenuto dei nostri messaggi di posta per proporci pubblicità personalizzata. Si nota facilmente, infatti, come dopo aver scritto un messaggio che riguardi, ad esempio, un nostro futuro viaggio a Roma, a fianco del riquadro di lavoro di Gmail compaiano pubblicità di offerte di alloggio nella Città Eterna. In maniera più complessa, tutte le informazioni che si possono dedurre dalle nostre attività con i prodotti Google verranno elaborate allo stesso scopo, contribuendo a una definizione sempre più precisa del nostro profilo di potenziale consumatore. Le cifre del successo di Google parlano chiaro; il fatturato del 2009 ha superato i 23 miliardi di dollari di incasso e 6 miliardi di guadagno, con la quasi totalità dell'incasso derivante dal sistema di pubblicità a pagamento. Un buon modo di far fruttare la matematica!

Non c'è dubbio che i gestori di Google abbiano messo, oltre alle loro intuizioni matematiche, anche altre abilità al servizio della loro impresa, non ultimo una cura particolare dei suoi dipendenti; come già ricordato, Google è considerata una delle aziende in cui sarebbe più piacevole lavorare, grazie al programma di valorizzazione dei dipendenti messo in atto a Googleplex, il grande quartier generale

Fig. 6. Googleplex, il quartier generale di Google, a Mountain View (California)

di Google a Mountain View (California), e nelle altre sedi sparse per il mondo. Anche in fatto di immagine, Google ha dimostrato di saperci fare; oltre a possedere interfacce grafiche facili da utilizzare e apparentemente semplici, il che aiuta gli utenti inesperti a non farsi intimorire da questi strumenti, Google ha promosso una linea di simpatia implementando una serie di scherzi agli utenti che hanno certamente contribuito a creare l'impressione di un'azienda alla mano: ogni primo di aprile è ormai grande in tutto il mondo l'attesa per i "pesci" di Google, ma anche il logo che viene personalizzato in particolari momenti dell'anno per celebrare determinati eventi di rilevanza mondiale è sempre molto apprezzato.

Ulteriore contributo all'immagine è il pulsante "Mi sento fortunato", che consente di visualizzare subito la pagina considerata più rilevante, senza passare dalla classifica; poiché questo passaggio diretto non espone l'utente ai messaggi pubblicitari, per Google ne deriva un danno stimato in 110 milioni di dollari annui; soldi ben spesi, secondo i vertici, perché ricordano agli utenti che anche Google è fatto di persone e che il profitto non è tutto (insomma, una sorta di gratuità pelosa).

A volte, Google stessa mette in guardia dei possibili effetti negativi delle sue iniziative ludiche; ad esempio, il 21 maggio 2010 la sua home page offriva l'accesso a una versione web del celebre Pacman, il glorioso precursore di tanti giochi elettronici, per celebrarne il trentesimo anniversario. Google stessa ha poi diffuso la notizia che nel primo giorno di esposizione del gioco sono state impiegate 4,8 milioni di ore/uomo per giocare a Pacman, il che, convertendo il tempo in (mancata) produzione di PIL, ha determinato un danno a livello mondiale di circa 120 milioni di dollari!

Non è tutto oro

Sarebbe troppo *naive* non considerare gli aspetti problematici della posizione di enorme vantaggio raggiunta da Google nel campo del trattamento dell'informazione; l'estrema duttilità ed efficacia dei suoi strumenti non ci fanno dimenticare che esistono diversi campi in cui lo strapotere di Google potrebbe essere utilizzato sfavorevolmente verso i diritti e la libertà degli individui. La linea di difesa adottata dall'azienda si basa sempre sulla trasparenza di ogni operazione; in effetti, Google dichiara sempre come e perché intende elaborare le informazioni che acquisisce. Tuttavia, in molte situazioni, gli utilizzatori risultano poco informati, e comunque mancano spesso gli strumenti per opporsi alla fagocitante attitudine di Google. Vediamo alcuni esempi.

Privacy

Abbiamo già visto l'utilizzo disinvolto che Google fa delle informazioni raccolte tramite i suoi mille canali; è vero che in genere si tratta di informazioni aggregate, o che comunque non vengono diffuse pubblicamente; tuttavia il concetto è opposto a quello che le authority di molti paesi, soprattutto europei, stanno cercando di affermare, ossia che l'esplicito e consapevole consenso è sempre necessario prima di invadere la privacy dei cittadini. Sicuramente tutto è ben descritto nel contratto che abbiamo sottoscritto per poter utilizzare i servizi di Google, ma quanti di noi ne hanno letto tutte le clausole?

L'azienda difende la cosiddetta *network neutrality*, ossia che ognuno è responsabile delle informazioni che immette in rete, e che non spetta all'editore (in questo caso Google stessa) controllare i dati. Risulta quindi molto difficile gestire un'informazione, una volta che questa sia stata "catturata" dal motore di ricerca. Con l'evoluzione dei cosiddetti social network (Facebook *in primis*), questo problema si è ulteriormente ingigantito, e ormai assistiamo con crescente frequenza a scandali di dati presunti privati che circolano, irrimediabilmente pubblici, nella rete. L'amministratore delegato di Google ha recentemente dichiarato "Se c'è qualcosa che non vuoi far sapere a tutti, forse dovresti innanzitutto preoccuparti di non farla", una frase che sembra negare il concetto stesso di privacy.

Censura

Ufficialmente Google è contro la censura, ma anche in questo campo è stata mostrata una disinvoltura notevole; in Cina, ad esempio, Google ha accettato di mostrare i risultati filtrati dalla censura di regime, pur dopo aver minacciato il ritiro dal mercato nazionale. In questi mesi si sta giocando una partita serrata sul filo dei diritti umani, ma il gigante asiatico ha dalla sua la forza dei numeri in fatto di abitanti e, soprattutto, un efficiente motore di ricerca rivale... la matematica viene stavolta usata come strumento di guerra, seppur solo commerciale; vedremo presto chi la spunterà, se gli affari o i diritti.

Diritto d'autore

Circa dieci milioni di libri sono stati scanditi da Google senza l'accordo con gli autori né con gli editori; i libri sono stati diffusi sul web solo in maniera parziale, ma la potenziale minaccia costituita dal possedere le copie integrali ha costretto molti editori a stringere accordi con Google stessa per lo sfruttamento delle opere in formato digitale. Se pur il digitale è il futuro dell'editoria, forse i professionisti del caso avrebbero voluto accostarcisi in maniera più controllata, senza concorrenti in posizione dominante. Questo è un tipico esempio in cui Google ha utilizzato la sua potenza tecnologica per imporre il suo punto di vista. Noi utenti possiamo godere di uno strumento formidabile (grazie al fatto che Google Search ricerca anche nei libri, abbiamo la possibilità di sfogliare in una frazione di secondo una biblioteca enorme!), ma chi detiene i diritti d'autore non ha avuto modo di dissentire.

Matematica e Cultura

Queste ombre non oscurano gli enormi avanzamenti tecnici e sociali del mercato dell'informazione; oggi più che mai abbiamo a disposizione un'immensa quantità di informazioni, e una miriade di strumenti per diffondere il nostro sapere. Persino papa Benedetto XVI ha definito internet "dono per l'umanità", sottolineandone il carattere universale di strumento per la conoscenza.

La moderna matematica è quindi ancora una volta al servizio della cultura; Google è l'ennesimo prodotto tecnologico che non potrebbe esistere senza una forte base matematica. I suoi aspetti più gloriosi, come i lati oscuri, guideranno la società dell'informazione per gli anni a venire, e per accrescerne ulteriormente la potenza ci sarà sicuramente bisogno di ancor più matematica.

Vogliamo finire con due piccole note simpatiche, fra le tante possibili, nascoste nella sterminata famiglia di caratteristiche di Google; sapevate che Google Search può anche far di conto? Infatti, inserendo una qualsiasi combinazione di cifre e operatori, ne viene visualizzato il risultato, come in una calcolatrice scientifica. Ma forse la chicca più simpatica per un matematico viene data dal servizio di suggerimento che Google Search dà a ogni ricerca; quando si immette un termine di ricerca potenzialmente scorretto, Google suggerisce "Volevi forse cercare quest'altro termine?" inserendo il link al termine corretto; ora, se inseriamo il termine "recursion" (in lingua inglese), otteniamo il suggerimento "Volevi forse dire *recursion*?" inducendoci scherzosamente a un loop infinito che è allo stesso tempo un'ottima definizione del termine stesso!

Bibliografia

[1]   A. Quarteroni, R. Sacco, F. Saleri (2008) *Numerical Mathematics*, 3ª ed., Springer, Heidelberg

Ottimizzazione su reti

di Maurizio Falcone

Introduzione

Quando si parla di ottimizzazione viene subito in mente qualche criterio rispetto al quale vogliamo valutare le nostre scelte e confrontarle tra loro. Qual è l'acquisto migliore? Qual è la vacanza migliore? Qual è il rischio maggiore che siamo disposti a correre? Purtroppo le nostre scelte quotidiane sono condizionate da una serie di esigenze e disponibilità, che i matematici chiamano vincoli, che ci obbligano a complesse valutazioni in cui spesso intervengono più criteri. Il problema diventa spesso piuttosto complesso: con la somma che posseggo (il vincolo) è meglio comprare una macchina più grande che dovrò cambiare tra pochi anni oppure una macchina piccola di una marca migliore che potrebbe durare di più?

Risolvere un problema di ottimizzazione vincolato consiste nello scegliere la migliore soluzione tra tutte le soluzioni che rispettano i nostri vincoli. Come sperimentiamo quotidianamente (specialmente nella vita di coppia) anche la definizione di quale sia la soluzione migliore è molto soggettiva. Parlando di case, c'è chi privilegia la superficie, chi il quartiere, chi la luce o la presenza di un terrazzo. Ognuno ha il suo criterio da ottimizzare. Dal punto di vista matematico il criterio da ottimizzare è, per i problemi più semplici, rappresentato da una funzione a valori reali f: $S \rightarrow R$, dove lo spazio S rappresenta lo spazio delle soluzioni. Nei problemi classici di ottimizzazione, in assenza di vincoli, questo spazio è dato dai numeri reali R oppure da uno spazio vettoriale n-dimensionale, R^n. È importante osservare che massimizzare f o minimizzare f sono problemi equivalenti dal momento che vale la relazione

$$\min_{x \in S} f(x) = - \max_{x \in S} - f(x) \tag{1}$$

Per questo motivo di solito si considera il problema di minimo. Tutti (o quasi) sanno come trovare la soluzione di un problema di minimo o massimo di una funzione reale definita su R, basta cercare i punti dove si annulla la derivata prima e studiare il segno della derivata seconda (sarà positiva nei punti di minimo e negativa in quelli di massimo). La condizione necessaria per caratterizzare minimi e massimi di una funzione si generalizza facilmente a uno spazio n-dimensionale, basterà cercare i punti in cui si annulla il gradiente $Ñ\nabla f(x)$ della funzione, ma in questo caso la generalizzazione della condizione sulla derivata seconda è meno ovvia.

Il problema si complica se introduciamo un vincolo. Come è illustrato nella Fig. 1, la condizione necessaria non è più la stessa e, nel caso unidimensionale, si scrive come:

f' (x^*)=0 se x^* è un punto di minimo locale interno al vincolo;
f' (a)>0 se il minimo locale è nell'estremo sinistro a dell'intervallo $[a,b]$;
f' (b)<0 se il minimo locale è nell'estremo destro b dell'intervallo $[a,b]$.

Infatti, come è facile vedere, i punti di bordo a e b possono essere dei punti di minimo senza che si annulli la derivata della funzione. In uno spazio vettoriale queste condizioni corrispondono a un sistema di complementarietà che è stato trovato negli anni '60 in due famosi lavori di Karush, e Kuhn-Tucker (si veda [2] per questo e altri risultati di programmazione non lineare).

Veniamo ora ai problemi che ci interessano, quelli legati all'ottimizzazione su reti. Occorre intanto sapere che una rete (in termini matematici, un grafo) è descritta da archi che connettono dei nodi (o vertici) e la sua struttura dipende fortemente da come i nodi sono connessi tra loro. Un esempio di rete potrebbe essere quello della rete stradale di un paese o di una città. In questo caso potremo avere migliaia di nodi e di archi e la scelta di un percorso per andare da un nodo a un altro nodo è piuttosto libera.

In una rete ferroviaria le connessioni tra i nodi sono più rigide e per andare da un nodo a un altro nodo occorrerà spesso raggiungere una stazione di scambio e passare da un treno all'altro. Un altro esempio interessante e a noi familiare è quello di una rete di telecomunicazioni (Internet ad esempio) in cui alcuni miliardi di nodi sono connessi tra di loro.

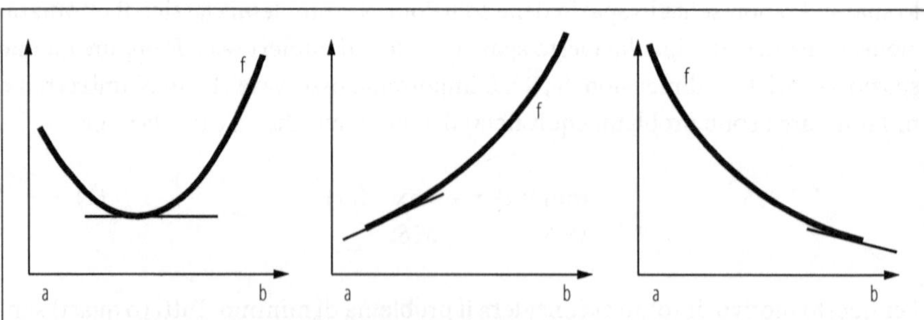

Fig. 1. Caratterizzazione dei minimi locali per problemi liberi e vincolati

Quando parliamo di ottimizzazione su reti immaginiamo che la rete sia data e che si tratti di ottimizzare il flusso (delle auto, delle informazioni, …) sulla rete oppure di decidere quale sia il percorso ottimo che ci permette di andare dal nodo A al nodo B. In realtà, la rete non è data ma spesso deve essere progettata, dunque oltre ai problemi di ottimizzazione che abbiamo appena visto ce ne sono altri ancora più complessi legati alla *ottimizzazione delle reti*. Qual è la configurazione della rete che massimizza il flusso da A a B? Qual è la configurazione di rete che minimizza i tempi di percorrenza tra A e B? Si tratta di problemi di grande interesse sia dal punto di vista matematico sia dal punto di vista applicativo e dalla loro soluzione dipenderanno lo sviluppo tecnologico e la distribuzione di servizi e informazioni nel prossimo futuro.

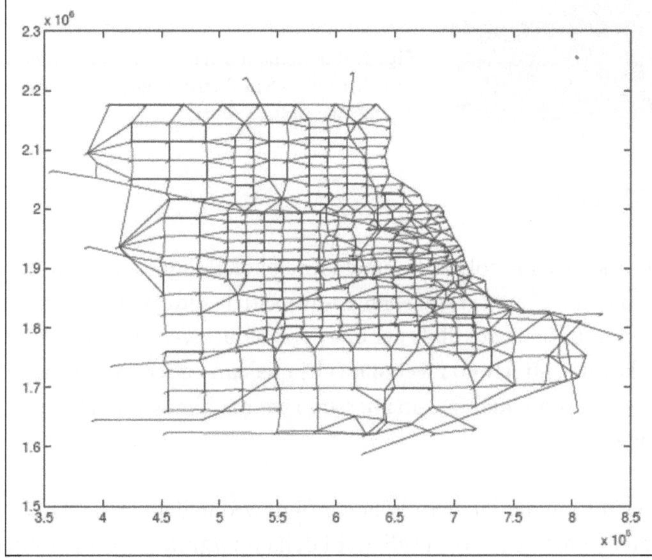

Fig. 2. La rete stradale di Chicago: 933 nodi, 2950 archi

La teoria dei grafi

Per poter affrontare e risolvere un problema occorre per prima cosa capire se il problema ammette almeno una soluzione, cioè se l'insieme delle soluzioni sia non vuoto. È quello che i matematici chiamano problema di esistenza. Nell'ambito dei problemi di ottimizzazione su reti anche questo primo passo può presentare notevoli difficoltà poiché, ben prima di ottimizzare, si tratta di sapere se la configurazione della rete permetta di mettere in comunicazione alcuni nodi e se alcuni percorsi siano possibili. Un problema di questo tipo è stato all'origine della teoria dei grafi ed è tuttora considerato uno dei più famosi della matematica: *il problema dei ponti di Könisberg*.

Fig. 3. Il matematico svizzero Leonard Euler
(Basilea 1707 - San Pietroburgo 1783) vissuto
a lungo a San Pietroburgo

Nel suo articolo [1] Eulero scrive:

A Königsberg, in Prussia, c'è un'isola A, chiamata Kneiphof. Il fiume che la circonda si divide in due rami e questi rami sono attraversati da sette ponti a, b, c,
d, e, f, g [...] È stato chiesto se sia possibile per una persona attraversare ciascun
ponte una e una sola volta. Mi hanno raccontato che qualcuno afferma che sia
impossibile, mentre altri sono dubbiosi; ma nessuno ha mai dimostrato che si
possa fare veramente.

Eulero affronta la questione schematizzando la configurazione delle zone da collegare (i nodi della rete/grafo) e dei ponti (gli archi della rete/grafo). La soluzione
viene trovata esaminando la configurazione della rete ed i casi possibili attraverso
un astuto sistema di rappresentazione.
Scrive Eulero:

Il mio metodo si basa in modo essenziale su un modo particolarmente conveniente di rappresentare l'attraversamento di un ponte. Per questo uso delle lettere maiuscole A, B, C, D, per ognuna delle zone che sono separate dal fiume. Se
il viaggiatore va dalla zona A alla zona B e attraversa il ponte a oppure il ponte
b, io scrivo AB.

Nello stesso modo il passaggio da A a B e poi da B a D viene indicato dalla terna
ABD *indipendentemente da quali siano i ponti attraversati.* Con il sistema ideato
da Eulero una sequenza di quattro lettere corrisponderà all'attraversamento di tre

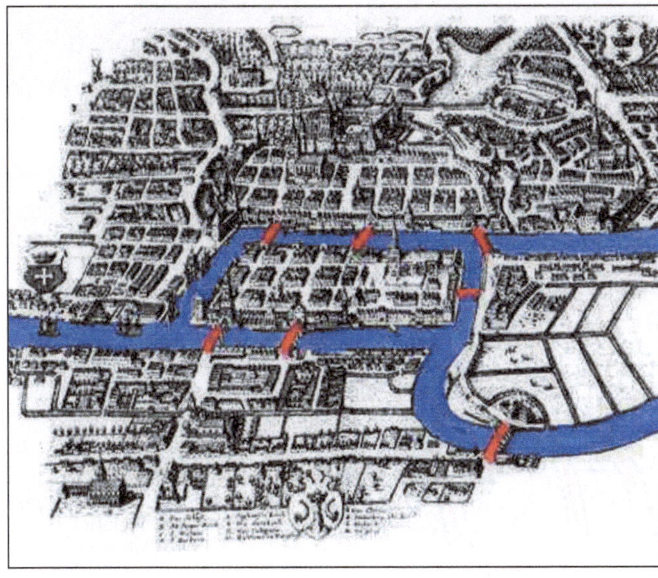

Fig. 4. Una riproduzione della città di Könisberg (attualmente Kaliningrad) e dei suoi sette ponti

ponti e, più in generale, l'attraversamento di sette ponti sarà rappresentato da una sequenza di otto lettere. Ne segue che:

> ... se è possibile seguire un percorso che attraversi ognuno dei sette ponti una volta, e non due, allora quel percorso potrà essere rappresentato da otto lettere che potranno essere ordinate in modo che le lettere A e B compaiano vicine solo due volte, dal momento che ci sono due ponti, a e b, che uniscono le zone A e B. In maniera simile, A e C devono essere vicine due volte nella sequenza di otto lettere, mentre le coppie A e D, B e D, C e D possono apparire nella sequenza solo una volta.

Eulero arriva quindi alla formulazione astratta del problema:

> Il problema dei sette ponti si riduce quindi a trovare una sequenza di otto lettere formata dalle quattro lettere A, B, C, e D nella quale le coppie di lettere appaiano il numero di volte corretto.

Con questa tecnica di rappresentazione Eulero giunge alla soluzione del problema e mostra che non è possibile attraversare tutti i ponti una sola volta. Senza entrare nel dettaglio della dimostrazione (che può essere trovata sul bel libro di teoria dei grafi [3]), il punto cruciale è l'osservazione che, seguendo un percorso qualsiasi sul grafo, il numero delle volte che si entra in una zona è uguale al numero delle volte che la si lascia, a eccezione (eventualmente) della zona da cui si parte e di quella in

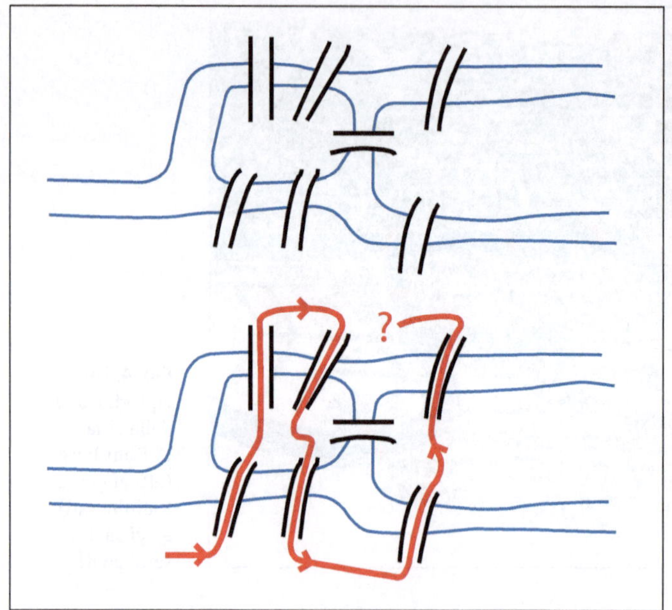

Fig. 5. Una rappresentazione schematica di un percorso sui sette ponti di Könisberg

cui si arriva alla fine. Dunque se ogni ponte viene attraversato solo una volta questo implica che in corrispondenza di ogni zona, con l'eccezione della prima e dell'ultima, deve esserci un numero pari di ponti (da uno si entra, dall'altro si esce). Nella configurazione dei ponti di Könisberg una zona (l'isola) ha cinque ponti e le altre tre zone ne hanno tre. In conclusione, siccome ci sono al massimo due zone dalle quali si può iniziare e finire, si arriva a una contraddizione. La cosa ancora più interessante è che la stessa tecnica di rappresentazione può essere utilizzata per studiare il problema con una qualsiasi configurazione di terra e corsi d'acqua. Poichè il grado di un nodo è il numero degli archi che lo raggiungono, in termini moderni, Eulero scopre che una condizione necessaria perché il percorso richiesto esista è che il grafo sia connesso e abbia esattamente zero o due nodi di ordine dispari.

Il problema del percorso ottimo

Consideriamo adesso una rete (grafo) data e ci poniamo il problema di trovare il percorso ottimo che unisce il nodo A al nodo B. Nel grafo gli archi che uniscono due nodi contigui, ad esempio il nodo V_i ed il nodo V_k, hanno ora un peso che rappresenta il costo corrispondente ad andare dal nodo V_i e il nodo V_k attraverso l'arco del grafo che li unisce. Dijskstra ha proposto un algoritmo efficiente per la soluzione di questo problema in un articolo del 1959 [7], il suo algoritmo è ancora oggi uno dei più famosi e utilizzati. Per trovare il cammino ottimale (di costo mi-

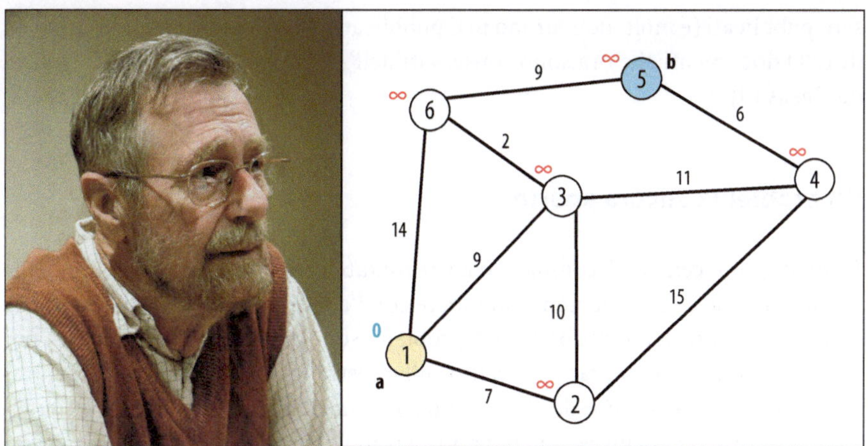

Fig. 6. Edsger Wybe Dijskstra (Rotterdam 1930 - Nuenen 2002), autore di un famoso algoritmo per la soluzione del problema del percorso ottimo

nimo) tra due nodi A e B, l'algoritmo utilizza il fatto che se C è un nodo sul percorso ottimo che collega A a B la conoscenza di questo percorso ottimo richiede la conoscenza del percorso ottimo che collega A a C. Per questo motivo non è necessariamente ottimo muoversi dal nodo A scegliendo l'arco associato al costo minore, questa scelta potrebbe infatti portarci in un nodo dal quale risulterà più costoso raggiungere il nodo B. Il metodo di Dijkstra inizia dal nodo A e aggiunge, a ogni iterazione, un nuovo nodo all'albero che descrive il percorso ottimo. Questo nodo è scelto, tra quelli che non appartengono all'albero, *prendendo quello da cui costa meno raggiungere B*.

Ad esempio, nel grafo in Fig. 6 non converrà passare da V_1 a V_2 anche se si spenderebbe solo 7 perché per andare da V_2 a V_5 dovremmo poi spendere almeno 21 (15+6 se passiamo da V_4 oppure 10+2+9 se passiamo da V_3 e V_6). Il percorso ottimo è V_1-V_3-V_6-V_5 che corrisponde a un costo complessivo di 20. Il metodo è molto efficiente ed è spesso usato per risolvere problemi di routing (indirizzamento) sulla rete Internet. Potete provarlo voi stessi su un grafo a vostra scelta usando l'applet JAVA [8].

Dijsktra era un personaggio decisamente originale che ha lasciato una forte impronta nel campo della matematica discreta e dell'informatica al punto che oggi c'è un premio della ACM (Association for Computing Machinery) intitolato a suo nome. Ha vinto nel 1972 il premio Turing per i suoi numerosi contributi, tra i quali c'era anche lo sviluppo del linguaggio ALGOL 60. Aveva alcune stranezze, per esempio quella di scrivere minuziosamente i suoi manoscritti con una penna stilografica. All'epoca i manoscritti venivano catalogati come EWD, le sue iniziali, seguite da un numero e venivano distribuiti in fotocopia ai colleghi. In questo modo le idee di Dijsktra di diffondevano nella comunità scientifica prima ancora che i lavori fossero pubblicati (e molti non furono mai pubblicati). Ad oggi, sono stati raccolti più di 1300 documenti che ora sono conservati nell'Archivio Dijkstra dell'Università del Texas [9].

Un problema ancora aperto

In epoca più recente, si è cominciato ad affrontare i complessi problemi legati alla ottimizzazione su reti (da non confondere con l'ottimizzazione di reti della quale abbiamo accennato all'inizio). Questi problemi sono chiaramente motivati da numerose applicazioni di grande impatto sulla nostra vita: l'ottimizzazione dei trasporti pubblici e la gestione dei flussi su una rete (Intenet, stradale, ferroviaria, idraulica...) sono alcuni degli esempi più noti. Si tratta di problemi di grandi dimensioni la cui soluzione è resa possibile dallo sviluppo di metodi matematici efficienti, degli algoritmi corrispondenti e dal notevole aumento della potenza di calcolo dei computer negli ultimi anni.

Vediamo, ad esempio, il probema della ottimizzazione del traffico a Santiago del Cile. È una città di 6 milioni di abitanti, con 1 milione di auto, 50.000 taxi, 6.000 autobus e 4 linee di metropolitana.

Ci sono giornalmente 11 milioni di trasferimenti, tra questi 8 milioni avvengono con i mezzi di traporto (pubblici e privati) e 1 milione 750 mila trasferimenti avvengono in auto. Ottimizzare il flusso di traffico è quindi un problema molto complesso e per risolverlo sono state utilizzate tecniche differenti, sia per la parte mo-

Fig. 5. La rete stradale della città di Santiago del Cile: 2266 nodi, 7636 archi, 409 destinazioni

dellistica che descrive il flusso sulla rete sia per la parte numerica e il calcolo delle soluzioni.

Sono stati proposti modelli deterministici e modelli stocastici [11], modelli continui in cui il flusso è individuato da una densità (come in fluidodinamica) [12] e modelli discreti. Per la soluzione del problema sono state studiate tecniche legate alla teoria dei giochi [13] e tecniche variazionali [14]. La stessa definizione di equilibrio sulla rete e del criterio che si vuole ottimizzare è oggetto di discussione. Si tratta di un campo di ricerca ancora molto aperto dal quale potrebbero venire interessanti sviluppi per la nostra vita quotidiana.

Bibliografia

[1]   L. Euler (1736) Solutio problematis ad geometriam situs pertinentis, *Commentarii Accademiae Scientiarum Imperialis Pietropolitanae* 8, 128-140

[2]   J. Nocedal, S.J. Wright (2002) *Numerical Optimization*, Springer, New York

[3]   N.L. Biggs, E.K. Lloyd, R.J. Wilson (1976) *Graph Theory 1736-1936*, Claredon Press, Oxford

[4]   http://en.wikipedia.org/wiki/Seven_Bridges_of_Königsberg

[5]   http://en.wikipedia.org/wiki/Edsger_W._Dijkstra

[6]   http://en.wikipedia.org/wiki/Dijkstra_algorithm

[7]   E.W. Dijkstra (1959) A note on two problems in connection with graphs, *Numerische Mathematik* 1, 269-271

[8]   Dijkstra Algortihm Java applet http://www.dgp.toronto.edu/people/JamesStewart/270/9798s/Laffra/DijkstraApplet.html

[9]   Dijkstra Archive, University of Texas, http://www.cs.utexas.edu/users/EWD/

[10] A. Gibbons (1984) *Alghoritmic Graph Theory*, Cambridge University Press, Cambridge

[11] J.B. Baillon, R. Cominetti (2008) Markovian traffic equilibrium, *Mathematical Programming* 111 (1-2), Ser. B, 35-36.

[12] M. Garavello, B. Piccoli (2008) *Traffic flow on networks*, AIMS book series, American Institute of Mathematical Sciences, Springfield

[13] R. Cominetti, E. Melo, S. Sorin (2010) A pay-off based lerning procedure and its application to traffic games, *Games and Economic Behavior* 70, 71-83

[14] G. Buttazzo, G. Carlier (2010) Optimal spatial pricing strategies with transportation costs, *AMS Series Contemporary Mathematics* 514, 105-121

Recenti sviluppi nella Teoria dei Giochi: l'ingegneria strategica[1]

di Marco Li Calzi

Introduzione

La teoria dei giochi è una disciplina matematica che studia l'interazione strategica, ovvero le situazioni nelle quali i risultati conseguiti da un agente dipendono anche dalle scelte di altri agenti. Per convenzione, la data di nascita di questa "matematica dell'interazione strategica" è collocata nel 1944, in corrispondenza della pubblicazione della prima edizione della monografia *Theory of Games and Economic Behavior* scritta dal matematico John von Neumann e dall'economista Oskar Morgenstern. Quest'articolo si propone di illustrare alcune recenti importanti applicazioni[2]. Nel 1994, in occasione del suo cinquantesimo compleanno, il ruolo della teoria dei giochi nelle scienze economiche è stato riconosciuto con il conferimento del premio Nobel per l'Economia a John C. Harsanyi, John F. Nash Jr. e Reinhard Selten "per la loro pionieristica analisi degli equilibri nella teoria dei giochi non cooperativi". La terna dei premiati conferma una tradizione secondo la quale i matematici (di professione o di formazione) sono particolarmente bravi nell'aggirare l'assenza di un premio Nobel dedicato andandoselo a prendere in altre discipline [1]. Nel 2005, il premio è andato a Robert J. Aumann e a Thomas C. Schelling "per avere rafforzato la nostra comprensione dei conflitti e della cooperazione attraverso l'uso della teoria dei giochi". Mentre questi due riconoscimenti fanno diretto riferimento alla teoria dei giochi, le motivazioni di altri due premi Nobel sono alla base delle sue applicazioni, che raggruppiamo sotto il nome di "ingegneria dell'interazione strategi-

---

[1] Il presente contributo è stato precedentemente pubblicato sulla rivista *Lettera Matematica Pristem* 74/75, 2010, pp. 96-102.

[2] La "teoria dei giochi" porta un nome difficile. Esso si presta a fraintendimenti: i giochi ludici non ricadono nel suo ambito. È difficile da aggettivare: gli inglesi se la cavano con un prosaico "game-theoretic", in italiano ci si arrangia con "strategico". Ma soprattutto annebbia in un inevitabile ossimoro che l'oggetto di questo articolo è la "teoria dei giochi applicata".

ca" [2,3]. Nel 1996, James A. Mirrlees e William Vickrey hanno ricevuto il premio Nobel "per i loro fondamentali contributi alla teoria economica degli incentivi in condizioni di informazione asimmetrica". Almeno altri due laureati Nobel (James Tobin e Robert Aumann) ritengono che *incentivi* sia il modo migliore per sintetizzare in una sola parola di che cosa si occupa la scienza economica [4]. Gli incentivi sono i piani inclinati dell'azione individuale: se non ci sono forze contrarie, le persone sono spinte a muoversi verso la direzione indicata dagli incentivi. Per esempio, se un'azienda promette un *bonus* a chi vende 1000 unità, un rappresentante aumenta gli sforzi per raggiungere l'obiettivo e li riduce dopo averlo superato. Se si trovano i giusti incentivi, si può influenzare il comportamento di una persona.

Nel 2007, L. Hurwicz, Eric S. Maskin e Roger B. Myerson sono stati premiati "per aver gettato le fondamenta della teoria del *mechanism design*". Questa teoria, nata come diretta applicazione della teoria dei giochi, studia come combinare gli incentivi di più persone, ovvero come disporre più piani inclinati per ottenere un comportamento collettivo desiderabile [5]. In quanto disciplina formalizzata, essa fornisce o ispira molti risultati dell'ingegneria dell'interazione strategica. Soprattutto, però, condivide una motivazione ideale ben catturata nei ricordi autobiografici di Myerson [6]:

> ... quando avevo dodici anni, lessi un classico romanzo di fantascienza che immaginava un futuro dove un'avanzata scienza sociale di natura matematica forniva la guida verso una nuova civiltà utopistica [...] Era naturale, forse, sperare che progressi fondamentali nelle scienze sociali potessero aiutarci a trovare modi migliori per affrontare i problemi del mondo.

Per comodità, articoliamo la presentazione dell'ingegneria dell'interazione strategica in quattro aree (mercati, contratti, conflitti e istituzioni); tuttavia, invitiamo il lettore a non dedurne alcuna tassonomia.

Ingegneria dei mercati

In questa sezione descriviamo tre casi in cui l'ingegneria dell'interazione strategica è stata applicata con successo alla progettazione dei mercati (*market design*), seguendo da vicino il resoconto di Alvin E. Roth che ne è uno dei protagonisti [7]. Al termine, facciamo un rapido cenno ad altre tre applicazioni particolarmente importanti. Negli USA, il primo impiego di un laureato in medicina è come specializzando presso un ospedale. Le attività di specializzazione forniscono agli ospedali manodopera a basso costo, costituiscono parte integrante della formazione medica ed esercitano un'importante influenza sulla carriera dei futuri medici. Fino al 1945, per assicurarsi i migliori specializzandi, gli ospedali cercavano di assumerli prima degli altri. Questo incentivo ad anticipare l'assunzione condusse a una situazione in cui alcuni specializzandi erano assunti quasi due anni prima della laurea (ovvero, prima che le effettive capacità e i genuini interessi del candidato potessero essere manifesti). Dopo alcuni tentativi infruttuosi, nel 1952 l'American Medical Association (AMA) pose rimedio a questa palese assurdità instaurando un mercato nazionale centralizzato oggi noto come National Resident Matching Program (NRMP). Ecco come funziona l'NRMP. Gli studenti fanno domanda agli ospedali per una posizione e gli ospedali intervistano i candidati. Successivamente, invece di procedere per trattativa individuale, tutti gli studenti e gli ospedali sottomettono le loro preferenze a un ufficio centrale, che utilizza uno specifico algoritmo (pubblicamente noto) per calcolare l'abbinamento migliore su scala nazionale. Il risultato è *stabile* [8, 9], nel senso che studenti e ospedali non hanno ragione per ignorare le sue raccomandazioni. Quindi, l'abbinamento proposto dall'algoritmo risulta nell'interesse di tutti.

Recentemente, l'NRMP è stato messo in crisi da trasformazioni sociologiche e tecnologiche. Mentre negli anni '50 quasi tutti gli specializzandi erano uomini senza vincoli familiari, oggi è assai comune il caso in cui due candidati abbiano ragioni affettive che li inducono a cercare lavoro in ospedali o città vicine fra loro. Al contempo, l'apertura di nuove specializzazioni ha creato posizioni ibride in cui un neolaureato è assunto contemporaneamente da due reparti distinti. L'AMA ha dunque chiesto agli ingegneri dell'interazione strategica di costruire un nuovo algoritmo che tenesse conto della mutata realtà. Questo è entrato in vigore nel 1998 e da allora è stato adottato in quasi quaranta diversi mercati centralizzati (fra i quali non ci risulta l'Italia).

Le buone idee hanno le gambe lunghe. Per esempio, un algoritmo simile è usato in Turchia per coordinare l'accesso per numero chiuso all'istruzione universitaria pubblica su scala nazionale, con risultati eccellenti: agli studenti più bravi è offerta genuina possibilità di scelta fra i migliori atenei, senza costringere questi ad ammettere chiunque. Nel nostro paese, invece, non si riesce nemmeno a coordinare l'uso del test d'ammissione nazionale ai corsi di laurea in Medicina per generare una graduatoria unica: a parità di punteggio, si può restare esclusi o meno a seconda della sede in cui si è sostenuto l'esame. Ma guardiamo un caso specifico.

Nella città di New York, ogni anno più di 90.000 studenti devono essere distribuiti su oltre 500 scuole superiori. Prima dell'intervento degli ingegneri strategici, il sistema prevedeva che ogni studente fornisse un elenco di non più di cinque scuole di sua preferenza. Sulla base delle liste fornite, le scuole decidevano chi ammettere, chi mettere in lista d'attesa e chi scartare. Ogni scuola scriveva ai suoi candidati preferiti, che decidevano se accettare o no.

Dopo il primo giro di proposte e risposte, il processo era ripetuto due volte per cercare di riempire i posti inevitabilmente rimasti liberi mediante il ricorso alle liste d'attesa. Al termine del terzo giro di proposte e risposte, gli studenti non ancora assegnati erano distribuiti d'ufficio secondo il distretto scolastico d'appartenenza. Quanto il sistema fosse inefficiente, lo dicono i numeri: non più di 50.000 dei

90.000 studenti ricevevano un'offerta al primo giro e, soprattutto, circa 30.000 finivano assegnati d'ufficio a una scuola che non era fra le cinque della loro lista di preferenza. Dopo l'adozione di un nuovo algoritmo nel 2003, gli studenti assegnati d'ufficio sono scesi a 3.000 ed è aumentato di molto il numero degli studenti che ottiene la sua prima o seconda scelta.

Il nostro ultimo esempio ritorna in area medica, ma questa volta riguarda direttamente vite umane. Il trapianto di un rene è il trattamento d'elezione per le insufficienze renali croniche, ma il numero di reni disponibili per trapianti è molto inferiore al necessario. Negli USA ci sono oltre 70.000 pazienti in lista d'attesa per ricevere un rene espiantato da un donatore defunto, ma nel 2006 sono stati eseguiti meno di 11.000 operazioni. Durante lo stesso anno, circa 5.000 pazienti in attesa sono morti o si sono talmente aggravati da diventare inoperabili. Situazioni analoghe esistono in tutti i paesi occidentali.

Poiché un solo rene è sufficiente per mantenere una persona in buona salute, un modo ovvio per aumentare l'offerta di reni trapiantabili è incoraggiare il ricorso a donatori in vita (fra l'altro, questa forma di donazione aumenta di molto l'aspettativa di vita post-trapianto). Purtroppo, non basta che un paziente trovi un parente o un amico disposto ad aiutarlo: la compatibilità fra un donatore e un ricevente dipende dal gruppo sanguigno e dal profilo antigenico. Se un paziente trova un donatore incompatibile, non si può dare corso al trapianto. Fino al 2004, l'unico espediente trovato per alleviare il problema era lo *scambio dei donatori* fra due coppie di pazienti-donatori incompatibili. Supponiamo che il paziente A abbia trovato un donatore X e il paziente B abbia trovato un donatore Y, ma che ci sia incompatibilità fra A e X e fra B e Y: se X è compatibile con B e Y con A, si possono comunque eseguire i trapianti con uno schema incrociato. Come si intuisce, non è facile organizzare questo genere di scambi. Per esempio, fino al termine del 2004, in tutti i 14 centri specializzati del New England (il Nord-Est degli Stati Uniti) erano stati eseguiti solo 5 trapianti incrociati.

L'idea degli ingegneri strategici fu di organizzare un database centralizzato per i 15 ospedali del New England e costruire un algoritmo per rintracciare tutte le opportunità di organizzare trapianti incrociati (lo schema è poi confluito nell'Alliance for Paired Donation, un'organizzazione no-profit riconosciuta dal governo americano). Rapidamente emersero due semplici idee matematiche, che hanno ulteriormente aumentato il numero dei trapianti. La storia è affascinante, se si tiene conto che ciascuna di queste idee si è direttamente tradotta in vite salvate. Immaginiamo ogni coppia paziente-donatore come un nodo in un grafo diretto. La presenza di un collegamento dal nodo A-X al nodo B-Y indica che X può donare a B. Uno scambio di donatori fra le coppie A-X e B-Y è possibile se questi due nodi formano un ciclo. Dunque, se un algoritmo rintraccia un ciclo di 2 nodi all'interno del database formato da tutte le coppie paziente-donatore, è possibile organizzare due trapianti scambiando i donatori. Ed ecco la prima idea: per aumentare il numero di trapianti possibili, basta cercare cicli di qualsiasi lunghezza all'interno del database. Se un algoritmo trova un ciclo di lunghezza n, si possono organizzare n trapianti in cui ciascuno degli n donatori cede il rene al paziente della coppia successiva seguendo il ciclo determinato.

La seconda idea sfrutta l'algoritmo per creare nuovi incentivi. Com'è ovvio, la probabilità di successo aumenta se al database si aggiunge un "buon samaritano", ovvero un donatore potenziale che offre la sua disponibilità per puro altruismo ma non è legato da vincoli di parentela o amicizia con un paziente in attesa di trapianto. I buoni samaritani esistono, ma sono rari: non sono molte le persone disposte a donare un rene per salvare la vita di uno sconosciuto. Certamente ne troveremmo qualcuna di più se riuscissimo a fare emergere compiutamente l'effettiva utilità del loro gesto. Ed ecco la seconda idea: dal punto di vista matematico, un "buon samaritano" Z può essere rappresentato come un nodo iniziale, che punta verso il nodo A-X se c'è compatibilità fra Z e A. Il numero di nodi della *catena* di massima lunghezza originata da Z rappresenta il numero massimo di trapianti che l'altruismo di Z può generare. Quindi, a un potenziale buon samaritano si può illustrare quale sia il vero numero di trapianti (mai minore di uno!) che la sua generosità renderebbe possibili. Questo inclina il piano e crea un incentivo più forte, perché le persone disposte a donare un rene per altruismo scoprono che possono salvare più di una sola vita. Per esempio, nel marzo 2009, l'Alliance for Paired Donation ha annunciato di aver completato una catena di dieci trapianti iniziata da un buon samaritano di nome Matt.

Chiudiamo citando le tre aree che attualmente costituiscono le applicazioni principali dell'ingegneria dei mercati. La prima concerne la progettazione delle aste con cui sono messe in vendita le frequenze radio per la telefonia mobile, che finora hanno complessivamente generato ricavi molto superiori alle attese [10]. Per esempio, nel caso dell'assegnazione delle frequenze per l'UMTS nel 2000, i ricavi in Gran Bretagna e in Germania sono stati di oltre 600 euro pro capite. Da un punto di vista matematico, il principale problema aperto è la ricerca di una procedura efficace per gestire la complessità combinatoriale creata dalla possibilità di acquistare pacchetti anziché singole licenze [11]. La seconda area studia l'organizzazione dei quattro mercati principali (generazione, trasmissione, distribuzione, offerta) in cui è stato organizzato il settore elettrico in seguito alla sua deregolamentazione [12]. La terza area si occupa della progettazione di mercati per la riduzione delle emissioni inquinanti, fra i quali il maggiore esempio transnazionale è l'Emission Trading Scheme dell'Unione Europea [13].

Ingegneria dei contratti

In questa sezione descriviamo tre ambiti e alcuni esempi in cui l'ingegneria dell'interazione strategica è stata applicata alla progettazione dei contratti [14], in particolare nell'ipotesi che le parti non abbiano accesso alle medesime informazioni. Com'è nella tradizione giuridica continentale, qui usiamo "contratto" nell'accezione ampia di un accordo fra due o più soggetti che può produrre effetti giuridici solo se il suo oggetto è verificabile da una terza parte. Per semplicità, ci limitiamo a contratti bilaterali.

Il primo caso sorge quando una parte non può osservare le azioni intraprese dalla controparte (problema delle "azioni nascoste"). L'esempio tipico è il contratto di lavoro professionale, dove per il committente è impossibile tenere sotto osservazione l'intera attività lavorativa del professionista. Se il compenso non dipende dai risultati, questo induce nel secondo l'ovvia tentazione di ridurre i suoi sforzi e attribuire i modesti risultati alle avverse condizioni di mercato o altre cause indipendenti dalla sua volontà. D'altra parte, se il compenso dipende in modo troppo stretto dai risultati, il professionista rischia di vedersi attribuite decurtazioni di stipendio per fattori di cui è incolpevole. Se il rischio di queste variazioni fosse troppo elevato, il professionista preferirebbe rifiutare la commessa e cercarne un'altra con condizioni contrattuali migliori. Il problema caratteristico che occorre risolvere è trovare la miscela migliore fra la componente fissa e quella variabile del compenso, in modo da stimolare opportunamente il lavoro del professionista senza rischiare di imporgli penalità troppo elevate. Le soluzioni possibili coprono una gamma molto vasta: dagli avvocati che subordinano il loro (lautissimo) compenso al raggiungimento di un verdetto favorevole, agli investigatori privati che esigono una retribuzione fissa e la copertura delle spese.

Il problema delle azioni nascoste diventa tanto più difficile quanto più è incerto l'ambiente in cui il professionista deve operare e quanto più è ampio l'ambito delle sue responsabilità. Per esempio, la recente crisi dei mercati finanziari ha portato alla ribalta le enormi dimensioni dei *bonus* attribuiti a banchieri e operatori di borsa. Da una parte, questi *bonus* trovano ragione nella necessità di indurre gli operatori a prendere ragionevoli rischi; dall'altra, se a fronte di un potenziale aumento della retribuzione non esistono correttivi in caso di fallimento, gli incentivi finiscono per essere distorti e conducono a un numero eccessivo di rischi. È opinione comune che in questo campo i contratti non siano stati ben progettati, anche se va riconosciuto quanto sia difficile la loro calibrazione. Chi legge forse ricorda le critiche altrettanto accese mosse all'uso eccessivo delle *stock options* subito dopo lo scoppio della bolla speculativa delle dot.com nel 2001.

Il secondo caso corrisponde alla situazione in cui una parte non ha accesso ad alcune informazioni disponibili alla controparte (problema delle "informazioni nascoste"). L'esempio tipico è il contratto di assicurazione sulla salute, che la compagnia deve offrire senza conoscere quale sia il vero stato di salute dell'assicurato. Per esempio, supponiamo che ci siano due classi di clienti: il tipo A è soggetto ad ammalarsi facilmente, mentre il tipo B non corre questo rischio (ciascun cliente conosce il suo tipo). Se il prezzo della polizza è tarato a metà fra i due tipi, i clienti di tipo A trovano il prezzo conveniente e comprano la polizza, mentre i clienti di tipo B la declinano perché troppo costosa. Ne riesce che, dal punto di vista della compagnia, il contratto è sottoscritto solo dai clienti di tipo A e dunque non risulta profittevole. Una soluzione tipica per questo problema consiste nell'offrire un menù di polizze che induca ogni tipo a scegliere quella che bilancia le sue esigenze di copertura assicurativa con un'equa aspettativa di profitto per la compagnia. Da qui, ad esempio, l'uso di offrire polizze con franchigie diverse: presumibilmente, i clienti di tipo A che sono maggiormente soggetti ad ammalarsi preferiscono pagare di più per avere una franchigia più piccola. Se il menù è ben congegnato, è il cliente stesso (sulla base delle sue informazioni) ad autoselezionarsi.

In generale, i problemi legati a informazioni nascoste possono sovrapporsi a quelli dovuti ad azioni nascoste. Per esempio, considerate il noleggio di un'auto: l'opzione fra una copertura assicurativa integrale o parziale rivela informazione sull'abilità alla guida del noleggiante; tuttavia, ben poco può fare contro il rischio che questi agisca usando uno stile di guida diverso quando il mezzo non è di sua proprietà. Queste complicazioni, nei casi più importanti, sono rubricate come "conflitto di interessi". L'ingegneria dei contratti fornisce le tecniche per eliminare o quantomeno arginare alcuni di questi conflitti.

Il terzo e ultimo caso considerato in questa sezione è la progettazione di schemi per la selezione dei migliori, noti in letteratura come "tornei". Un buon esempio è la ricerca del prossimo amministratore delegato fra i manager di un'azienda. Il comitato incaricato della selezione sovente mette in competizione fra loro i candidati, promettendo implicitamente che agli sforzi di tutti corrisponderà un premio significativo soltanto per uno o pochi. Questo genere di contratto non scritto può esercitare un'influenza potente sulle persone coinvolte, accrescendo i loro sforzi (se ritengono di poter essere prescelte) oppure annullandoli (se si ritengono fuori dalla partita). Un terzo effetto, meno ovvio, discende dal fatto che sovente la competizione è vinta da chi ottiene il risultato migliore in termini relativi: quindi, se gli incentivi non sono attentamente calibrati, c'è il rischio che i concorrenti dedichino più energie a danneggiare gli avversari che a cercare di far del loro meglio. Una delle lezioni principali dell'ingegneria strategica è che un incentivo individuale a fare più degli altri può trasformarsi in un incentivo collettivo che fa stare (tutti) peggio. Bilanciare questo rischio richiede molta abilità.

Ingegneria dei conflitti

L'ingegneria dell'interazione strategica è stata applicata anche alla risoluzione dei conflitti, soprattutto per la ricerca di procedure di composizione eque. Vediamo alcuni esempi, limitandoci per semplicità a conflitti bilaterali.

Supponiamo che due persone (A e B) debbano dividersi una torta. La composizione della torta non è omogenea e le due persone hanno gusti diversi. Mentre A è particolarmente attratta dai pezzetti di cioccolato vicini al centro della torta, B è molto più sensibile alla panna. Una procedura nota già nella Bibbia è data da un semplice algoritmo chiamato "tu tagli, lui sceglie": uno dei due agenti divide la torta in due parti e l'altro sceglie quale preferisce. Se i giocatori agiscono razionalmente, si dimostra che l'esito di questa procedura soddisfa due importanti proprietà. La prima si chiama *efficienza*: non ci sono altri modi di suddividere la torta che siano migliori per entrambi; quindi non vanno sprecate ovvie opportunità di far meglio. La seconda si chiama *assenza d'invidia*: ciascuno dei due agenti riceve una fetta che per lui vale più dell'altra e dunque non invidia l'altro.

Una critica mossa a questo algoritmo è che, quando gli agenti conoscono le reciproche preferenze, chi taglia risulta avvantaggiato. Se è A a essere incaricato del taglio, questi può calibrare la quantità di panna e cioccolato nelle fette 1 e 2 in modo che egli preferisca di gran lunga la prima e invece B sia quasi indifferente (ma preferisca la seconda). In questo caso, B si trova chiamato a scegliere fra due fette che gli piacciono quasi allo stesso modo, mentre A ottiene una fetta che gli piace molto di più. Nel caso di problemi con due persone, esistono tecniche per risolvere questo problema: una possibilità è mettere all'asta il diritto di proporre la divisione (chi sa giocare a "briscola chiamata" non si meraviglierà che si possa mettere all'asta anche un diritto: nel 193 d.C. la guardia pretoriana mise all'asta addirittura l'Impero Romano). Vedremo sotto un'applicazione della stessa idea in ambito sportivo.

La divisione di una torta è un esempio rappresentativo per la più ampia classe dei problemi di suddivisione di una proprietà comune fra due o più persone [15]. Tipiche situazioni in cui sorgono questi problemi sono i casi di divorzio (soprattutto in regime di comunione di beni) oppure quelli di scioglimento di una società. Un film come *La guerra dei Roses* è sufficiente per descrivere di quanta tensione si possano caricare questi problemi. Vi sono esempi ancora più drammatici, in cui l'esito della ripartizione influenza direttamente le vite di milioni di persone: si pensi alla divisione di Berlino in quattro zone d'influenza al termine della Seconda Guerra Mondiale, oppure alla suddivisione dello stato di Bosnia-Erzegovina in due entità politiche federate ma separate (una a maggioranza bosniaca e croata, l'altra a maggioranza serba) nel 1995, al termine di una guerra sanguinosa durata tre anni e mezzo.

Il compito principale dell'ingegneria dei conflitti è suggerire procedure ragionevoli con cui costruire queste divisioni, ovvero di progettare algoritmi che rispettino due generi di criteri. I primi sono requisiti di buon senso: un buon algoritmo deve produrre un risultato efficiente o privo d'invidia, evitando che qualcuno possa trarre indebito vantaggio da eventuali menzogne. Gli altri criteri sono più squisitamente algoritmici, quali la garanzia che l'algoritmo trovi una soluzione in un numero finito di passi (i matematici provano l'esistenza della soluzione, gli ingegneri devono trovarla!). Recentemente, settimanali di informazione come l'*Economist* cominciano a parlare di robo-avvocati che possono fornire una consulenza patrimoniale automatizzata in caso di divorzio [16]. Più modestamente, il matematico Francis Edward Su ha reso disponibile sul suo sito un applet (Fair Division Calculator 3.0) che, sulla base delle preferenze da questi dichiarate, calcola un'equa suddivisione di uno o più oggetti fra più persone.

Chiudiamo questa sezione con altri due esempi che illustrano l'ampiezza dell'ambito di applicazione dell'ingegneria dei conflitti. Nel campionato di football americano, se al termine dei tempi regolamentari una partita termina in parità, si va ai tempi supplementari e vince chi segna per primo (una regola simile detta "golden gol" è stata usata nella Coppa del Mondo FIFA di calcio). All'inizio dei tempi supplementari, il lancio di una moneta decide quale squadra ha il possesso della palla. Questo dettaglio ha un'importanza enorme. Fra il 2000 e il 2007, ben 37 delle 124 partite chiuse in parità sono state decise da una meta segnata durante la prima azione dalla squadra che ha iniziato in possesso di palla. In altre parole, l'esito del semplice lancio di una moneta ha deciso quasi il 30% delle partite! Considerato che ci sono ottime ragioni (atletiche e televisive) per non rinunciare al "golden gol", esiste un modo per ridurre l'alea della vittoria? Una proposta che ha acceso il dibattito fra gli ingegneri dei conflitti è stata avanzata nel 2002 da Chris Quanbeck, ingegnere elettrico (coincidenza o forma mentis?) e tifoso dei Green Bay Packers, che ha suggerito di mettere all'asta la posizione iniziale del pallone [17]. Parafrasando il gergo calcistico, invece di mettere la palla del calcio d'inizio a centrocampo, si chiede a ciascuna squadra di quanto è disposta ad arretrare e si assegna il possesso di palla a quella che è disposta ad accettare una distanza maggiore dalla porta avversaria. Questa procedura ovviamente diminuisce il vantaggio associato con il possesso di palla. Vedremo se questa innovazione raggiungerà i campi di gioco.

L'ultimo esempio suggerisce che la procedura può essere importante almeno quanto il risultato. L'arbitrato è un procedimento stragiudiziale in cui due parti in conflitto incaricano un arbitro di risolvere la loro controversia. Nella sua formulazione tipica, il procedimento è molto simile a quello reso popolare dalla trasmissione televisiva *Forum*, andata in onda dal 1985 fino ad oggi. Ciascuna delle due parti presenta il suo caso e, dopo un ampio dibattimento, l'arbitro produce la sua sentenza che le parti sono tenute a rispettare. La popolarità del programma è legata alla passione con cui le parti difendono le loro ragioni, ulteriormente rinfocolate dalle interviste che la conduttrice del programma abilmente conduce fra il pubblico. Anche se al termine del processo il lodo arbitrale chiude la controversia, la procedura tende a estremizzare le posizioni perché ciascuna delle parti coinvolte cerca di presentare al meglio il suo caso. Questo surriscalda gli animi e contribuisce ad alzare lo *share*, ma conduce a un clima dove la sentenza arbitrale è accolta di mala grazia. Dal punto di vista dell'ingegneria dei conflitti, è naturale chiedersi se non ci sia un modo di condurre l'arbitrato che contribuisca ad avvicinare le posizioni invece che a divaricarle. Una semplice risposta è di modificare la procedura come segue: ciascuna delle due parti presenta la propria proposta di composizione della controversia e il giudice sceglie fra le due soluzioni quella che ritiene migliore. La procedura tradizionale inclina il piano nella direzione di "gridare più forte per farsi dare ragione"; la procedura alternativa, invece, lo inclina nella direzione di "trovare la soluzione più ragionevole". Se aggiungiamo l'osservazione che le parti in causa hanno spesso informazioni migliori dell'arbitro sulle loro preferenze o altre circostanze accessorie rilevanti per il giudizio, la procedura alternativa può funzionare meglio. L'esempio più noto in cui essa è comunemente applicata sono le controversie sui principeschi compensi ai giocatori del campionato USA di baseball. Merita menzione anche che, dopo essere stata introdotta nella legislazione cilena nel 1979 per la contrattazione collettiva sui salari, questa forma di arbitrato si è rivelata così efficace da restare in vigore per tutti i governi successivi (inclusa la dittatura di Pinochet).

Ingegneria delle istituzioni

L'ultima delle quattro aree in cui abbiamo suddiviso l'ingegneria dell'interazione strategica è la progettazione delle istituzioni. Tornando all'ispirazione originale avvertita da Myerson quando era dodicenne, il problema generale è disegnare istituzioni che promuovono comportamenti socialmente desiderabili. La teoria del *mechanism design* è esplicitamente rivolta a questo scopo. Purtroppo, vincoli di spazio (che abbiamo già abbondantemente forzato) ci impediscono di trattarne più a lungo. Ci limitiamo a segnalare l'eccellente presentazione scientifica fornita dal Comitato per il Premio Nobel [18] e a presentare due esempi che speriamo solletichino la curiosità del lettore.

Un noto risultato della letteratura che analizza le istituzioni elettorali è il teorema di Gibbard e Satterthwaite, secondo il quale non esiste nessun sistema che incarni compiutamente tutti i requisiti tradizionalmente associati alla nozione di democrazia [19]. Questo risultato può essere interpretato in modi diversi. I pessimisti ne traggono la conclusione che l'ideale della democrazia non è raggiungibile; gli ottimisti che dobbiamo cercare di approssimarlo quanto meglio sia possibile. Questo secondo atteggiamento ha incoraggiato gli ingegneri delle istituzioni elettorali a proporre e studiare nuovi meccanismi di voto. Ricordiamo fra gli antesignani il metodo del matematico Charles Lutwidge Dogson (1832-1898), meglio noto per le sue opere non matematiche sotto lo pseudonimo di Lewis Carroll. Vediamo due proposte recenti.

Il *voto per approvazione* è stato proposto per la prima volta nel 1971 nella tesi di dottorato di Robert Weber alla Yale University. Dato l'insieme dei candidati, ciascun elettore vota ("approva") tutti i candidati che desidera. In altre parole, invece di votare per un solo candidato, ne può approvare più di uno. Risulta eletto il candidato che riscuote il maggior numero di approvazioni [20]. Lo scopo principale di questo metodo è di fare emergere il candidato che riscuote il maggior numero di consensi, anche qualora questo non sia la prima scelta di un ampio gruppo. Il metodo non è esente da imperfezioni (come impone il teorema di Gibbard e Satterthwaite), ma serve il suo scopo principale abbastanza bene da essere stato adottato nel 1996 come procedura ufficiale per l'elezione del Segretario Generale delle Nazioni Unite. Ci sono situazioni in cui un comitato si riunisce ripetutamente per prendere numerose decisioni, ma queste hanno importanza diversa per i membri del comitato. Per esempio, il Consiglio dell'Unione Europea può trovarsi a decidere su questioni rilevanti soltanto per alcuni stati dell'Unione. Quando tutti votano su tutto, però, è ragionevole supporre che un agente non sia ugualmente coinvolto in tutte le votazioni (per esempio, possiamo ritenere che l'Austria prenda a cuore la pesca marittima con la stessa attenzione delle politiche alpine?). In questi casi, sembra auspicabile trovare un modo per consentire agli agenti di concentrare i loro voti sulle decisioni che ritengono più importanti e sulle quali hanno presumibilmente opinioni maggiormente meditate. Alessandra Casella [21] ha proposto di introdurre l'uso dei "crediti elettorali": prima di ogni votazione, un agente dichiara se intende rinunciare a votare; se rinuncia, acquisisce un credito che può spendere in una votazione successiva, dove il suo voto varrà il doppio. Per esempio, se l'Austria rinuncia a votare sulla pesca marittima, può guadagnare un secondo voto da usare in materia di politiche alpine. La proposta è molto recente e non ci sono note situazioni in cui sia già stata adottata.

Bibliografia

[1] A. Basile e M. Li Calzi (2000) Chi ha detto che un matematico non può vincere il premio Nobel?, in: M. Emmer (a cura di), *Matematica e Cultura 2000*, Springer, pp. 109-120

[2] R.J. Aumann (2008) Game engineering, in: S.K. Neogy, R.B. Bapat, A.K. Das e T. Parthasarathy (a cura di), *Mathematical Programming and Game Theory for Decision Making*, World Scientific, pp. 279-286

[3] A.E. Roth (2002) The economist as engineer: Game theory, experimentation, and computation as tools for design economics, *Econometrica* 70, pp. 1341-1378

[4] R.J. Aumann (2006) War and peace, *Proceedings of the National Academy of Sciences* 103, pp. 17075-17078. Trad. it. in: *La matematica nella società e nella cultura* 1, 2008, pp. 93-105

[5] M. Li Calzi (2010) Matematica e sincerità, in: M. Emmer (a cura di), *Matematica e Cultura 2010*, Springer, pp. 209-220

[6] R.B. Myerson (2007) Autobiography, *http://nobelprize.org*

[7] A.E. Roth (2008) What have we learned from market design?, *Economic Journal* 118, pp. 285-310

[8] D. Gale e L. Shapley (1962) College admission and the stability of marriage, *American Mathematical Monthly* 69, pp. 9-15

[9] M. Li Calzi e M.C. Molinari (2006) Il gioco delle coppie, in: M. Emmer (a cura di), *Matematica e Cultura 2006*, Springer, pp. 51-58

[10] P. Milgrom (2004) *Putting auction theory to work*, Cambridge University Press

[11] P. Cramton, Y. Shoham e R. Steinberg (2006) *Combinatorial auctions,* MIT Press, Cambridge

[12] R. Wilson (2002) Architecture of power markets, *Econometrica* 70, pp. 1299-1340

[13] A.D. Ellerman e B.K. Buchner (2007) The European Union emissions trading scheme: Origins, allocation, and early results, *Review of Environmental Economics and Policy* 1, pp. 66-87

[14] P. Bolton e M. Dewatripont (2005) *Contract theory,* MIT Press, Cambridge

[15] S.J. Brams e A.D. Taylor (1999) *Fair division: From cake-cutting to dispute resolution,* Cambridge University Press

[16] March of the robolawyers, *The Economist,* 9 marzo 2006

[17] T. Hartford (2009) Flipping Awful: Why the NFL should replace the overtime coin toss with an auction system, *Slate Magazine,* 29 gennaio 2009

[18] Autori Vari (2007) Mechanism design theory: Scientific background, 15 ottobre 2007, *http://nobelprize.org*

[19] M. Li Calzi (2006) Matematica ed esercizio della democrazia: L'urna di Pandora, in: M. Emmer (a cura di), *Matematica e Cultura 2002,* Springer, pp. 97-107

[20] S.J. Brams (2008) *Mathematics and democracy: Designing better voting and fair-division procedures,* Princeton University Press, Princeton

[21] A. Casella (2005) Storable votes, *Games and Economic Behavior* 51, pp. 391-419

Affascinanti forme per oggetti topologici

di John M. Sullivan

La topologia è lo studio delle forme deformabili; per disegnare un'immagine di un oggetto topologico è necessario scegliere una forma geometrica particolare. Una strategia è quella di minimizzare un'energia geometrica del tipo che si presenta anche in molte situazioni fisiche. I minimizzatori di energia o forme ottimali sono spesso anche esteticamente interessanti.

Introduzione

La topologia, la branca della matematica talvolta descritta come "geometria della superficie elastica", è lo studio delle proprietà delle forme che restano invariate in condizioni di deformazione continua. Per esempio, la classificazione delle superfici nello spazio afferma che ogni superficie chiusa costituisce topologicamente una sfera con un certo numero di manici. Una superficie con un manico è detta toro e può essere, per esempio, una camera d'aria o una ciambella o una tazza da caffè (con un manico, naturalmente): la rientranza che di fatto contiene il caffè non conta dal punto di vista topologico. Allo stesso modo una sfera topologica può non essere rotonda: potrebbe essere un cubo (o di fatto qualsiasi forma convessa) o la superficie di una tazza senza alcun manico.

Poiché vi è così tanta libertà di deformare un oggetto topologico, a volte è difficile sapere come disegnarne un'immagine. Si potrebbe concordare che la sfera rotonda è l'esempio più bello di sfera topologica. Di sicuro è il più simmetrico. È anche la soluzione di molti problemi diversi di ottimizzazione geometrica. Per esempio, può essere caratterizzata dalla sua geometria intrinseca: si tratta dell'unica superficie nello spazio con una curvatura gaussiana (positiva) costante.

In termini più fisici, possiamo considerare altresì il problema isoperimetrico: tra le superfici nello spazio con un'area di superficie fissa, quale racchiude il volume maggiore? O equivalentemente: tra le superfici che racchiudono un dato volu-

Fig. 1. Una bolla di sapone minimizza l'area della superficie per un dato volume racchiuso, e di conseguenza diventa una sfera rotonda (© John Sullivan)

me, quale utilizza l'area minore di superficie? La tensione di superficie fa in modo che una bolla di sapone, come quella in Fig. 1, trovi quasi istantaneamente la sfera rotonda come la soluzione a quest'ultimo problema. Questa risposta era nota agli antichi Greci, ma le è stata data per la prima volta una prova matematica rigorosa solo alla fine del XIX secolo.

Raggruppamenti di bolle e schiume

I raggruppamenti di due o più bolle non sono singole superfici lisce, ma costituiscono esempi di spazi che i topologi chiamano complessi: diverse porzioni di superficie unite lungo delle curve. Ancora una volta, la pellicola di sapone cerca di minimizzare l'area necessaria a racchiudere e separare i dati volumi delle varie bolle. Certi risultati fondamentali sono noti: ogni pellicola di sapone in un raggruppamento possiede una curvatura media costante, e le pellicole si incontrano ad angoli costanti lungo curve triple e in incroci tetraedrici. Ma i raggruppamenti di bolle e le schiume sono ancora fonte di molti interessanti problemi matematici che restano aperti [15, 17]. Per esempio, è stato solo attorno all'inizio di questo secolo che i matematici riuscirono a dimostrare (si veda [12]) che la doppia bolla standard – costituita da calotte sferiche – batte tutti i possibili concorrenti, come illustrato in Fig. 2.

Per raggruppamenti costituiti da più di due bolle, il minimizzatore dell'area è ancora matematicamente sconosciuto, ma raggruppamenti formati da 3 o 4 bolle possono nuovamente essere costruiti da elementi sferici come in Fig. 3, e si suppone che questi siano minimizzatori.

Alcuni raggruppamenti di bolle hanno un interesse matematico indipendente. Per esempio, l'analogo quadridimensionale del dodecaedro, noto come 120-celle o iperdodecaedro, può essere proiettato radialmente in una 3-sfera e quindi stereo-

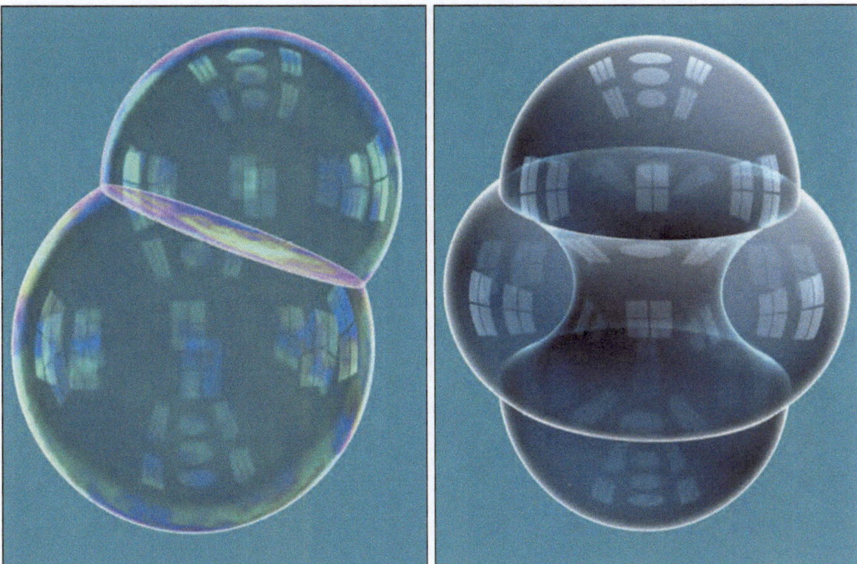

Fig. 2. Una doppia bolla standard (a sinistra) è costituita da due calotte sferiche che si incontrano ad angoli diedri di 120° lungo un cerchio (la pellicola interna si curva allontanandosi leggermente dalla bolla più piccola, di maggior pressione). È stato relativamente facile per i matematici dimostrare che la doppia bolla minimizzatrice deve avere una simmetria rotazionale, ma poi è stato difficile escludere strane configurazioni (destra) dove una bolla forma una cintura attorno all'altra, o anche casi in cui le bolle presentano diversi componenti separati (© John Sullivan)

Fig. 3. Anche la tripla bolla standard è costituita da elementi sferici che si incontrano lungo archi circolari. Usando le trasformazioni di Möbius, possiamo creare una versione di questo raggruppamento con tre volumi qualsiasi. Si suppone che queste siano le bolle triple ottimali, ma non è ancora stato dimostrato (tranne in 2D) (© John Sullivan)

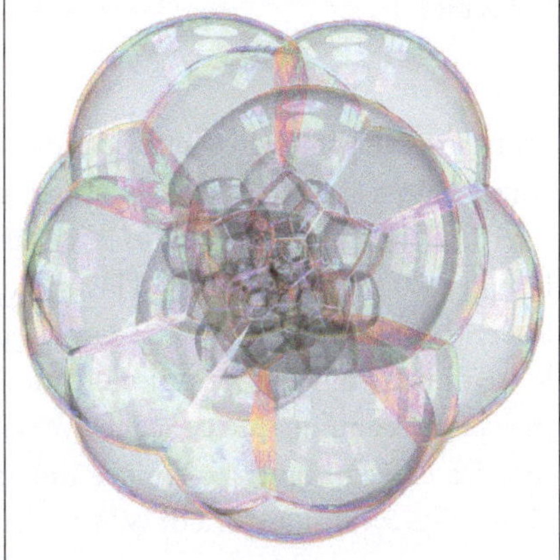

Fig. 4. Questo raggruppamento di 119 bolle è la proiezione stereografica dell'iperdodecaedro o 120-celle, un politopo regolare in quattro dimensioni. Una delle sue 120 celle dodecaedriche che si proietta verso la regione esterna infinita. Le altre sono disposte in sette strati simmetrici attorno a una piccolissima bolla centrale (© John Sullivan)

Fig. 5. La schiuma di Kelvin (a sinistra) riempie lo spazio con celle congruenti, ottaedri troncati disposti in un reticolo cubico a corpo centrato. La schiuma di Weaire-Phelan (a destra) riduce l'area utilizzando forme diverse di celle, di egual volume ma differente pressione. Queste celle si incastrano secondo un modello cristallino chiamato A15, che si trova nelle leghe di metalli di transizione (© John Sullivan)

graficamente proiettato nello spazio ordinario. Il risultato, mostrato in Fig. 4, è un complicato e simmetrico raggruppamento di 119 bolle [16].

Una schiuma, per esempio la schiuma da barba o la schiuma del detersivo nel lavello della cucina quando si lavano i piatti, è come un raggruppamento di molte bolle. Matematicamente è più semplice considerare schiume infinite, periodiche nelle tre dimensioni che riempiono tutto lo spazio. Lord Kelvin [20] ricercò la schiuma con l'area minore le cui celle avessero tutte lo stesso volume. La soluzione simmetrica che egli ipotizzò rimase imbattuta per oltre un secolo dalla sua introduzione (Fig. 5): la struttura di Weaire-Phelan [23] combina due forme diverse di celle e ottiene una minore area media della superficie per bolla [11].

Eversioni di sfere con l'energia di Willmore

Un filo rigido di metallo può essere piegato nello spazio, ma poi ritorna di scatto alla sua forma diritta originaria. La sua energia elastica in una data configurazione è pro-

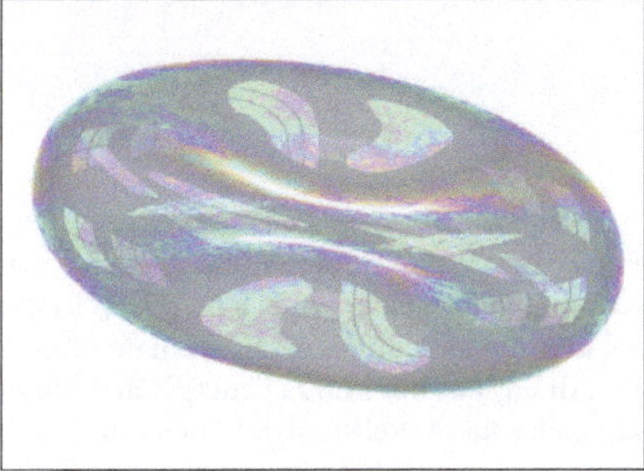

Fig. 6. Questa forma è stata ottenuta minimizzando l'energia di Willmore per valori costanti di area di superficie e di volume racchiuso. Le membrane cellulari probabilmente minimizzano questa stessa energia, e infatti questa immagine ricorda un globulo rosso del sangue (© John Sullivan)

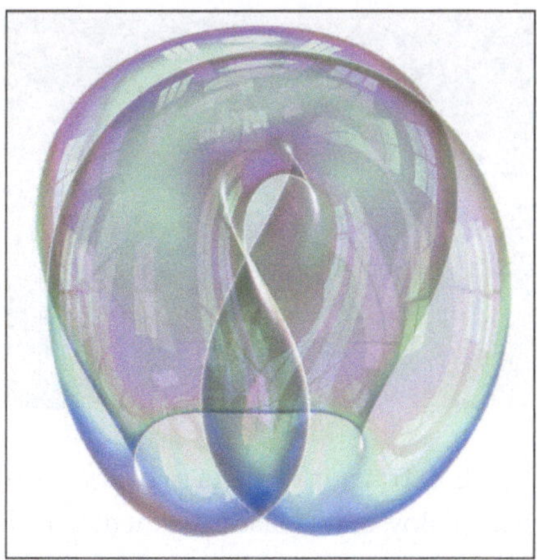

Fig. 7. Questo punto di sella per l'energia di Willmore è ottenuto da una superficie minima completa con quattro estremali piatte con una trasformazione di Möbius (inversione in una sfera). In un certo senso è coniugato della superficie di Morin della Fig. 10 (© John Sullivan)

porzionale all'integrale della curvatura al quadrato (analogamente alla legge di Hooke per cui l'energia di una molla è proporzionale allo spostamento al quadrato). L'energia di flessione elastica corrispondente per le superfici ha diverse forme che sono equivalenti per il teorema di Gauss-Bonnet: la più comune è l'energia di Willmore (si veda [13, 22]), l'integrale W della curvatura media quadrata. In termini fisici, molti doppi foglietti lipidici, come le membrane biologiche cellulari, sembrano minimizzare questa energia. Per esempio, minimizzare W e allo stesso tempo mantenere costanti l'area e il volume racchiuso può condurre a forme come quella dei globuli rossi (Fig. 6).

Dal punto di vista matematico, è interessante anche considerare W per superfici immerse, cioè per superfici che possono auto-intersecarsi, ma che devono rimanere lisce senza pieghe, angoli o strappi. La sfera nella Fig. 7 è immersa in una maniera complicata, il che rende difficile riconoscerla come sfera, ma tale forma è un punto stazionario (punto di sella) per l'energia di Willmore.

Le superfici immerse sono fondamentali per definire l'eversione di una sfera (si veda [18]). Per rivoltare una sfera fisicamente, dobbiamo fare un buco nella sfera, far passare il resto della superficie attraverso il buco (come quando si rigira un calzino) e infine chiudere il buco. Dal punto di vista matematico, il problema interessante è farlo senza un buco: la superficie deve essere sempre una sfera liscia, ma le è consentito di essere immersa con auto-intersezioni. Un foglio di superficie può passare attraverso un altro (come un fantasma attraverso un muro) senza alterare l'integrità della sfera. Dopo che Smale ha dimostrato in maniera astratta che l'eversione di una sfera è possibile, altri matematici hanno impiegato anni per trovarne le prime eversioni esplicite.

Fig. 8. Tom Willmore all'istituto di ricerca matematica presso Oberwolfach nel 1998, ritratto a fianco di una scultura metallica di una superficie di Boy che minimizza l'energia di Willmore, realizzata con fettucce di lamiera di acciaio fissate insieme (© John Sullivan)

Una strategia è quella di utilizzare un piano proiettivo, immerso come la superficie di Boy, in una fase intermedia. In altre parole, nel mezzo dell'eversione, immergiamo la sfera in modo tale che ogni coppia di punti antipodali costituisca un unico punto nello spazio: due fogli di superficie giacciono sempre esattamente l'uno sull'altro. Per realizzare tale eversione, prendiamo i due fogli e li stacchiamo tirandoli in direzioni opposte, semplificando il risultato fino a ottenere una sfera rotonda. L'idea delle *eversioni minimax* [7] è di effettuare la semplificazione in maniera automatica minimizzando l'energia di flessione W. Ciò risulta in forme che sono più piacevolmente arrotondate che nelle eversioni precedentemente realizzate

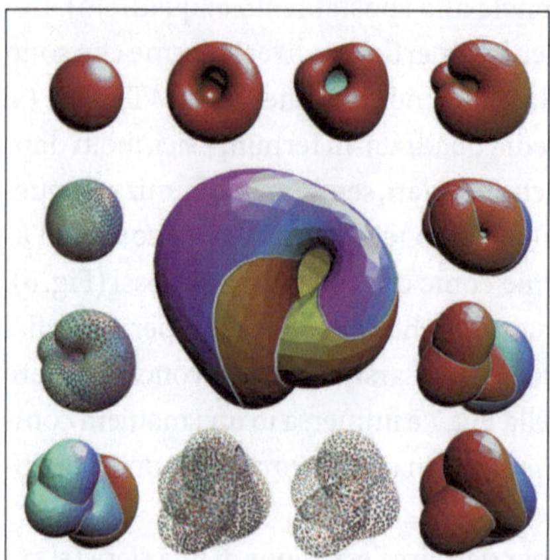

Fig. 9. La triplice eversione minimax comincia con la sfera rossa in alto a sinistra e continua in senso orario. L'immagine più grande al centro e le due immagini sotto sono vicine alla fase intermedia, dove abbiamo una doppia copertura della superficie di Boy che minimizza l'energia di Willmore (© John Sullivan)

Fig. 10. Una superficie di Morin è una sfera immersa con quattro lobi interscambiati da simmetria rotazionale, due che mostrano la superficie interna (blu) e due che mostrano quella esterna (rosso). È stata descritta da Morin come la fase intermedia della più semplice eversione della sfera possibile. Questa immagine mostra una superficie di Morin che minimizza l'energia di Willmore. I tubi bianchi sottolineano le curve di auto-intersezione (© John Sullivan)

a mano, equivalenti dal punto di vista topologico. La fase intermedia in una eversione minimax è un punto di sella per W, per esempio la superficie di Boy che minimizza l'energia di Willmore, rappresentata anche da una grande scultura metallica (Fig. 8) presso l'istituto di ricerca matematica di Oberwolfach, Germania [10].

Abbiamo simulato numericamente le eversioni minimax, e le animazioni risultanti sono state proposte nel nostro video "The Optiverse" [14], proiettato per la prima volta al Congresso Internazionale dei Matematici del 1998 à Berlino. La triplice eversione, passando per la superficie di Boy Willmore, è mostrata nella Fig. 9.

La più semplice duplice eversione minimax utilizza una superficie di Morin che minimizza l'energia di Willmore (Fig. 10) in una fase intermedia. Questa sfera immersa possiede quattro lobi e una rotazione di 90 gradi scambia l'interno con l'esterno. Il nome della superficie deriva dal matematico cieco francese Bernard Morin che l'ha descritta in termini topologici per una delle prime eversioni esplicite di sfera [6]. Per mostrargli l'aspetto della nostra versione della superficie di Morin che minimizza l'energia di Willmore, gli abbiamo presentato un modello creato con

Fig. 11. Bernard Morin, ritratto in occasione di una conferenza sull'arte e la matematica presso Maubeuge, Francia, nel 2000, mentre esplora la geometria di una superficie di Morin che minimizza l'energia di Willmore, costruita per mezzo di una stampante stereolitografica a partire direttamente dai dati del computer (© John Sullivan)

Fig. 12. Abbiamo simulato le eversioni minimax al computer utilizzando superfici poliedriche con migliaia di facce triangolari. Per visualizzare le fasi intermedie di un'eversione, possiamo rimuovere la parte centrale di ogni triangolo per vedere attraverso la superficie ed enfatizzare le doppie curve di auto-intersezione con tubi bianchi (© John Sullivan)

Fig. 13. Questa superficie di Morin (a sinistra), intagliata nella neve con un'altezza di 4 metri, ha vinto una menzione speciale per la "scultura più ambiziosa" ai Campionati internazionali di sculture nella neve a Boulder, Colorado nel gennaio 2004. L'anno successivo il nostro team ha utilizzato i nodi come altra fonte di interessanti sculture matematiche, scolpendo un nodo (a destra) descrivibile in termini matematici a partire dal nodo a trifoglio (un nodo del cavo avvolto due volte (© John Sullivan)

Fig. 14. La configurazione intrecciata degli anelli Borromei presenta una simmetria piritoedrica, essendo ogni componente una curva piana liscia a tratti, descritta in parte da integrali ellittici. Queste diverse rappresentazioni sono tratte dal video "The Borromean Rings" [8, 9], proiettato per la prima volta al Congresso Internazionale dei Matematici di Madrid nel 2006 (© John Sullivan)

una stampante 3D direttamente dai dati del computer, in maniera che egli potesse esplorarlo con le sue dita come mostrato nella Fig. 11. La duplice eversione minimax si accorda in termini topologici con l'eversione di Morin, e data la sua relativa semplicità, la possiamo comprendere bene in "The Optiverse" visualizzando le fasi intermedie, che appaiono come in Fig. 12.

Con un equipe guidata da Stan Wagon, abbiamo anche intagliato una grande superficie di Morin (anche se non la versione di Willmore) nella neve (Fig. 13) ai Campionati internazionali di sculture nella neve del 2004. L'anno seguente abbiamo partecipato di nuovo con la scultura di un nodo matematico.

Nodi stretti

La teoria dei nodi è la branca della matematica che si occupa di dare una classificazione topologica dei nodi – curve semplici chiuse nello spazio – considerando quali curve possono essere deformate l'una nell'altra senza incrociarsi. La teoria geometrica dei nodi cerca legami tra la complessità topologica di un nodo e la complessità geometrica di una curva nello spazio che realizza quel tipo di nodo. Un'idea, con possibile rilevanza per nodi fisici realizzati con una corda, è quella di considerare nodi e link stretti ottenuti da una corda di sezione fissa rotonda, allacciata stretta per minimizzare la lunghezza della corda necessaria. Sebbene siano note alcune teorie di base per questo problema [4], solo pochi nodi stretti – in cui ogni componente è una curva piana come negli anelli Borromei – sono stati descritti esplicitamente [3]. Questa configurazione intrecciata degli anelli Borromei, vista lungo l'asse della triplice simmetria, è stata scelta come logo (Fig. 15) dell'Unione Matematica Internazionale (IMU).

Alcuni nodi perdono la simmetria quando vengono allacciati stretti, o quando minimizzano altre energie di nodi geometrici. Per esempio, il nodo torico $(3, 4)$ ha configurazioni con simmetria perfetta triplice o quadrupla. Ma se minimizziamo una certa energia di nodi carica-repellente corrispondente al potenziale di Coulomb,

Fig. 15. Il nuovo logo della IMU, scelto con un concorso internazionale, è una rappresentazione con una triplice simmetria degli anelli Borromei (© John Sullivan)

Fig. 16. Il nodo torico $(3, 4)$ in una configurazione che minimizza l'energia rompe la sua simmetria e si mostra come due nodi intrecciati l'uno sopra l'altro: è stato chiamato il "nodo del vero amore" (© John Sullivan)

Fig. 17. Un'immagine stereoscopica della configurazione (presumibilmente) stretta del nodo a turbante 8_{18}, creata da Charles Gunn. L'immagine centrale è per l'occhio destro: per vedere l'effetto stereoscopico, si guardi la coppia a sinistra divergendo gli occhi oppure la coppia destra convergendo gli occhi (© John Sullivan)

tale simmetria si rompe come in Fig. 16. Il nodo poi si rivela come un intreccio di due nodi a trifoglio.

Mentre non è esplicitamente noto nessun nodo stretto di un singolo componente, le simulazioni numeriche mostrano alcuni casi, come il nodo a turbante in Fig. 17, che mantengono la loro simmetria, con elementi geometricamente simili a quelli che si ritrovano negli anelli Borromei.

Visualizzare matematica e arte

Abbiamo visto una serie di problemi di ottimizzazione geometrica e abbiamo visto come le loro soluzioni spesso presentino forme gradevoli. Ma se vogliamo raffigurarle, sia come sculture tridimensionali sia come immagini bidimensionali, vi sono delle difficoltà a causa della loro complessità. Curve e superfici matematicamente interessanti spesso hanno molte strutture interne nascoste: le fasi intermedie dell'eversione di una sfera hanno auto-intersezioni complicate, le schiume riempiono lo spazio con bolle che si toccano, e i vari fili in un nodo o link intrecciato si spingono l'uno contro l'altro.

Molte delle immagini in questo articolo raffigurano superfici trasparenti. Si tratta di elaborazioni di computer grafica realizzate con il software RenderMan della Pixar, che usano lo shader fatto su misura per le pellicole di sapone [1] che ho programmato utilizzando le leggi di Fresnel dell'ottica delle pellicole sottili. In particolare, la trasparenza di una pellicola di sapone è molto minore quando la si guarda obliquamente; questa caratteristica non è presente nella maggior parte degli algoritmi semplici di computer grafica per la trasparenza. Spesso, abbiamo scurito artificialmente le superfici trasparenti, allo scopo di mostrare meglio quali fogli di superficie si trovano davanti gli altri.

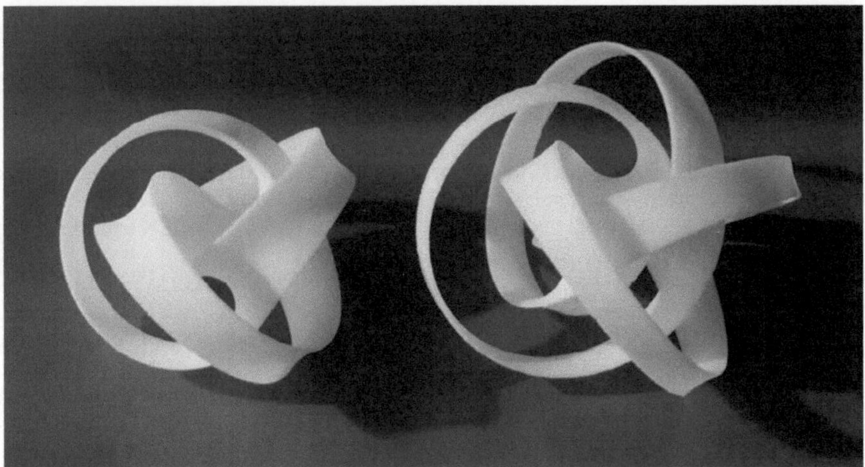

Fig. 18. Le sculture *Minimal Flower 3* e *Minimal Flower 4* rappresentano superfici minime il cui bordo è una curva annodata (© John Sullivan)

In molti casi, la geometria raffigurata deriva da simulazioni numeriche che utilizzano il software *Evolver* di Ken Brakke [2]. Sebbene questo programma sia stato originariamente progettato per la minimizzazione dell'area, come nei problemi dei raggruppamenti di bolle, l'*Evolver* è stato ampliato per minimizzare molte altre energie geometriche, comprese le energie di flessione elastica e le energie dei nodi che abbiamo discusso. Per la maggior parte dei problemi qui descritti, la teoria matematica è rimasta indietro rispetto alle simulazioni numeriche, e ci sono molti interessanti problemi aperti relativi alla dimostrazione dell'accuratezza di tali immagini. L'interazione tra le simulazioni numeriche (con visualizzazioni) da un lato e dimostrazioni rigorose dall'altro è ciò che permette il progresso su entrambi i fronti.

I principi di ottimizzazione possono essere usati anche per progettare opere d'arte matematiche che vanno oltre le immagini create primariamente a scopi di visualizzazione. Le mie sculture matematiche *Minimal Flower 3* e *Minimal Flower 4*, mostrate nella Fig. 18, mettono insieme le idee di superfici minime e nodi, e sono ispirate all'opera di Brent Collins. Il primo passo per la loro creazione [19] è progettare una curva annodata per il bordo con la triplice o quadrupla simmetria desiderata e creare una superficie grossolana avente la topologia corretta con questa curva come bordo. Poi *Evolver* può essere utilizzato per minimizzare l'area di questa superficie estesa finché non raggiunge la geometria di una pellicola di sapone. Qui dobbiamo stare attenti a mantenere la simmetria, perché le superfici desiderate sono lamine di sapone instabili, non superfici che minimizzano l'area. L'effetto estetico viene migliorato se lavoriamo nel disco iperbolico di Poincaré, che accentua la sezione a forma di U degli anelli esterni. Infine, alla superficie matematica deve essere dato uno spessore rastremato per creare la scultura fisica.

Bibliografia

[1]   F.J. Almgren, J.M. Sullivan (1992) Visualization of soap bubble geometries, *Leonardo* 24:3/4, 267-271 e Color Plate C, ristampato in [5]

[2]   K.A. Brakke (1992) The Surface Evolver, *Experimental Mathematics* 1:2, 141-165

[3]   J. Cantarella, J. Fu, R. Kusner, J.M. Sullivan, N. Wrinkle (2006) Criticality for the Gehring link problem, *Geometry and Topology* 10, 2055-2115, arXiv.org/math.DG/0402212

[4]   J. Cantarella, R.B. Kusner, J.M. Sullivan (2002) On the minimum ropelength of knots and links, *Inventiones Math.* 150:2, 257-286, arXiv:math.GT/0103224

[5]   M. Emmer (a cura di) (1993) *The Visual mind: Art and mathematics*, MIT Press, Cambridge (Mass.)

[6]   G. Francis, B. Morin (1979) Arnold Shapiro's eversion of the sphere, *Math. Intelligencer* 2, 200-203

[7]   G. Francis, J.M. Sullivan, R.B. Kusner, K.A. Brakke, C. Hartman, G. Chappell, The minimax sphere eversion, in: H.-C. Hege, K. Polthier (a cura di) (1997) *Visualization and Mathematics*, Springer-Verlag, Heidelberg, 3-20

[8]   C. Gunn, J.M. Sullivan (2008) The Borromean rings: A new logo for the IMU, in: *MathFilm Festival 2008*, Springer-Verlag; comprende un video di 5 minuti

[9]   C. Gunn and J.M. Sullivan (2008) *The Borromean rings: A video about the new IMU logo*, Bridges Proceedings (Leeuwarden), 63-70

[10] H. Karcher and U. Pinkall (1997) Die Boysche Fläche in Oberwolfach, *Mitteilungen der DMV* 97:1, 45-47

[11] R. Kusner, J.M. Sullivan (1996) Comparing the Weaire-Phelan equal-volume foam to Kelvin's foam, *Forma* 11:3, 233-242, ristampato in [21]

[12] F. Morgan (2001) Proof of the double bubble conjecture, *Amer. Math. Monthly* 108:3, 193-205

[13] U. Pinkall, I. Sterling (1987) Willmore surfaces, *Math. Intelligencer* 9:2, 38-43

[14] J.M. Sullivan, G. Francis, S. Levy, The Optiverse, in: H.-C. Hege, K. Polthier (a cura di) (1998) *VideoMath Festival at ICM'98*, Springer-Verlag; comprende un video di 7 minuti, torus.math.uiuc.edu/optiverse/

[15] J.M. Sullivan, F. Morgan (a cura di) (1996) Open problems in soap bubble geometry, *Int'l J. of Math.* 7:6, 833-842

[16] J.M. Sullivan (1991) Generating and rendering four-dimensional polytopes, *The Mathematica Journal* 1:3, 76-85

[17] J.M. Sullivan, The geometry of bubbles and foams, in: N. Rivier, J.-F. Sadoc (a cura di) (1998) *Foams and Emulsions*, NATO Advanced Science Institute Series E: Applied Sciences, Kluwer, Dordrecht, vol. 354, 379-402

[18] J.M. Sullivan (1999) *"The Optiverse" and other sphere eversions*, Bridges Proceedings (Winfield), 265-274, arXiv:math.GT/9905020

[19] J.M. Sullivan (2010) *Minimal flowers*, Bridges Proceedings (Pécs), 395-398

[20] W. Thompson (Lord Kelvin) (1887) On the division of space with minimum partitional area, *Philos. Mag.* 24, 503–514, pubblicato anche in *Acta Math.* 11, 121-134, ristampato in [21]

[21] D. Weaire (a cura di) (1997) *The Kelvin problem*, Taylor & Francis, London

[22] T.J. Willmore (1992) A survey on Willmore immersions, in: *Geometry and Topology of Submanifolds*, IV (Leuven, 1991), World Sci. Pub., 11-16

[23] D. Weaire, R. Phelan (1994) A counter-example to Kelvin's conjecture on minimal surfaces, *Phil. Mag. Lett.* 69:2, 107-110, ristampato in [21]

Matematica e teatro

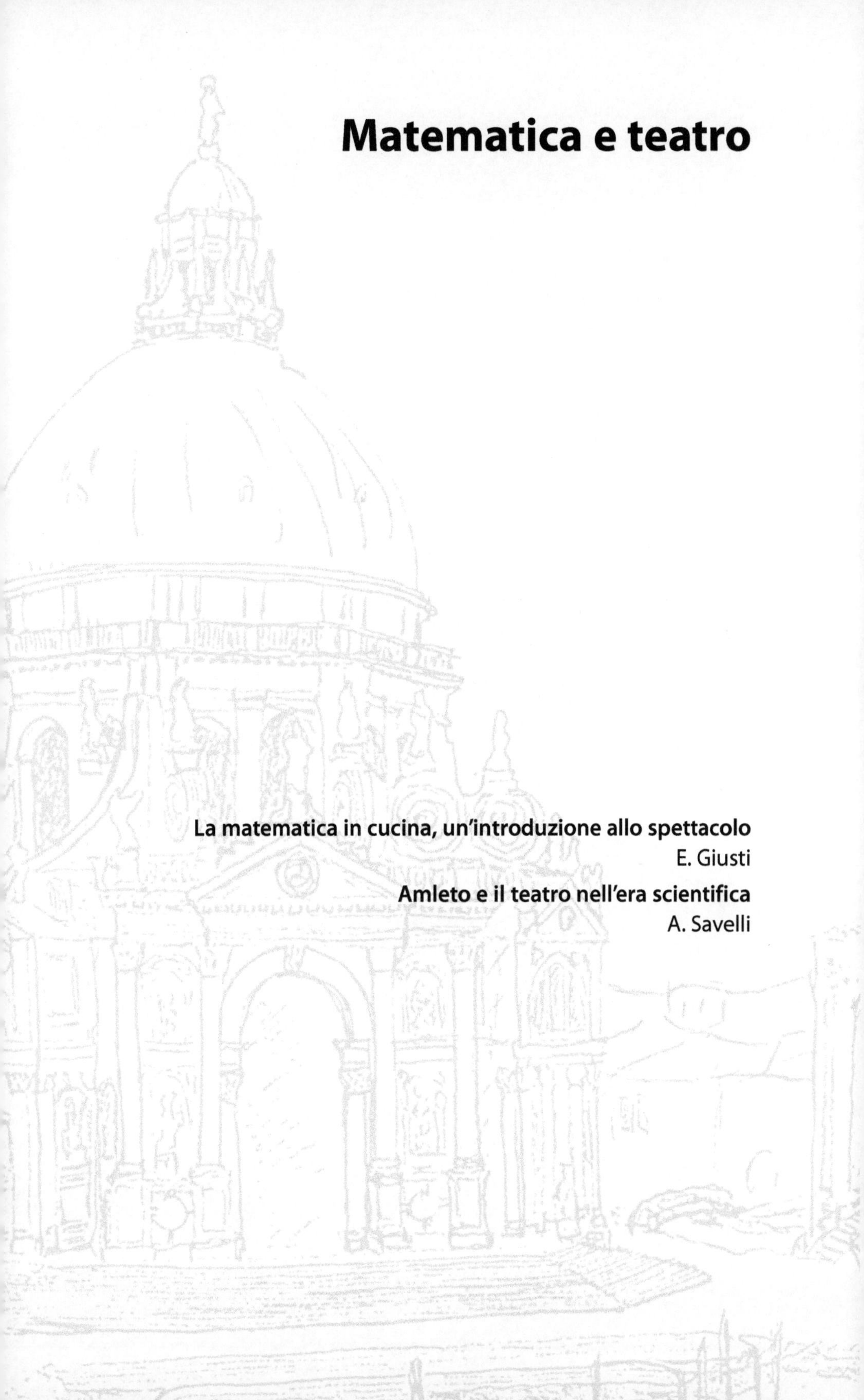

La matematica in cucina, un'introduzione allo spettacolo
E. Giusti

Amleto e il teatro nell'era scientifica
A. Savelli

La matematica in cucina, un'introduzione allo spettacolo

di Enrico Giusti

La matematica in cucina

La matematica in cucina, il libro da cui Angelo Savelli ha tratto l'esilarante spettacolo teatrale che abbiamo visto anche durante l'edizione 2010 di *Matematica e Cultura* – un'operazione per molti versi impensabile, trarre uno spettacolo da un testo, per quanto divulgativo, pur sempre di matematica – la matematica in cucina, dunque, nasce dall'esigenza di far uscire la matematica dalle conversazioni degli specialisti e di farla emergere da oggetti e situazioni che sperimentiamo tutti i giorni senza nemmeno pensare che tra pentole e fornelli possa celarsi e per così dire materializzarsi una disciplina che da molti è percepita come l'archetipo dell'astrazione, lontana quanto più possibile dal mondo concreto e materiale della cucina.

Mi sembra inutile parlare del libro da cui ha tratto origine; inutile e pericoloso, perché nessuna esposizione, per quanto si possa tentare di renderla leggera e accattivante, potrà mai competere con la spontaneità e la vivacità di un testo messo in scena. Ricorderò solo l'ambiente in cui si svolge: due personaggi, il matematico e il profano, occupati nelle operazioni quotidiane della cucina – pelare le patate, aprire scatole, riempire d'acqua una pentola – guardano al di là delle evidenti apparenze e scoprono un mondo soggiacente di idee e metodi matematici, da cui i movimenti consueti dipendono e sono regolati. Così la cucina, pur rimanendo sempre il luogo dei sapori e del gusto, assume anche una nuova dimensione, nella quale appare in filigrana una rete di relazioni e strutture matematiche che emerge dalle operazioni e occupazioni quotidiane.

In questo ambiente arricchito, l'assottigliarsi del getto del rubinetto si apparenta con il traffico stradale e con la regolazione del corso dei fiumi; la pendenza del cono di farina pronto per essere tramutato in tagliatelle rinvia alle piramidi dell'antico Egitto; il funzionamento degli interruttori modella le operazioni della logica matematica; una gara di pelatura delle patate svela le relazioni tra il volume di un corpo e l'area della sua superficie e introduce ai problemi isoperimetrici; uno schiaccianoci o una molletta per il bucato materializzano la legge della leva.

Tutto questo, o almeno molto di questo – non tutto quello che si può dire, specie in matematica, si può anche mettere in scena, e poi uno spettacolo ha i suoi tempi e i suoi ritmi – si trova e si sperimenta in scena. Nel frattempo, possiamo deviare un po' lo sguardo e chiederci: perché la cucina? Perché non invece il salotto, il bagno, la camera da letto (come suggeriva un celebre collega proponendomi un possibile *sequel* a luci rosse), la cantina? Qui il discorso si fa più serio, e richiede di dirigere l'attenzione verso un aspetto più profondo: come si formano e di che natura sono gli oggetti della matematica? Da dove vengono quegli oggetti ideali, rette, cerchi, equazioni, figure geometriche, che solo a volte e imperfettamente hanno dei corrispettivi negli oggetti naturali?

Da dove vengono gli oggetti matematici?

Una risposta, ora a dire la verità piuttosto obsoleta, è che questi oggetti abbiano una loro esistenza oggettiva, "stiano da qualche parte", e che noi li scopriamo come un viaggiatore scopre terre nuove e inesplorate, che comunque erano lì indipendentemente da lui e che avrebbero in ogni caso avuto una loro esistenza anche se nessuno le avesse mai visitate. Si tratta di una concezione ancora relativamente diffusa tra i matematici, e che è ben descritta in una lettera di Hermite a Stieltjes:

> … io credo che i numeri e le funzioni dell'Analisi non siano il prodotto arbitrario del nostro spirito; penso che essi esistano al di fuori di noi con lo stesso carattere di necessità delle cose della realtà oggettiva, e che noi li incontriamo, li scopriamo, e li studiamo come i fisici, i chimici e gli zoologi.[1]

Più diffusa è oggi una concezione che si potrebbe chiamare naturalistica: gli oggetti matematici sono idealizzazioni di oggetti comuni, reali, dei quali rappresentano l'essenza, depurata dalle varietà e dalle imperfezioni della materia, ma che da questa realtà traggono la loro giustificazione e il loro fondamento. Così Galileo, che a Simplicio fa osservare come:

> … queste sottigliezze matematiche son vere in astratto, ma applicate alla materia sensibile e fisica non rispondono: perché dimostreranno ben i mattematici con i lor principii, per esempio, che *sphaera tangit planum in puncto*; ma come si viene alla materia, le cose vanno per un altro verso. [1, p. 229]

---

[1] 13 maggio 1894. *Corréspondance d'Hermite et de Stieltjes*, Gauthier-Villars, Parigi 1905, tomo II, p. 398.

Fa rispondere da Salviati che:

> ... anco in astratto una sfera immateriale, che non sia sfera perfetta, può tocca-
> re un piano immateriale, che non sia piano perfetto, non in un punto, ma con
> una parte della superficie; talché quello che accade in concreto, accade anco in
> astratto: e sarebbe ben nuova cosa che i computi e le ragioni fatte in numeri astrat-
> ti non rispondessero poi alle monete d'oro e d'argento e alle mercanzie in con-
> creto. [1, p. 233]

Caduta in disuso dopo che lo sviluppo della matematica aveva prodotto una quantità di oggetti (gruppi, numeri complessi, spazi a più dimensioni) privi di un qualsiasi corrispettivo naturale, questa concezione ha acquistato nuovo vigore dopo che
la ricerca sui fondamenti della matematica ha operato una riduzione di tutti gli oggetti matematici a un solo principio: gli insiemi. Le due cose vanno spesso insieme; per esempio Penelope Maddy, per cui

> l'indipendenza metodologica delle varie parti della matematica dalla teoria de-
> gli insiemi non significa che debbano esistere entità matematiche diverse dagli
> insiemi, [2, p. 5]

afferma che quando Steve, a cui servono due uova per una certa ricetta, apre il fri-
gorifero e vede che la scatola delle uova ne contiene tre, quello che ha effettivamente visto è un insieme di tre uova[2].

Sugli insiemi torneremo più tardi; dopo aver posto l'ipotesi naturalistica alla prova su oggetti molto più antichi, il cerchio e la sfera. Dice Euclide:

> Il cerchio è una figura piana racchiusa da una linea, detta circonferenza, tale che
> le rette tirate da un punto interno ad essa sono tutte uguali. [3, Definizione I, 15]

Già questa definizione potrebbe gettare seri dubbi sul suo naturalismo; non c'è traccia degli oggetti "quasi circolari" da cui essa deriverebbe, e che richiederebbe almeno un cenno al loro carattere fondamentale: la rotondità. Ma a parte ciò, è
chiarificante il confronto con la definizione euclidea di sfera. Uno si aspetterebbe
una generalizzazione a tre dimensioni della definizione precedente; per esempio
del tipo:

> La sfera è una figura solida racchiusa da una superficie, detta superficie sferi-
> ca, tale che le rette tirate da un punto interno ad essa sono tutte uguali.

---

[2] [2], p. 58: "My claim is that Steve has perceived a set of three eggs".

Invece la definizione di Euclide è:

> La sfera è una figura racchiusa da una semicirconferenza che gira attorno al diametro fino a tornare al luogo da cui era partita. [3, Definizione XI, 14]

Come non vedere in ambedue le definizioni la traccia della generazione dei due oggetti: cerchio e sfera? Per il primo, seguendo le operazioni degli "arpedonapti" egizi, si legherà l'estremità di una corda a un picchetto *piantato in terra e poi, tenendola ben tesa, si girerà intorno con un altro picchetto in modo che tutti i punti* della circonferenza siano alla stessa distanza.

Questa procedura non funziona per la sfera, che essendo una superficie non potrà essere descritta dal moto di un punto (l'estremo libero della corda) ma richiede quello di una linea, per l'appunto la semicirconferenza che gira intorno al suo diametro.

Possiamo allora avanzare una diversa risposta al problema dell'origine degli oggetti matematici: che essi siano non un'idealizzazione di oggetti reali, ma piuttosto una *oggettualizzazione di procedure*; quella dell'ingegnere che descrive una circonferenza con picchetti e corde, o dell'artigiano che tornisce una sfera facendo ruotare una semicirconferenza[3].

Oltre che essere maggiormente aderente al testo euclideo, la nostra proposta ha il non trascurabile vantaggio di render conto anche degli oggetti più astratti della matematica. Infatti se la matematica più arcaica si fonda soprattutto sulle procedure fisiche degli ingegneri e degli artigiani, la matematica moderna si alimenta e si accresce di nuovi oggetti grazie soprattutto alle procedure dimostrative. Sono le dimostrazioni che introducono nuove idee e tecniche, che in seguito potranno diventare essi stessi oggetti di studio, e corrispondentemente tramutarsi da metodi dimostrativi a oggetti matematici. Il procedimento di formazione è descritto minuziosamente per una serie di casi nel mio saggio e sarebbe inutile, oltre che praticamente impossibile, sintetizzarlo qui in poche righe. Basterà accennare a tre fasi che usualmente accompagnano la creazione di un oggetto: *strumento di ricerca*, soprattutto in quanto tecnica dimostrativa; *oggetto di studio*, allo scopo di individuarne le caratteristiche che lo rendono efficace; *soluzione di problemi*, che altrimenti sarebbero rimasti aperti per mancanza di candidati alla loro soluzione. Un tipico esempio di questo processo è costituito dall'emergere della *curva-equazione* in Descartes: le curve date da un'equazione che lega due variabili sono *soluzioni di problemi*, in particolare consentono di risolvere nella completa generalità il problema di Pappo; sono *oggetti di studio*, soprattutto per quanto riguarda la determinazione delle tangenti; sono *strumenti di ricerca* dato che le loro intersezio-

---

[3] Sull'origine operativa degli oggetti matematici si veda [4].

ni permettono di risolvere equazioni di grado arbitrario. A questi tre aspetti, Descartes dedica i tre libri della sua *Géométrie*.

Per inciso, la nostra proposta permette anche di dare una risposta a un problema spesso agitato senza che si sia mai giunti a una soluzione definitiva: la matematica si inventa o si scopre? I suoi oggetti sono invenzioni libere o preesistono alla loro scoperta? La risposta, coerentemente con quanto abbiamo detto fin qui, è: *si inventa e si scopre*. Ma attenzione: non simultaneamente. Prima un oggetto si inventa, non come oggetto, ma come dimostrazione innovativa ed efficace. Poi, una volta che le sue caratteristiche sono fissate dall'uso che se ne è fatto, viene studiato e formalizzato; in questa fase si scopre come oggetto. Così si può recuperare almeno in parte la posizione di Hermite: se gli oggetti matematici "li incontriamo, li scopriamo, e li studiamo come i fisici, i chimici e gli zoologi" è perché essi sono stati precedentemente inventati come dimostrazioni; la scoperta riguarda solo e unicamente la fase di oggettualizzazione.

Come abbiamo detto, la riduzione – una riduzione logica, sia ben chiaro, non fisiologica – della matematica alla teoria degli insiemi ha ridato fiato a una concezione naturalistica che sembrava sepolta dall'emergere di un gran numero di oggetti matematici astratti, privi cioè di legami con la realtà fisica. In questa visione, un insieme è una sorta di cassetto ideale, un'astrazione che ha le sue basi naturali in scatole di uova e involti di monete, che nella prassi matematica perdono la loro specificità e soprattutto la loro finitezza per diventare ideali e infiniti, gli unici insiemi che abbiano rilevanza in matematica.

Al loro apparire, gli insiemi infiniti sono visti essenzialmente come paradossi: Galileo osservava come i numeri pari (o addirittura i quadrati e i cubi) si possono mettere in corrispondenza biunivoca con tutti i numeri, argomentando che tra gli insiemi infiniti non si può dire se uno sia maggiore di un altro. Questi paradossi, a cui Bolzano dedicherà un intero libriccino, verranno in parte risolti da una teoria articolata della cardinalità, e in parte accantonati come irrilevanti. Nel momento in cui si tratta di definire enti fondamentali come i numeri interi, Dedekind non esiterà a introdurre, senza alcuna precauzione e guidato solo dall'esperienza quotidiana, insiemi arbitrari:

In seguito intenderò per un *oggetto* ogni oggetto del nostro pensiero. [...] Ogni oggetto è completamente determinato da tutto quello che di esso può essere detto e pensato. Avviene assai spesso che diversi oggetti a, b, c, [...] considerati per qualche ragione sotto un medesimo punto di vista, vengano idealmente messi insieme, e allora si dice che essi formano un *sistema* S. [5, pp. 27-28]

Similmente Cantor definisce un insieme come:

... un raggruppamento in un tutto unico di oggetti ben distinti della nostra intuizione o del nostro pensiero. [6, p. 282]

Naturalmente in entrambi i casi si tratta di insiemi infiniti, dei quali Dedekind pretenderà anche di dimostrare l'esistenza, utilizzando la sua definizione[4], e costruendoli non a partire da oggetti reali, necessariamente finiti, ma da oggetti del pensiero:

> Il sistema S di tutte le cose che possono essere oggetto del mio pensiero è infinito. Invero, se *s* è un elemento di *S*, allora il pensiero *s'* che *s* può essere oggetto del mio pensiero è esso stesso un elemento di *S*. Se si considera *s'* come immagine f(*s*) dell'elemento *s*, allora la rappresentazione f di *S* così definita godrà della proprietà che l'immagine *S'* è una parte di *S*, e sarà precisamente una parte propria di *S*, perché vi sono elementi in *S* (per esempio il mio proprio Io) che sono distinti da ogni simile pensiero *s'*, e che perciò non sono contenuti in *S'*. [5, p. 52]

Si sa come poi sia andata a finire: questa nozione ingenua di insiemi, ai quali venivano via via attribuite proprietà e sui quali erano compiute operazioni senza alcuna giustificazione che non fosse quella implicita di una aderenza alla prassi quotidiana, porta diritti a paradossi e antinomie. Dalle quali non si esce se non abbandonando il legame con scatole e barattoli e ricavando le proprietà degli insiemi non da estensioni delle manipolazioni elementari, ma dall'analisi delle dimostrazioni nelle quali erano coinvolti. Per dirla con Dieudonné, "un insieme non è lo scaffale di un magazzino dal quale si scelgono degli oggetti".

Ma che c'entra la cucina?

In effetti, pare che ci siamo molto allontanati dal nostro tema iniziale: perché in cucina c'è molta più matematica di quanta non si trovi in salotto o in camera da letto? Ma poi, pensandoci un po', e soprattutto ritornando alla generazione dei primi oggetti matematici, rette, cerchi e perché no? curve o superfici, il legame diventa meno oscuro. Se è vero che gli oggetti matematici non vengono da astrazioni da oggetti naturali, ma da oggettualizzazione di procedure, allora è naturale aspettarsi di trovarli non in depositi di oggetti (come sono il salotto o la stanza da pranzo), ma dove si opera e si lavora. In un'officina, per esempio. O appunto nell'officina della casa: la cucina. E, si badi bene, non perché in cucina ci siano piatti che rimandano ai cerchi o bicchieri che suggeriscono forme cilindriche. Queste sono sì forme matematiche, ma riguardano una matematica morta, che ha lasciato la sua impronta su oggetti materiali, è vero, ma senza nessuna necessità. I piatti non devono necessariamente essere rotondi; possono benissimo avere altre forme, per esempio qua-

---

4 Per Dedekind, un insieme è infinito se può essere messo in corrispondenza biunivoca con una sua parte propria; finito altrimenti.

drati o esagonali. I bicchieri possono essere dei cilindri, ma anche dei coni o addirittura avere forme più complesse come tronchi di coni o di piramidi.

Al contrario, le semplicissime macchine di cui ci serviamo in cucina: schiaccianoci o cavatappi, rubinetti, interruttori o misuratori di spaghetti, traggono il loro legame con la matematica non dalla loro forma, che può variare come quella dei piatti e dei bicchieri, ma dalla loro funzione, e questa è sempre la stessa, indipendentemente dalla materia di cui sono fatti e dalla forma che gli è stata data per distinguerli da altri prodotti di uguale efficacia e funzionamento. Ed è proprio lì, non negli oggetti ma nei meccanismi, che i due nostri amici Gianni e Pinotto troveranno una matematica per molti versi insospettata, una matematica che dalla cucina si proietta nel mondo esterno scoprendo a volte sorprendenti analogie. Buon divertimento.

Bibliografia

[1]   Galilei, G. (1968) *Dialogo sopra i due massimi sistemi del mondo*, in *Opere di Galileo Galilei*, a cura di A. Favaro, vol. VII, Giunti Barbera, Firenze

[2]   Maddy, P. (1990) *Realism in mathematics*, Clarendon Press, Oxford

[3]   Euclide, *Elementi*, Libro 1

[4]   Giusti, E. (1999) *Ipotesi sulla natura degli oggetti matematici*, Bollati Boringhieri, Torino

[5]   Dedekin, R. (1927) *Essenza e significato dei numeri*, Zanichelli, Bologna

[6]   Cantor, G. (1932) *Gesammelte Abhandlungen*, Springer, Berlin

Amleto e il teatro nell'era scientifica

di Angelo Savelli

Questo articolo costituisce una piccola parte di un più vasto lavoro inedito, dal titolo "Il teorema di Amleto", sul tema a me caro del rapporto tra Scienza e Teatro che mi ha portato in questi ultimi anni a realizzare diversi spettacoli su questo argomento, tra cui "La matematica in cucina" di Enrico Giusti presentato in questa edizione di *Matematica e Cultura*. Lo studio completo è suddiviso in due parti. Nella prima si analizza come il Teatro ha raccontato la Scienza dal Cinquecento a oggi ricavandone cinque tipologie: la satira parascientifica e antiscientifica, la fantascienza, il biografismo, il teatro scientifico e il teatro dell'era scientifica. La seconda è costituita da un repertorio ragionato in ordine cronologico di circa 370 titoli di spettacoli a sfondo scientifico.

Coincidenze e corrispondenze

Anno 1564. A Pisa, in Italia, nasce Galileo Galilei.

Il padre Vincenzo è un insigne musicista e teorico della musica antica. Anche il fratello Michelangelo è maestro di musica in Polonia e a Monaco e lo stesso Galileo è un valente suonatore di liuto e compositore, tanto che quando scopre i satelliti di Giove - quelli che poi dedicherà a Cosimo II dei Medici chiamandoli "Medicea Sidera" - per esprimere la sua incontenibile gioia scrive per l'occasione una canzone dal titolo: "Per le stelle medicee". Il padre, però, preoccupato per l'andamento economico della famiglia, decide d'avviarlo all'esercizio della più lucrativa professione di medico. Ma nel 1587 Galileo abbandona l'università di medicina e si trasferisce a Firenze per dedicarsi completamente agli studi di matematica e fisica.

Da quel momento la storia della scienza occidentale non sarebbe stata più la stessa.

Stesso anno 1564. A Stratford-upon-Avon, in Inghilterra, nasce William Shakespeare.

Suo padre John è un fabbricante di guanti e la madre Mary Arden proviene da una famiglia di piccoli proprietari terrieri. Il giovane William è avviato agli studi di grammatica, retorica e latino. Ma, anche lui, intorno al 1587, a causa di alcuni rovesci finanziari della famiglia, con una moglie e tre figli a carico, interrompe i suoi studi, lascia la cittadina e si trasferisce a Londra dove inizia a lavorare come attore e drammaturgo.

Verrebbe da affermare che anche quest'evento avrebbe profondamente modificato i futuri sviluppi della cultura occidentale; ma ben conoscendo, dal di dentro, i limiti intrinseci e i lenti tempi di penetrazione del teatro, metteremo un freno alla naturale presunzione dei teatranti.

Comunque, anche se è vero che il teatro, a differenza della scienza, della filosofia o della religione, non ha mai provocato grandi rivoluzioni epocali, è però altrettanto vero che non ne ha mai mancata una.

Testimone del tempo, parafrasi del mondo, parodia e anamorfosi della vita, questo effimero intrattenimento ha pur sempre accompagnato l'umanità, fin dai suoi albori, nelle sue improvvise svolte radicali come nei lenti mutamenti sotterranei. Perché, come dice per l'appunto l'*Amleto* di Shakespeare, da me liberamente tradotto:

> Lo scopo del teatro, ieri come oggi, è sempre stato ed è ancora quello di porgere uno specchio al mondo, per aiutare ogni epoca a penetrare lo spirito, la forma e l'impronta del proprio tempo, mostrando il volto virtuoso della verità sotto la maschera viziosa dell'apparenza. [1]

E infatti anche in quegli anni difficili in cui la scienza (grazie anche a Galileo) compiva la sua prima rivoluzione, proponendosi come strumento oggettivo dell'interpretazione dei fenomeni, il teatro (anche grazie a Shakespeare) era lì, come sempre, a porgere il suo specchio al mondo e a testimoniare la nascita dell'era scientifica.

È infatti opinione comune collocare la nascita della scienza moderna tra la fine del XVI e gli inizi del XVII secolo e considerare come figura centrale di questo evento epocale proprio Galileo Galilei. Questo non tanto e non solo per l'emblematica vicenda storica e politica che lo vide protagonista e vittima, o per le sue rivoluzionarie scoperte astronomiche o gli innovativi studi sulla caduta dei gravi, quanto per la fondazione dello statuto dello scienziato moderno basato sul "metodo scientifico", costituito da quattro semplici ma decisivi requisiti:

1. delimitazione del campo d'indagine della ricerca scientifica (la religione dice come si va in cielo e la scienza invece come va il cielo);
2. validità dell'osservazione dei sensi (le "sensate esperienze");
3. trasposizione delle intuizioni empiriche in teorie su basi (perché la lingua in cui è scritto il libro dell'universo è la matematica);
4. effettuazione di esperimenti a convalida delle teorie matematiche (le "dimostrazioni necessarie").

Secondo il metodo di Galileo, solo alla fine di questo rigoroso percorso si potrà parlare di autentica conoscenza scientifica. Ed è a partire da questa "rivoluzione copernicana", non tanto del posizionamento degli astri nel cielo quanto del posizionamento dello scienziato e della scienza stessa all'interno della grande avventura della conoscenza umana, che possiamo parlare di scienza moderna.

Il modo quasi ossessivo con cui il termine "novus" ricorre negli scritti di Galileo e dei pensatori a lui coevi, è il segno della loro coscienza di stare contribuendo alla creazione di qualcosa che rompeva con il passato; una nuova comunità di pari fondata su rigorosi comportamenti etici e pragmatici universalmente condivisi. Lo storico Paolo Rossi descrive così quel mondo nuovo:

> In quel mondo ogni affermazione deve essere "pubblica", cioè legata al controllo da parte degli altri, deve essere presentata e dimostrata, discussa e soggetta a possibili confutazioni. In quel mondo ci sono persone che ammettono di aver sbagliato, di non riuscire a dimostrare ciò che intendevano dimostrare, che debbono arrendersi alle evidenze che altri hanno addotto. In quel mondo si teorizza che il modo di comportarsi, nelle contrapposizioni e nelle discussioni, debba essere severo verso gli errori, ma cortese verso le persone, dato che il problema non è quello di provocare gli avversari ma di convincerli. [...] In quel mondo si chiede un modo di parlare discreto, nudo, naturale, significati chiari, una preferenza per il linguaggio degli artigiani e dei mercanti piuttosto che per quello dei filosofi. [2]

Anche Shakespeare, per quello che gli compete, partecipa a questo rinnovamento sia contenutistico sia formale. Sul suo palcoscenico l'uomo classico, l'uomo medioevale e l'uomo rinascimentale guadagnano lentamente l'uscita, mentre al centro della scena avanza l'uomo nuovo, contemporaneo, da lui messo a fuoco non puntando la sua lente teatrale verso il misterioso silenzio delle stelle ma dirigendola, con sguardo scevro da pregiudizi, quasi scientifico, verso la rumorosa profondità dell'animo umano. Il suo palcoscenico londinese, il Globe, il "mondo", è già di per sé un manifesto della nuova filosofia: un "cosmo teatrale" sulle cui tavole "un povero attorucolo coscienzioso si dimena, per il tempo della sua parte, raccontando una storia piena di grida e furori, e che non significa nulla" [3].

Il "mondo nuovo" di Galileo e di Shakespeare non è dunque l'America, non è il sistema solare, non è un nuovo ordine politico-sociale, ma è prima di tutto e soprattutto un "modo nuovo di guardare" il cielo, la terra e gli uomini. Si ricordi, a questo proposito, come la radice etimologica di "teatro" e di "teoria" rinviino entrambe all'azione del "vedere". Il nuovo teatro e la nuova scienza saranno, dunque, inizialmente una maniera nuova di vedere. E conseguentemente anche di interpretare e raccontare.

In una delle più celebri pagine de "Il Saggiatore", Galileo arriva ad affermare che la lingua in cui è scritto l'universo è la matematica e se non si impara questa lingua la nostra conoscenza sarà solo "un aggirarsi vanamente per un oscuro labirinto" [4].

Quindi: quello che fino al giorno prima ci si mostrava sotto le forme dell'oscuro e inconoscibile labirinto può da oggi mostrarsi come un chiaro libro squadernato davanti ai nostri occhi, se solo inforchiamo gli occhiali dell'atteggiamento scientifico.

Anche Shakespeare sembra condividere questo discrimine. Così, guardando il vecchio mondo che, ancora tra Cinque e Seicento, prolungava il suo "oscuro labirinto" di eventi regressivi sull'Europa, egli poteva dire, come il martoriato Glouchester di *Re Lear* al figlio finto pazzo: "Che tempi bui i nostri, in cui i pazzi guidano i ciechi" [5].

Ma guardando quello stesso mondo con occhi nuovi, attraverso le lenti di una follia che non era più soltanto quella delle dinastie sanguinarie e della Controriforma, ma anche quella gioiosa, eroica e furiosa di Ludovico Ariosto, di Erasmo da Rotterdam e di Giordano Bruno, egli poteva affermare, come il presunto pazzo Amleto: "Colui che ci ha dotati di una mente così vasta da percepire lo scorrere del prima e del dopo, non ci elargì il dono della ragione perché lo lasciassimo ammuffire senza usarlo" [6].

E Galileo non avrebbe potuto scrivere una frase più galileiana di questa!

Il teorema di Amleto

Il principe Amleto è pazzo. Questo almeno è quanto sostengono i cortigiani di Elsinor per spiegare la novità della sua malinconia, della sua ritrosia, della sua inquietudine. La criptica irriverenza delle sue risposte non lascia adito a dubbi: è pazzo. Ma come rileva giustamente il sospettoso Polonio "C'è un metodo in questa pazzia!" [7].

Un metodo, proprio come per Galileo. E dietro al metodo, un sistema: il "sistema copernicano".

Come già si era chiesto Giulio Giorello al "Convegno sulla comunicazione della scienza" tenuto a Forlì nel 2002, non vi è mai venuto in mente che Amleto potesse essere un copernicano? [8] No? Eppure è lui stesso che ce lo lascia intuire quando scrive alla sua infelice amata: "Bella Ofelia, dubita che le stelle siano sfere infuocate, dubita che il sole ruoti intorno alla terra, dubita che la verità sia vera, ma dubbio non avere del mio amore" [9].

Come abbiamo già sottolineato, è proprio Shakespeare a sostenere, per bocca d'Amleto, che "il teatro è lo specchio del mondo"; il che significa che i bravi artisti rappresentano sempre, dietro le metafore poetiche delle loro storie e dei loro personaggi, lo spirito del proprio tempo. E lo spirito di quel tempo era un'Europa squassata da una polemica feroce. Due sistemi, due concezioni dell'universo, quella Tolemaica e quella Copernicana, si fronteggiavano con armi impari: una con quelle dell'autorità e l'altra con quelle della verità. Il sistema Tolemaico/Aristotelico, assunto ormai da molti secoli come definitivo e indiscutibile, prevedeva la terra al centro dell'universo e intorno a essa un certo numero ben determinato di pianeti, sfere e cieli.

Fatto è che alla fine del Cinquecento questo sistema non funzionava più: il calendario era sfasato rispetto alle stagioni di diverse settimane mentre le previsioni dei fenomeni celesti come le eclissi potevano fallire anche di un mese. Tenendo la terra immobile, i pianeti sembravano andare avanti e indietro nel cielo in maniera bizzarra – e infatti la parola latina *planetes* significa "errabondi". Per tentare di correggere i calcoli senza mettere in discussione il sistema tolemaico, gli astronomi avevano creato sfere e cerchi che avevano battezzato con il nome di epicicli, equanti, eccentrici e deferenti. Dopodiché avevano proceduto ad aggiunte e sottrazioni, avvicendamenti e innesti, con una sfrenatezza che rasentava l'assurdo.

La sicurezza dei tolemaici di conoscere il cielo non era, dunque, che una fallace presunzione. Ma il giovane Amleto, a differenza di quelli che gli stanno intorno, vede il mondo con occhi nuovi. Egli afferma perentorio all'amico Orazio: "Caro mio: ci sono più cose in cielo e in terra, di quante non ne sogni la vostra filosofia" [10]. Di questa intuizione innovativa egli ne sente il fremito ma anche il peso. "Sapete, amici: mi sembra che il mondo sia uscito fuor dei cardini; e che, per uno strano caso del destino, tocchi a me rimetterlo in sesto" [11].

Per realizzare questa operazione di riassestamento, Amleto procede con metodo scientifico.

Il campo della sua indagine è molto circoscritto: Elsinor. E il risultato delle "sensate esperienze" piuttosto evidente: "C'è del marcio in Danimarca". Il padre è morto misteriosamente e suo fratello ne ha sposato incestuosamente la vedova in un lasso di tempo così veloce che i resti del banchetto funebre sono serviti per quello di nozze. Il nuovo zio/re è spocchioso e viscido, la madre è ansiosa e infelice, e sulla corte e sul regno, in mano ad ambigui personaggi, s'addensano nubi sinistre.

Non resta che elaborare una teoria.

Come molti illustri critici moderni hanno sottolineato e molti registi contemporanei hanno mostrato, il dialogo tra Amleto e lo spettro del padre morto, che avviene in privato, lontano da occhi indiscreti, non è che la simbolizzazione di un dialogo interiore, quasi schizofrenico. "Mio padre… mi par di vederlo… con l'occhio del pensiero" [12]. Da questa indagine interiore nasce la teoria: la morte del padre è un fratricidio.

Ma Amleto sa che una buona teoria per essere vera deve passare dalle forche caudine dell'esperimento. Sarà proprio il teatro il "laboratorio" in cui ricreare le condizioni del fenomeno per osservarne i meccanismi e la veridicità della teoria. E come ogni buon esperimento dovrà essere ripetuto almeno due volte. Infatti la compagnia dei comici, appositamente ingaggiata e istruita da Amleto, rappresenta l'omicidio prima con un prologo pantomimico, che già crea sospetto nella corte; e poi con un'esplicita azione drammatica che produce la reazione violenta del re fratricida e il suo smascheramento.

Comprovata la teoria, non resta che passare all'azione. Ma qui sta la grandezza di Shakespeare. Prima di agire, Amleto dubita. E lo fa con parole talmente alte da essere giustamente passate alla storia.

Essere o non essere? Sarà meglio non esser niente sopportando le frecciate della sorte oltraggiosa, o essere qualcosa reagendo a questo mare di sciagure e morirvi dentro? Morire? Dormire? Forse sognare. [...] Ma cosa potremo mai sognare quando ci saremo tolti di dosso questo fastidioso involucro che è il nostro corpo? Ecco il dubbio che rende così lunga la nostra misera vita. Se no chi ci convincerebbe a sopportare i malanni della vita [...] quando uno, di sua mano, vi potesse metter fine con un semplice colpo di pugnale? [...] Se il timore di un oscuro "qualcosa" dopo la morte non intrigasse tanto la nostra volontà, da indurci a sopportare quei mali che già abbiamo, piuttosto che a gettarsi nell'aldilà, incontro ad altri mali sconosciuti? [13]

Siamo nei primissimi anni del Seicento. A Roma, in piazza dei Fiori, viene bruciato sul rogo per eresia il filosofo Giordano Bruno. Quelle fiamme illuminano gli albori di un secolo tra i più contrastati e pesanti della nostra storia. In Italia e in varie parti d'Europa libri e opere di insigni artisti vengono messe all'indice perché incrinano le certezze dell'ordine costituito. Si moltiplicano i tribunali dell'Inquisizione, l'isteria collettiva dilaga, mentre si afferma l'assolutismo e il centralismo politico. Anche nel campo dell'arte, a fronte di alcuni artisti geniali costretti a prendersi la croce di un "maledettismo" non ricercato, s'impongono le accademie, i cataloghi, i canoni, le maniere.

Eppure è proprio in questi anni di certezze imposte con l'autorità e di verità dogmatiche, che sui palcoscenici di Londra fa la sua prima timida apparizione questo giovanotto melanconico e beffardo, destinato a diventare il personaggio più famoso di tutta la storia del teatro occidentale. Un personaggio che, contro ogni manicheismo ideologico, fonda la sua peculiarità proprio sul dubbio. Quel dubbio che è il fondamento della scienza.

Come ha più volte efficacemente sottolineato il fisico Richard Feynman, per far progredire la scienza bisogna sempre lasciare socchiusa la porta del dubbio. Senza dubbio non si dà conoscenza scientifica. S'indaga perché non si sa e non perché si hanno certezze preconfezionate. E ogni nuova certezza conquistata diventa la base di un nuovo dubbio. La scienza non è certa: è solo altamente probabile [14].

Non sappiamo esattamente quali scienze Amleto avesse studiato all'Università di Wittemberg, ma una sembra essergli particolarmente familiare: la logica. Sia Dante nell'*Inferno* sia Goethe nel *Faust* ci ricordano l'opinione diffusa che la logica sia la "scienza del diavolo" [15], per quel suo pericoloso far affiorare continui devastanti paradossi nel tranquillo scorrere dei sillogismi aristotelici. Elencare tutti questi attacchi logici di Amleto al senso comune sarebbe troppo lungo, dal sole che ingravida Ofelia al pasto dei politici vermi nello stomaco del morto Polonio. Quello che c'interessa notare è che questa dissacrante pratica logica, insieme a quella, strettamente collegata, del dubbio, sposta sempre più Amleto verso i territori del relativismo. Che però non è mai nichilismo; e infatti Amleto non è mai diventato il prototipo di qualche disperato terrorista come può essere successo per qualche personaggio di Dostoevskij o di Turgenev. Chi guarda il nulla non vede nulla e si esalta in un attivismo cieco e distruttivo. Ma chi guarda "dal nulla" continua a vedere il mondo anche se da una prospettiva diversa, una prospettiva che non contempla illusioni o consolazioni ma è comunque capace di ingenerare una sorta di dignitoso rispetto nei confronti del mistero della vita e della morte, "questo arcano mirabile e spaventoso dell'esistenza universale", come lo definisce Leopardi [16] e come lo percepisce Amleto nelle celebre scena del camposanto.

Questa de-locazione della visione è un approdo quasi obbligato dopo l'assunzione coraggiosa da parte di Amleto delle conseguenze di una rivoluzione copernicana che spodesta l'uomo dalla tranquillizzante centralità dell'universo.

> La mia vita è diventata a tal punto priva d'illusioni che questa divina creazione, la terra, ai miei occhi non è che uno sterile scoglio. Questo stupendo baldacchino, il cielo, questa splendida volta, il firmamento, questo tetto maestoso ingemmato di fuochi d'oro [...] ebbene, per me non è nient'altro che un pestilenziale ammasso di vapori. E questo sublime capolavoro che è l'uomo, il centro dell'universo, così nobile nella sua ragione, infinito nelle sue risorse [...] ebbene, per me, non è che un mucchietto di fango. [17]

Ci troviamo di fronte a una sorta di relativismo cosmico che per certi versi ci ricorda Giordano Bruno – che Shakespeare ha probabilmente incontrato a Londra – e che può rappresentare, in piena Controriforma, un approdo estremo e sconsolato dell'Umanesimo; una sorta di "umanesimo radicale" a cui sembra alludere anche il più grande storico italiano del Rinascimento, Eugenio Garin, quando scrive:

> L'uomo ricerca ed approda sempre e solo al probabile, per vie sempre diverse. [...] Le visioni del mondo sono infinite; la verità non è né raggiunta una volta per tutte né garantita: è le désespoir dello storico e del filosofo. Comunque sul piano umano la verità si deve incarnare; e se la filosofia può pretendere di coglierla in sé, la storia sa che a coglierla è un uomo, che la tradurrà in termini umani, la trasmetterà in una trama di rapporti umani, di documenti alterabili, perituri, mutevoli. Nel momento in cui fosse pur toccata, la verità caduta sul versante transitorio della vicenda umana e storica, diventerebbe soggetta a tutti gli accidenti umani del divenire: vermi che divorano i cadaveri nelle tombe, tarli che rodono i codici nelle biblioteche. [18]

E Amleto, coerentemente, concluderebbe: "Il resto è silenzio!" [19].

Bertolt Brecht auspicava l'avvento non tanto di un teatro scientifico quanto piuttosto di un teatro per l'era scientifica [20]; un teatro estremamente libero nelle forme e nei contenuti, ma cosciente che il mondo che racconta è il mondo reale e che il mondo reale è quello descritto dalla scienza. Non occorre essere scienziati o scrivere di scienza per realizzare l'indicazione di Brecht. Basta essere veramente testimoni fedeli e competenti del proprio tempo – che certo non è impresa da poco. Un nome ci viene subito alla mente, quello di Anton Čechov. Come non ricordare la sua umile, seria e continua opera di medico condotto che lo teneva costantemente a contatto con l'umanità semplice e vera dei suoi contemporanei, così puntualmente trascritta in capolavori come "Zio Vania" o "Il giardino dei ciliegi". Čechov sembra aver stretto con il teatro lo stesso giuramento d'Ippocrate fatto con la medicina: rispetto, pietà e fiducia critica nel progresso vanno di pari passo con la fredda necessità del bisturi. E dalla borsa del medico/drammaturgo possono uscire sia la diagnosi spietata della società sia il narcotico delle illusioni per il mal di vivere.

Anche nell'esercizio dell'immaginazione più sfrenata, nella frequentazione dei territori più oscuri dell'esistenza e nell'abbandono ai sogni più personali, si può fantasticare senza recare offesa alla verità del mondo e all'intelligenza dell'uomo. Eppure, ancora oggi, tanti artisti continuano a pensare alla scienza come a materia da scienziati e a raccontare l'uomo e il mondo con lenti metodologiche e sensibilità a dir poco inadeguate, affidandosi spesso e con compiacimento alle sublimi ma contorte metafisiche dell'incomunicabilità e ai misticismi dell'ineffabilità.

Invece, il metodo scientifico, l'esercizio del dubbio, la padronanza dei paradossi logici e il relativismo cosmico fanno dell'Amleto di Shakespeare il primo grande testo del teatro dell'era scientifica.

Bibliografia

[1]   W. Shakespeare (2002) *Amlet*, atto III scena II, Newton Compton, Roma
[2]   P. Rossi (2006) *Il tempo dei maghi. Rinascimento e modernità*, Raffaello Cortina Editore, Milano
[3]   W. Shakespeare (2003) *Macbeth,* atto V scena V, Newton Compton, Roma
[4]   G. Galilei (1964) *Il saggiatore*, in: *Galileo Galilei Opere*, Utet, Torino
[5]   W. Shakespeare (2003) *Re Lear*, atto IV scena I, Newton Compton, Roma
[6]   *Amlet*, op. cit atto IV scena IV
[7]   *Amlet*, op. cit. atto II scena II
[8]   G. Giorello (2003) relazione trascritta da Silvana Barbacci per il magazine online Jekyll.com
[9]   *Amlet*, op. cit. atto II scena II
[10]   *Amlet*, op. cit. atto I scena V
[11]   *Amlet*, op. cit. atto I scena V
[12]   *Amlet*, op. cit. atto I scena II
[13]   *Amlet*, op. cit. atto III scena I
[14]   R. Feynman (2002) *Il piacere di scoprire*, Adelphi, Milano
[15]   P. Odifreddi (2003) *Il diavolo in cattedra*, Einaudi, Torino
[16]   G. Leopardi (1982) *Canto del gallo silvestre*, in: *Operette morali*, Garzanti, Milano
[17]   *Amlet*, op. cit. atto II scena II
[18]   E. Garin (1993) *Dal Rinascimento all'Illuminismo. Studi e ricerche*, Le Lettere, Firenze
[19]   *Amlet*, op.cit. atto V scena II
[20]   B. Brecht (1962) *Scritti teatrali*, Einaudi, Torino

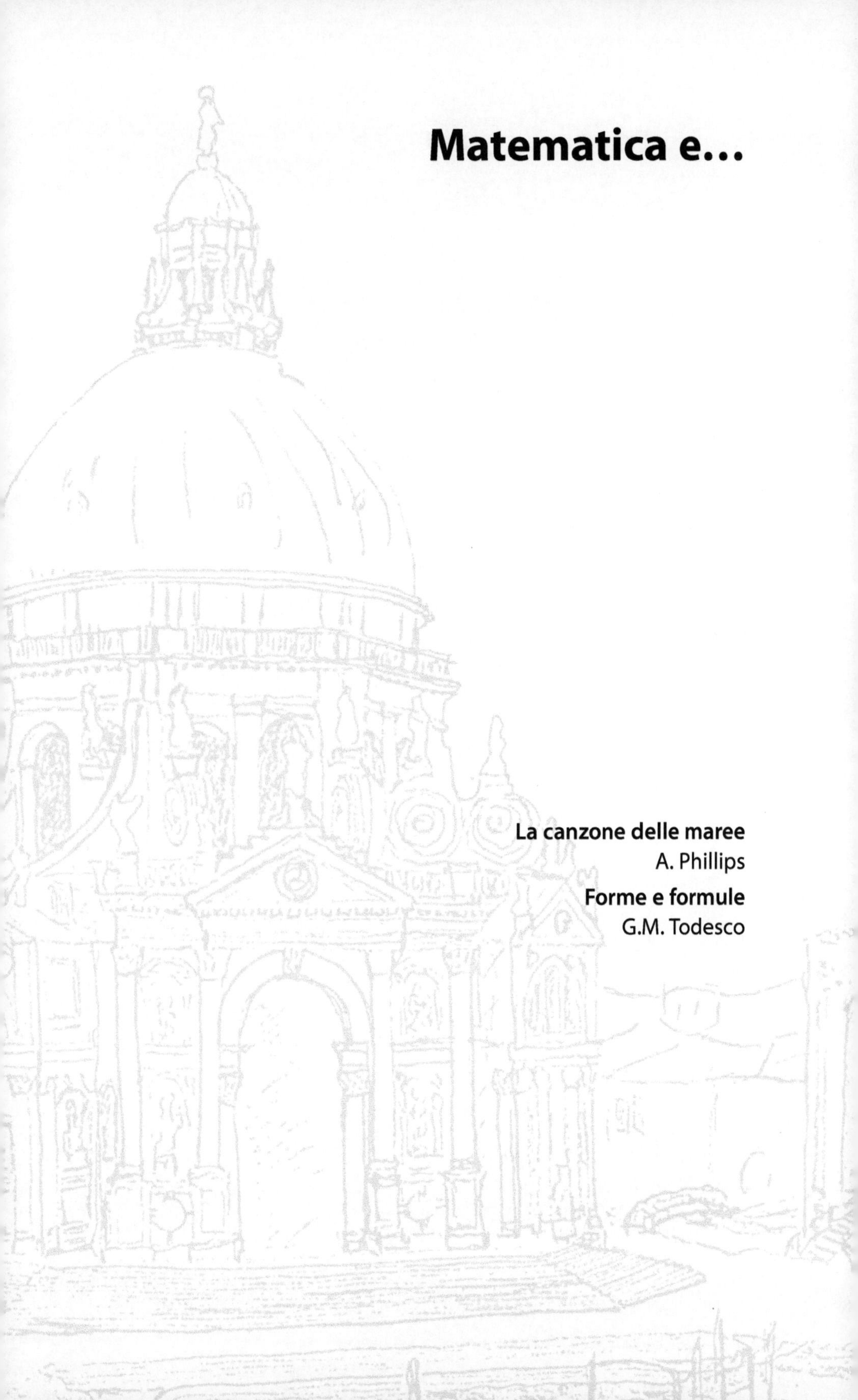

Matematica e...

La canzone delle maree
A. Phillips
Forme e formule
G.M. Todesco

La canzone delle maree

di Anthony Phillips

La marea oceanica, l'innalzamento e l'abbassamento delle acque che si ripete due volte al giorno lungo le nostre coste, è sempre stato parte della nostra vita sin da quando le popolazioni hanno cominciato a vivere sul mare. La marea appare in letteratura (per esempio nel famoso verso "Le flux les apporta, le reflux les remporte" – Corneille, *Le Cid*, 1636) e nei film: la scena più nota di *Sfida senza paura*, tratto dal romanzo di Ken Kesey del 1964, vede Hank Stamper (interpretato da Paul Newman) cercare invano di salvare il fratello Joe Ben (Richard Jaeckel), intrappolato sotto un tronco d'albero nell'acqua che si sta alzando. In termini storici, la sua apparizione più celebre si trova forse nel *De bello Gallico*, dove Cesare racconta ciò che accadde durante il suo primo tentativo di invasione della Britannia, nell'agosto del 55 a.C. Secondo le sue parole "Capitò che quella notte stessa ci fosse luna piena, momento in cui la marea nell'Oceano è più alta, e i nostri non lo sapevano…" Difatti, un rapido paragone tra la marea presso Dover e la marea presso Civitavecchia, il porto più vicino a Roma per il quale ho dati disponibili (Fig. 1), ci dà l'idea di qua-

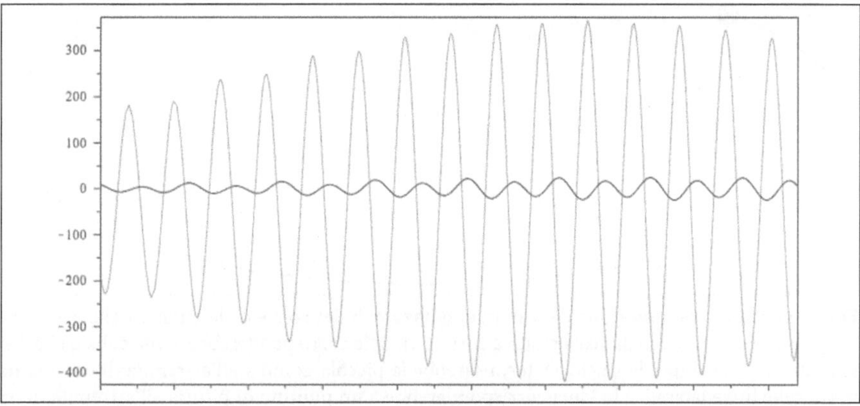

Fig. 1. Un mese di alta e bassa marea presso Dover (linea più chiara) e presso Civitavecchia

le fosse stato il problema: i Romani non avevano mai visto niente di simile alla marea nella Manica.

Cesare poi continua:

> Così, nello stesso tempo, la marea sommerse le navi da guerra impiegate per trasportare l'esercito e poi tirate in secco, mentre la tempesta sbatteva l'una contro l'altra le imbarcazioni da carico, che erano all'àncora, senza che i nostri avessero la minima possibilità di manovrare o porvi rimedio. Molte navi rimasero danneggiate, le altre, perse le funi, le ancore e il resto dell'attrezzatura, erano inutilizzabili: un profondo turbamento, com'era inevitabile, si impadronì di tutto l'esercito. Non c'erano, infatti, altre navi con cui ritornare, mancava tutto il necessario per riparare le barche danneggiate e, poiché tutti pensavano che si dovesse svernare in Gallia, sull'isola non si era provvisto il grano per l'inverno.

La spedizione fu interrotta da questo disastro.

Il racconto di Cesare ci ricorda che nonostante le maree si verifichino su ogni grande massa d'acqua, l'andamento della marea, compresa la sua altezza, può variare enormemente da luogo a luogo. La teoria armonica delle maree ci permette di analizzare sistematicamente questa variazione: ogni porto avrà il proprio spettro. Qui di seguito vedremo come ciò può essere interpretato anche in termini musicali: ogni porto ha il proprio modo di cantare la canzone delle maree.

La "forza di marea" si manifesta su un qualsiasi corpo grande collocato all'interno di un campo gravitazionale variabile. Per esempio, l'attrazione gravitazionale della Luna su una massa a una distanza d è proporzionale a $1/d^2$. Se il corpo è grande (non

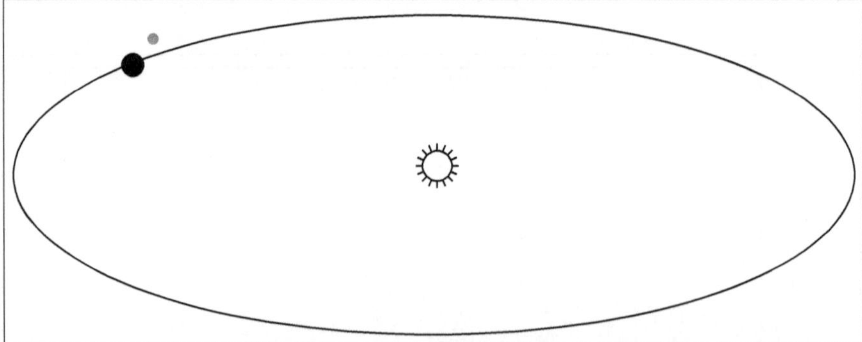

Fig. 2. Le maree sono prodotte dai campi gravitazionali del Sole e della Luna, e dalla rotazione della Terra. Si noti che nella scala relativa corretta, il Sole corrisponderebbe a una palla da basket al centro di un campo da calcio, la Terra sarebbe la piccola gomma all'estremità di una matita posta sulle linee laterali, e la Luna corrisponderebbe a un puntino di pittura all'estremità di un cavo da 8 cm fissato sulla gomma

una "massa puntiforme"), alcuni dei suoi punti sono più vicini alla Luna di altri. Per quelli collocati sul lato rivolto alla Luna, d sarà più piccola e $1/d^2$ sarà più grande; saranno pertanto attratti maggiormente dalla Luna rispetto a quelli sul lato opposto. Questa differenza provoca l'allungamento del corpo lungo un asse che punta verso la luna; è come se si trattasse di una forza che allontana i punti più vicini da quelli più lontani, ed è consono chiamarla proprio forza: si tratta infatti della "forza di marea".

Quando il corpo sotto considerazione è la Terra con i suoi oceani, la forza di marea data dal campo gravitazionale della Luna allunga l'intero sistema lungo l'asse Terra-Luna. Ma gli oceani sono, per così dire, molto più "allungabili" della Terra solida. La forza di marea lunare crea due masse prominenti di acqua, una rivolta verso la Luna, l'altra rivolta nella direzione opposta (Fig. 3).

Anche il Sole crea due masse prominenti, allineate lungo l'asse Terra-Sole. Queste sono le due forze di marea che regolano le nostre maree oceaniche.

Nell'analisi sistematica delle maree, bisogna distinguere quattro effetti astronomici principali.

- La rotazione della Terra sul suo asse.
- La posizione relativa del Sole e della Luna.
- La distanza variabile della Luna.
- L'inclinazione dell'asse terrestre rispetto al piano del sistema solare.

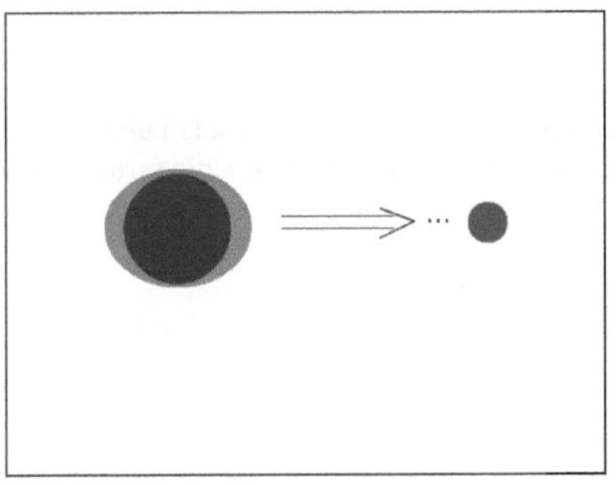

Fig. 3. La forza di marea lunare crea due masse prominenti negli oceani terrestri, una dal lato più vicino alla Luna, l'altra dal lato opposto

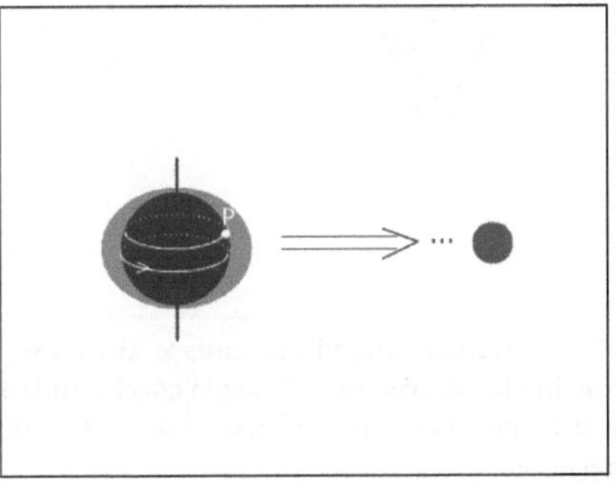

Fig. 4. Ogni giorno, un tipico porto P dovrà attraversare le due masse d'acqua create dalla forza di marea lunare. Durante il giorno la Luna avrà progredito nel cammino lungo la sua orbita, per cui il processo si ripete ogni 24 ore e 50 minuti

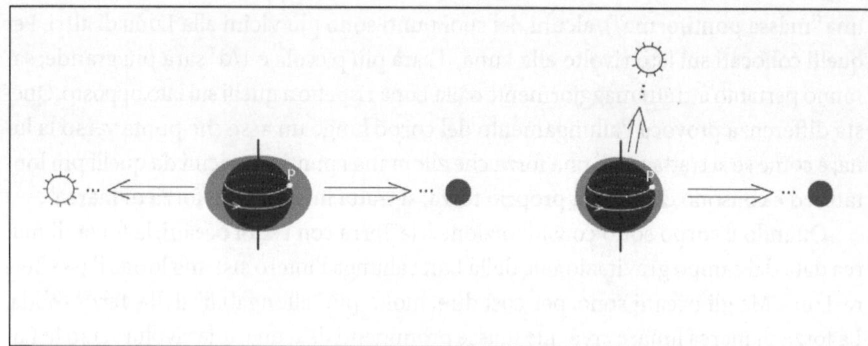

Fig. 5. Ogni mese, quando il Sole e la Luna si allineano (sullo stesso lato o su lati opposti della Terra), la forza di marea solare si unisce a quella lunare. Quando si trovano ad angolo retto, visti dalla Terra, una forza si sottrae all'altra

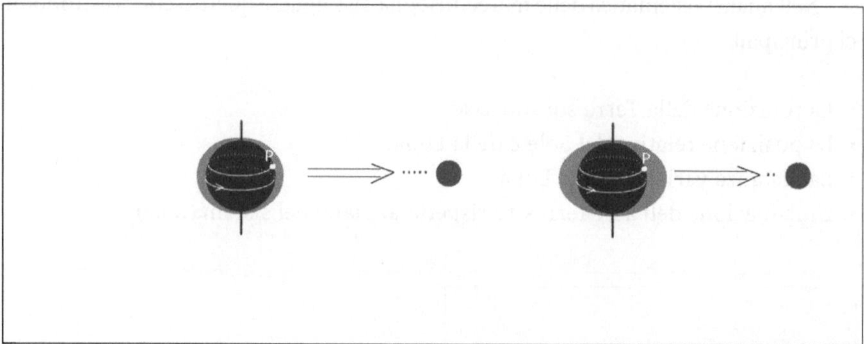

Fig. 6. L'orbita lunare presenta una sostanziale eccentricità. Una volta al mese la Luna si trova nel punto più vicino alla terra, e la forza di marea è al massimo; due settimane più tardi la Luna si trova nel punto più lontano, e la forza di marea è al minimo. L'orbita della Terra intorno al Sole è molto meno eccentrica

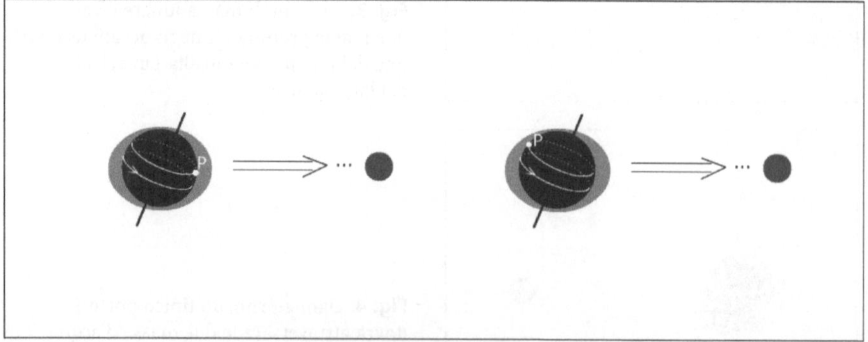

Fig. 7. Per un porto che si trovi nell'emisfero settentrionale, quando la Luna è al di sopra dell'Equatore, l'alta marea corrispondente alla "luna in alto" è maggiore di quella corrisponden- te alla "luna in basso". Questa *differenza diurna* si inverte una volta al mese quando la Luna supera l'Equatore ed è contraria per l'emisfero meridionale

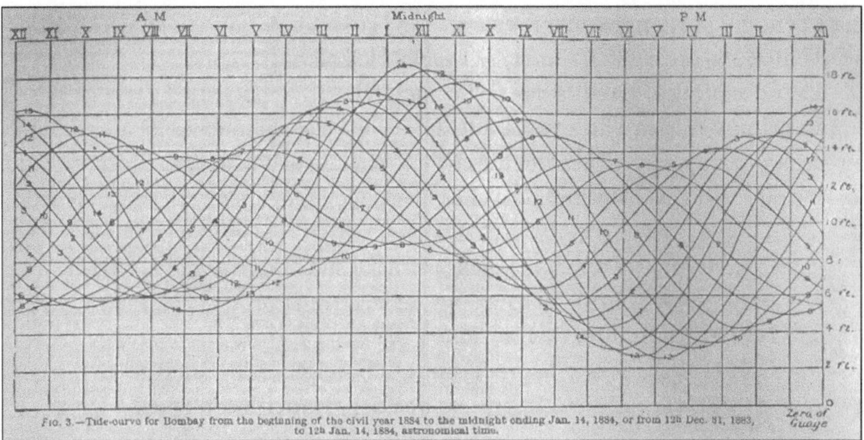

Fig. 8. Due settimane di maree (1-14 gennaio 1884) rilevate con un misuratore a Bombay. La rilevazione comincia alla mezzanotte del 1° gennaio (cerchio piccolo), il tempo scorre da destra a sinistra. Questo grafico rende bene la complessità dell'andamento delle maree. Immagine tratta dalla voce "Maree" ("Tides" nell'originale, ndt) di Sir George Darwin, tratta dall'Encyclopedia Brittanica, XI edizione

Esistono altri due effetti astronomici: l'asse maggiore dell'orbita ellittica della Luna subisce lentamente una precessione sul piano dell'orbita, e il piano stesso ruota lentamente nello spazio.

Ognuno degli effetti astronomici è periodico, ma i periodi sono tutti differenti e in realtà *irrazionalmente correlati*, per cui una combinazione non ricorre mai esattamente uguale a se stessa.

Pertanto, come si possono prevedere le maree? Le forze astronomiche che le generano sono completamente note, ma il modo in cui determinano l'altezza dell'acqua in uno specifico porto dipende dalla geometria dettagliata del litorale e del fondale circostante, e *non può essere calcolata in maniera diretta*.

L'analisi armonica delle maree

Il metodo dell'analisi armonica è volto a rappresentare l'altezza della marea in un dato porto come una costante H_0 più una somma di funzioni armoniche semplici del tempo (t, tradizionalmente misurato in ore), ognuna delle quali avente la forma di

$$f_i(t) = A_i \cos(v_i t + \phi_i),$$

per i = 1, 2, ... Ogni $f_i(t)$ è detta *costituente* della marea. Ha *velocità* v_i (tradizionalmente data in gradi per ora), *ampiezza* A_i, e *fase* ϕ_i. Le velocità sono astronomicamente derivate una volta per tutte, ma le ampiezze e le fasi devono essere determinate per ogni porto in maniera separata. Una costituente con velocità v_i ha un *periodo* di $360/v_i$ ore e una *frequenza* di $v_i/360$ cicli all'ora.

La procedura comprende due fasi principali.

La prima è teorica e determina tutte le velocità che possono verificarsi all'interno della forza di marea. Ci si attende che tali velocità debbano essere tutte derivate dalle cinque velocità astronomiche che governano i movimenti dei corpi coinvolti:

$T = 15$ gradi/ora (la rotazione della Terra sul suo asse, rispetto al Sole)
$h = .04106864$ gradi/ora (la rotazione della Terra attorno al Sole)
$s = .54901653$ gradi/ora (la rotazione della Luna attorno alla Terra)
$p = .00464183$ gradi/ora (la precessione del perigeo della Luna)
$N = -.00220641$ gradi/ora (la precessione del piano dell'orbita della Luna)

(pertanto la rotazione della Terra rispetto alle stelle fisse è $T+h = 15.04106864$ gradi/ora, e il cambiamento nella longitudine della luna all'ora è $T+h-s = 14.49205211$ gradi/ora).

I calcoli sono complessi, ma i risultati sono confermati dal seguente principio (derivato dall'applicazione ripetuta delle identità trigonometriche elementari cos a cos b = ½ cos(a+b) + ½ cos(a-b), ecc.): *quando gli effetti periodici agiscono in combinazione, il risultato può essere espresso sotto forma di combinazione lineare di funzioni periodiche semplici le cui frequenze sono combinazioni lineari a piccoli interi di quelle degli effetti concorrenti.*

Se applicato all'analisi delle maree, questo principio implica che le velocità che si verificano nella forza di marea saranno sempre *combinazioni lineari, con coefficienti piccoli interi, delle cinque velocità astronomiche fondamentali.*

simbolo	velocità
P_1	$T - h$
O_1	$T - 2s + h$
K_1	$T + h$
K_2	$2T + 2h$
S_2	$2T$
N_2	$2T - 3s + 2h + p$
M_2	$2T - 2s + 2h$

Questa tabella mostra le sette costituenti più importanti della forza di marea totale, con le loro velocità, piccole combinazioni lineari di T, s, h e p. Esse sono qui elencate con i loro simboli tradizionali. Per esempio S_2 è la marea solare semi-diurna. La sua velocità è $2T = 30$ gradi/ora, che risulta esattamente in due massimi e due minimi al giorno (la precessione del piano dell'orbita della Luna non concorre alle costituenti di questo elenco).

La seconda fase della procedura si basa su una legge fondamentale della natura, enunciata per la prima volta (per quanto mi risulta) da Laplace (*Mécanique Céleste*, 1799-1825):

L'état d'un système de corps dans lequel les conditions primitives du mouvement ont disparu par les résistances que ce mouvement éprouve est périodique comme les forces qui l'animent.

Lo stato di un sistema di corpi le cui condizioni iniziali del movimento sono scomparse a causa dell'attrito è periodico come le forze che generano il movimento.

Per noi, ciò significa che in quanto funzione del tempo, l'altezza $H(t)$ della marea in un dato porto sarà la combinazione lineare di funzioni armoniche semplici con le stesse velocità che si verificano nella forza di marea; pertanto si può scrivere nella forma:

$$H(t) = H_0 + A_1 \cos(v_1 t + \varnothing_1) + A_2 \cos(v_2 t + \varnothing_2) + \ldots$$

Conosciamo tutte le velocità possibili (H_0, l'altezza media, corrisponde a velocità zero). Non conosciamo ancora le altre costanti dell'equazione, ma esse possono essere determinate da misurazioni effettuate per un tempo sufficientemente lungo di $H(t)$, estratte da un rilevamento delle maree presso quel dato porto. Sir William Thompson (in seguito Lord Kelvin) lo comprese e costruì persino una macchina, l'analizzatore armonico, per eseguire i calcoli.

I principi matematici alla base dell'analizzatore armonico sono semplici e si basano sul fatto che se $b \neq c$, il valore medio dei prodotti $\sin(bt)\sin(ct)$, $\sin(bt)\cos(ct)$ e $\cos(bt)\cos(ct)$ tende a zero quando la media è considerata su intervalli sempre più lunghi, mentre il valore medio di $\sin^2(bt)$ e $\cos^2(bt)$ tende a ½.

Per comprendere come la trigonometria possa risolvere il nostro problema in questo caso, riscriviamo $A_1 \cos(v_1 t + \varnothing_1)$ come $A_1 \cos(\varnothing_1) \cos(v_1 t) - A_1 \sin(\varnothing_1) \sin(v_1 t)$

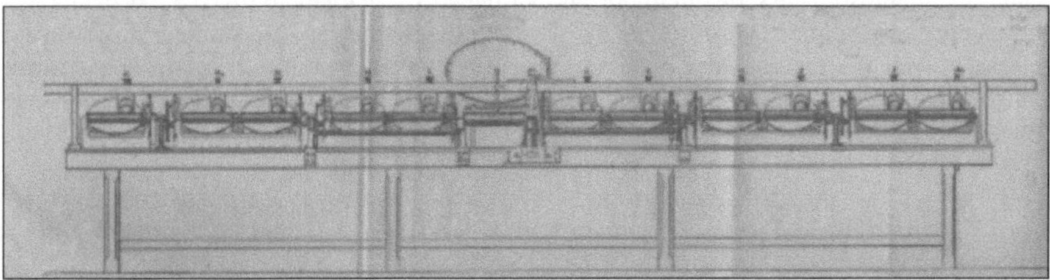

Fig. 9. L'analizzatore armonico di Kelvin, ca. 1882, verrebbe definito oggi un computer analogico special purpose. La macchina possedeva undici integratori disco-sfera-cilindro e poteva calcolare H_0 e A_1, $\varnothing_1$, ..., A_5, $\varnothing_5$. Kelvin pubblicò per la prima volta questa immagine negli *Appunti* dei Proceedings of the Institution of Civil Engineers, 11 marzo 1882. Appare anche in Kelvin, *Mathematical and Physical Papers* (Volume VI), Cambridge 1911, pp. 272-305

usando la formula di addizione per la funzione coseno, e lo stesso per gli altri termini. Quindi il valore medio su intervallo lungo di $H(t) \cos(v_1 t)$ sarà esattamente $\frac{1}{2} A_1 \cos(\phi_1)$, e il valore medio su intervallo lungo di $H(t) \sin(v_1 t)$ sarà esattamente $-\frac{1}{2} A_1 \sin(\phi_1)$, per cui si possono calcolare A_1 e ϕ_1; allo stesso modo A_2 e ϕ_2, ecc. L'analizzatore armonico è stato progettato per calcolare tali medie, così come H_0, il valore medio della $H(t)$ stessa.

Una volta che $H_0, A_1, A_2, \ldots$ e $\phi_1, \phi_2, \ldots$ sono noti per un porto, la sua marea "astronomica" può essere prevista in qualsiasi punto del futuro. L'aggettivo "astronomica" serve a ricordare che anche altri fattori più transitori (venti, pressione barometrica) possono influenzare l'altezza dell'acqua.

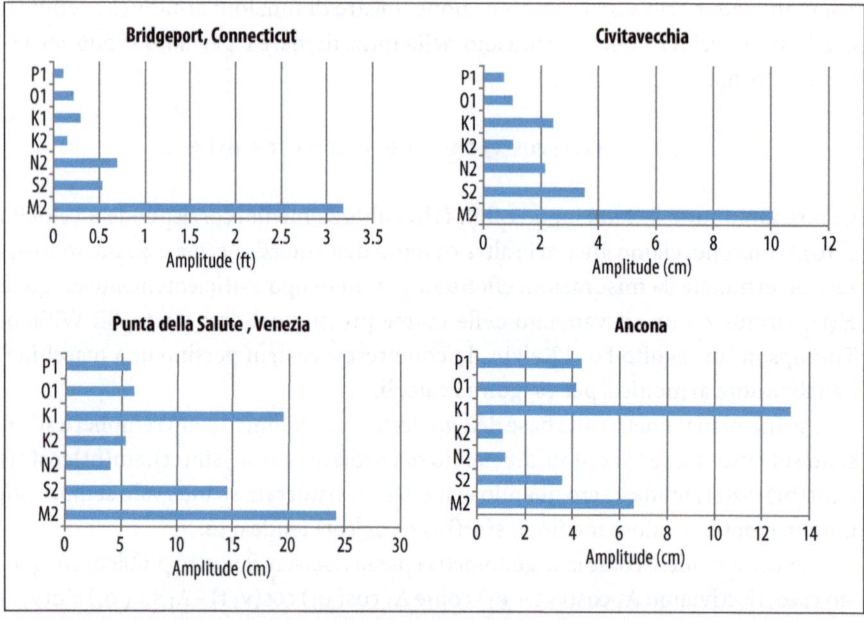

Fig. 10. Ogni porto ha il proprio spettro: l'insieme delle ampiezze relative delle sue costituenti. Qui vengono mostrate le sette più importanti. Bridgeport è un esempio tipico di porto atlantico nordamericano: domina la costituente M_2. Civitavecchia ha uno spettro simile, ma con un'ampiezza 10 volte più piccola. Per i porti adriatici Venezia e Ancona in particolare, le costituenti diurne (una marea al giorno) P_1, K_1 e O_1 sono relativamente molto grandi. Spettri diversi generano curve di marea molto diverse

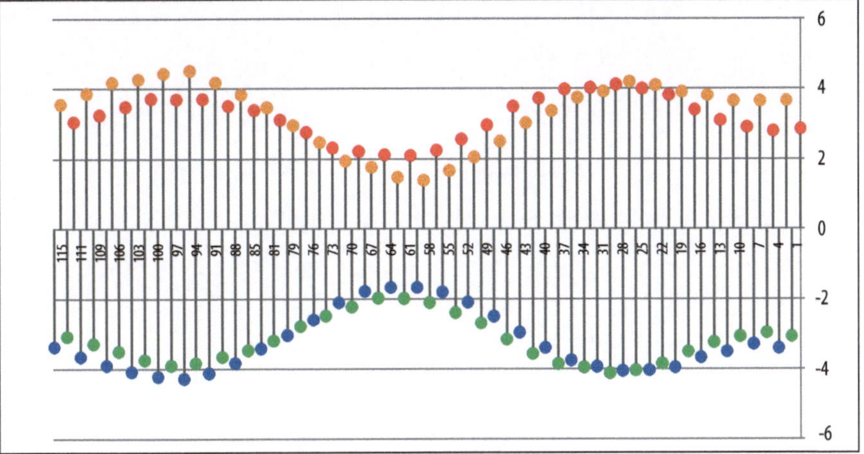

Fig. 11. Un mese di maree presso Bridgeport, Connecticut. I numeri sull'asse orizzontale misurano le basse e alte maree, a partire dall'inizio del mese. A causa delle differenze giornaliere, le alte maree procedono in coppia, una più alta dell'altra, scambiandosi di posto due volte al mese quando la Luna attraversa l'equatore. Formano così 2 curve separate e regolari. Le basse maree hanno un andamento simile

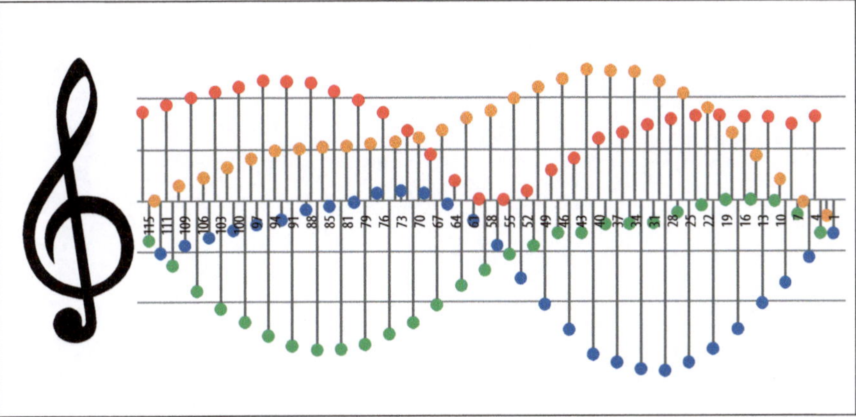

Fig. 12. Un mese di maree a Venezia (calcolate per Punta della Salute) può essere interpretato come uno spartito musicale. Le quattro curve delle maree alternativamente alte e basse, come a Bridgeport, diventano quattro distinte voci (il grafico è stato ridisegnato in modo da rappresentare il movimento sinistra-destra di uno spartito musicale). Le trascrizioni musicali di 1000 ore di maree previste per Venezia e per Ancona, orchestrate da Levy Lorenzo, sono state eseguite al Convegno e possono essere ascoltate on-line su http://extras.springer.com (password: 972-88-470-1853-2)

Forme e formule

di Gian Marco Todesco

> *La filosofia è scritta in questo grandissimo libro che continuamente ci sta aperto*
> *innanzi a gli occhi (io dico l'universo), ma non si può intendere*
> *se prima non s'impara a intender la lingua, e conoscer i caratteri, ne' quali è scritto.*
> *Egli è scritto in lingua matematica, e i caratteri son triangoli, cerchi, ed altre figure*
> *geometriche, senza i quali mezzi è impossibile a intenderne umanamente parola;*
> *senza questi è un aggirarsi vanamente per un oscuro laberinto.*
> Galileo Galilei (*Il Saggiatore*, Cap. VI)

La "lingua matematica" a cui si riferisce Galileo Galilei è in effetti uno splendido strumento di comunicazione, preciso in modo assoluto, ma così duttile da poter essere utilizzato per descrivere sia la realtà in cui viviamo sia i mondi astratti creati dalla fantasia dei matematici. Più che un singolo linguaggio è un insieme di linguaggi o meglio ancora una "macchina" per produrre linguaggi nuovi, modellati a seconda della necessità.

Sebbene la matematica sia innanzi tutto strumento di esplorazione, che permette di leggere il "libro dell'universo", scritto in caratteri matematici, essa può anche essere utilizzata proprio come mezzo di comunicazione, preciso e non ambiguo.

Nelle prossime pagine analizzeremo vari idiomi matematici, utilizzati per comunicare forme architettoniche.

Matematica e architettura

La comunicazione precisa di idee geometriche, potenzialmente insolite (in quanto prodotte dalla creatività dell'architetto), è di fondamentale importanza in architettura. La realizzazione di una grande struttura come un edificio, una chiesa o un ponte, richiede il lavoro coordinato di molte persone, con ruoli diversi, che devono ovviamente avere una comune comprensione della forma da realizzare.

Anticamente, ai tempi di Vitruvio o di Palladio, la descrizione testuale delle forme veniva largamente utilizzata, ma oggi lo strumento di comunicazione principale è dato dalle immagini e dai modelli 2D e 3D realizzati con gli strumenti di CAD (*Computer-aided Design*) o BIM (*Building Information Modeling*).

Il computer permette di descrivere una forma con immediatezza e precisione. L'immagine, specialmente se "navigabile", come avviene nei modelli 3D, offre una rappresentazione molto chiara e completa del modello. Non stupisce che questo "linguaggio visivo" abbia acquistato un'assoluta preminenza rispetto agli altri.

Nonostante i suoi molti punti di forza, il disegno con mouse e tavoletta grafica presenta anche qualche difetto. Il CAD utilizza un gran numero di modelli matematici predefiniti (cerchi, segmenti, curve polinomiali, ecc.) che rappresentano una sorta di alfabeto. La scelta di questi modelli piuttosto che altri condiziona sottilmente l'aspetto delle forme rappresentate, così come una lingua influenza la sua letteratura. La facilità con cui alcune famiglie di forme piuttosto che altre possono essere realizzate, può rappresentare un ostacolo alla sperimentazione e alla ricerca di forme nuove.

Un altro aspetto negativo delle rappresentazioni puramente grafiche è la loro staticità: le relazioni geometriche che determinano l'armonia della forma rimangono implicite e in genere il cambiamento di un parametro richiede una completa riprogettazione del modello.

Queste limitazioni hanno stimolato la ricerca, la realizzazione e l'integrazione all'interno dei CAD di nuovi strumenti di rappresentazione delle forme. È interessante notare che questi strumenti ripropongono una descrizione "semantica" ed essenzialmente testuale del modello, seppure in una forma completamente nuova.

Costruzione di nuovi strumenti

Una delle caratteristiche più notevoli dei CAD consiste nella possibilità di creare nuovi strumenti di disegno, da affiancare a quelli già disponibili. Questa capacità appare eccezionale specialmente se facciamo il confronto con gli strumenti non digitali. Prendiamo per esempio il compasso, che permette di disegnare i cerchi. Se diventa necessario disegnare ellissi precise, è possibile, con un po' di fantasia, inventare una sorta di compasso ellittico: per esempio potrebbe essere costituito da una penna posizionata all'estremità di un'asta, fissata a due cursori che scorrano su due guide perpendicolari (Fig. 1). La realizzazione materiale di questo nuovo strumento è laboriosa e presenta molti problemi tecnici.

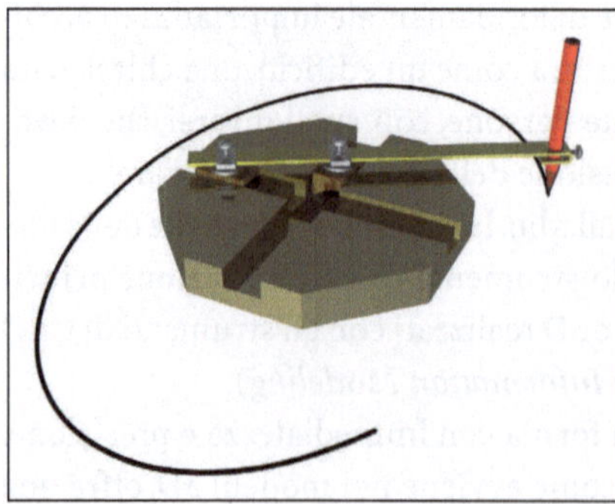

Fig. 1. Un meccanismo per disegnare ellissi (Trammel di Archimede)

Nel mondo dell'informatica l'invenzione e l'implementazione di uno strumento per disegnare le ellissi (nel caso che il CAD non ne sia già dotato) è molto più semplice e rapida. È necessario solo scrivere, in un particolare *linguaggio di programmazione*, le istruzioni da eseguire. Ovviamente queste istruzioni devono codificare la formula matematica dell'ellisse. Il CAD permette di memorizzare queste istruzioni, associarle a un tasto ed eseguirle quando l'utente lo desideri.

Questa possibilità di personalizzazione crea un cortocircuito nel ciclo che va dalla richiesta di un nuovo strumento, alla sua invenzione, realizzazione e diffusione. Di fatto si arriva alla situazione ideale in cui chi ha bisogno dello strumento è direttamente in grado di realizzarlo.

Nel corso degli anni gli architetti hanno cominciato a utilizzare sempre di più questa possibilità, realizzando nuovi strumenti di disegno e di analisi. Questa tecnica permette di automatizzare operazioni ripetitive, fare esperimenti con forme nuove, trasferire informazioni da un programma all'altro, pilotare macchine utensili a controllo numerico, realizzare modelli parametrici che vengono automaticamente rigenerati quando i parametri variano.

La formazione

Riuscire a intervenire in questo modo sul CAD richiede un particolare tipo di formazione. Oltre alla padronanza del linguaggio di programmazione scelto, relativamente facile da ottenere, è necessario essere in grado di definire in modo matematicamente preciso la forma desiderata. Questo problema non è semplice: data una forma, esistono infinite formule che ne catturano questo o quell'aspetto. Inoltre la forma spesso deriva da un processo di invenzione e non è definita con grande precisione. È solo un'idea che ammette molte implementazioni e approssimazioni e trova proprio nella scelta di una particolare formula la sua più precisa identità. Per esempio la spirale, la forma ovoidale o la superficie a doppia curvatura sono tutte definizioni vaghe che, pur distinguendosi le une dalle altre, possono corrispondere a una molteplicità di forme (e formule) diverse.

Quindi la scelta della formula "giusta" richiede una buona cultura matematica di base (cioè un'ampia tavolozza di formule da cui partire), molta fantasia e la capacità di modificare in maniera consapevole le espressioni algebriche (e infine anche la disinvoltura di buttar via intere formule e ricominciare da capo)[7].

La facoltà di architettura dell'Università di Roma Tre si sta impegnando in questo tipo di formazione. Il laboratorio *formulas*, guidato da Laura Tedeschini Lalli, raccoglie in una federazione diversi corsi di matematica che presentano (fra gli altri) questo tema da differenti angolazioni con tutti i risvolti di modellistica matematica che esso comporta e facilita [1] [10].

Nei paragrafi seguenti verranno descritti diversi approcci per affrontare lo stesso tipo di problema: descrivere in modo preciso una superficie nello spazio in modo da poterla poi disegnare con un programma CAD. Più che l'aspetto informatico ci interessa quello matematico, ovvero il modello utilizzato per definire la superficie, che condiziona il tipo di superfici che si possono realizzare e che favorisce alcune famiglie di superfici a scapito di altre.

Tante lingue in continua evoluzione

Torniamo alla matematica, intesa come linguaggio. Che sia un complesso di notazioni in continua evoluzione emerge in maniera convincente se la osserviamo da una prospettiva storica. La stessa notazione algebrica che siamo abituati a utilizzare è una conquista relativamente recente: il segno '+' viene utilizzato per la prima volta forse nel 1518 [3]. Nel 1494 il matematico Luca Pacioli scrive ancora

$$3\ census\ p.\ 6\ de\ 5\ rebus\ ac\ 0$$

per indicare l'equazione che noi oggi scriveremmo

$$3x^2\text{-}5x\text{+}6=0.$$

Questa evoluzione di un segno così elementare ci permette di analizzare con la giusta prospettiva gli strumenti che descriveremo alla fine di questo articolo e che rappresentano, in un certo senso, proprio un nuovo cambiamento sintattico nel modo di scrivere le quattro operazioni.

Oltre la sintassi ci sono anche variazioni più profonde che cambiano sostanzialmente il punto di vista tramite cui si osserva un determinato oggetto matematico.

Prendiamo per esempio un'ellisse. Con il linguaggio della geometria la possiamo descrivere come quella curva i cui punti hanno costante la somma delle distanze dai due fuochi, ma anche come la sezione di un cono. In notazione algebrica un'ellisse può essere descritta da

$$\left(\frac{x}{a}\right)^2 + \left(\frac{y}{b}\right)^2 = 1 \qquad \text{oppure} \qquad r = \frac{a(1-e^2)}{1 + e\cos(\theta)}\,.$$

Sono quattro descrizioni molto diverse fra loro, e non esauriscono nemmeno tutte le possibilità. Si può dimostrare che tutti questi modelli sono equivalenti, nel senso che descrivono lo stesso oggetto, ma ognuno ne mette in luce caratteristiche differenti. Non c'è una rappresentazione più autentica delle altre, ma, a seconda dell'utilizzo che se ne fa, una può essere più comoda o più adatta.

Nel contesto della ricerca di forme per l'architettura, è naturale privilegiare le rappresentazioni concise e predicibili, cioè formule brevi in cui sia relativamente facile prevedere le variazioni della superficie a fronte delle modifiche alla formula.

Nelle pagine seguenti vedremo vari modi alternativi in cui è possibile rappresentare matematicamente una superficie.

Rappresentazione implicita delle superfici

Le superfici sono insiemi di punti nello spazio, ognuno dei quali può essere rappresentato dalle sue coordinate cartesiane: i tre numeri x, y e z che individuano la posizione del punto rispetto a un sistema di assi ortogonali. Un modo naturale e compatto per individuare i punti che appartengono a una determinata superficie consiste nel fornire una funzione delle tre coordinate che si annulli in quei punti e solo in quelli. Più in generale la superficie può essere descritta da un'equazione della forma:

$$f\,(x, y, z) = c$$

dove c è una costante. Per esempio per la sfera si può scrivere:

$$x^2 + y^2 + z^2 = 1.$$

Le superfici rappresentate in questo modo si chiamano *superfici implicite* o *isosuperfici* (per analogia con le *isolinee*: le curve di livello delle carte geografiche).

Questo tipo di rappresentazione è compatto e potente. Anche limitando il tipo di funzioni utilizzate ai soli polinomi (cioè utilizzando solo somme e prodotti delle coordinate e dei coefficienti) si possono generare superfici non banali, ricche di simmetrie e dotate di spiccate caratteristiche estetiche. Le immagini qui accanto forniscono alcuni esempi (Figg. 2-4).

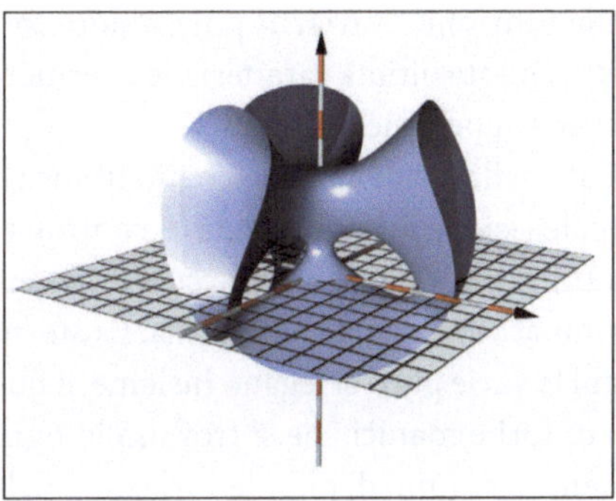

Fig. 2. La superficie diagonale di Clebsch (polinomio di terzo grado)

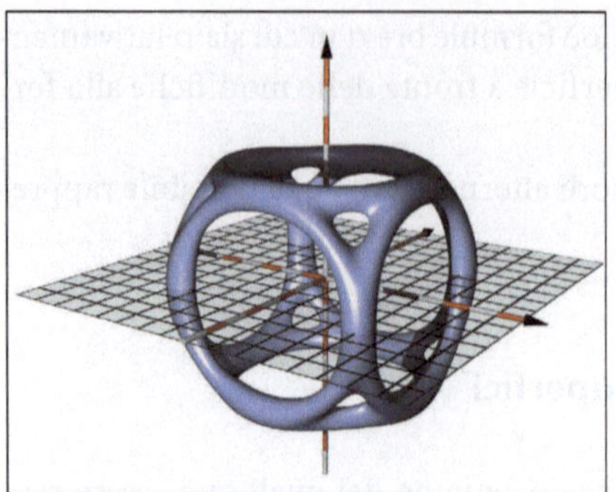

Fig. 3. Una superficie definita da un polinomio di ottavo grado

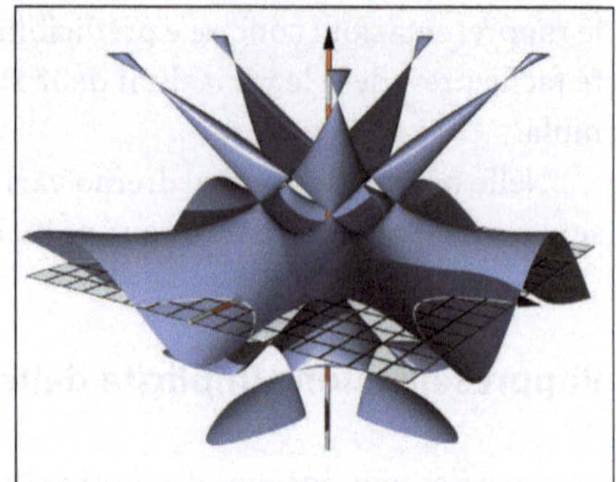

Fig. 4. Superficie di Togliatti (polinomio di
quinto grado)

L'interesse per queste superfici è così forte e la loro forma è così elusiva per la
nostra immaginazione che i dipartimenti di matematica spesso espongono splen-
didi modelli in legno, in plastica o in gesso degli esemplari più noti.

Negli ultimi decenni hanno cominciato a diffondersi gallerie di immagini di superfici implicite generate con il computer (quelle utilizzate in questo articolo sono state realizzate dall'autore utilizzando il programma open source POV-Ray) [2].

Per favorire l'analisi delle proprietà di questi oggetti matematici sono stati sviluppati diversi programmi interattivi che generano un modello 3D della superficie a partire dall'equazione. Il modello può essere poi spostato, ruotato e ingran-
dito con il mouse.

Durante il 2008, anno nazionale della matematica in Germania, un progetto del
Mathematisches Forschungsinstitut Oberwolfach e della *Technical University Kai-
serslautern* ha portato alla realizzazione del programma *RealSurf* (scaricabile gratuitamente all'indirizzo riportato in bibliografia [8] [9]) che permette di fare esperimenti con questo tipo di rappresentazione.

Caratteristiche notevoli del programma (oltre al modo elegante e ingegnoso con
cui affronta e risolve alcune difficoltà tecniche matematico-informatiche) sono la
galleria di immagini da cui si può partire per successive esplorazioni e la possibilità di inserire dei parametri all'interno della funzione e variarne poi il valore con
il mouse, osservando in tempo reale gli effetti. Questa ultima caratteristica permette di osservare la metamorfosi continua da una superficie all'altra.

L'impiego effettivo delle superfici implicite nella modellazione architettonica è
relativamente modesto. Il problema principale risiede nella difficoltà di controllare la forma della superficie attraverso le modifiche alle equazioni. Piccole differenze nei coefficienti possono dar luogo a drammatici mutamenti di forma. La stessa
topologia della superficie, cioè il modo in cui le varie parti si legano insieme, il numero di componenti separate o il numero di fori e manici che si trovano in ogni
componente possono variare improvvisamente a seguito di piccole variazioni del-

la formula. Al contrario, le modifiche che un architetto potrebbe voler fare, definite qualitativamente e in riferimento alle caratteristiche visibili, come per esempio cambiare il numero di "lobi" che una superficie presenta, o modificarne la forma assottigliandola o orientandola in una direzione differente, richiedono spesso cambiamenti profondi dell'equazione, in genere niente affatto intuitivi.

Quindi il programma può essere usato più come strumento per ricevere degli stimoli estetici (come una specie di caleidoscopio), piuttosto che come strumento di progettazione.

Rappresentazione parametrica delle superfici

Una rappresentazione più comoda per le esigenze di modellazione è quella parametrica. Immaginiamo di tracciare sulla superficie un sistema di meridiani e di paralleli. Questo permette di associare a ogni punto della superficie una coppia di coordinate curvilinee (la "latitudine" e la "longitudine" rispetto al sistema di paralleli e di meridiani). Per definire la forma della superficie basta specificare una funzione che calcoli la posizione di ogni punto a partire dalle due coordinate curvilinee. Questa funzione in realtà è costituita da tre funzioni differenti: una per ogni coordinata.

Con questa rappresentazione la sfera può essere descritta così:

$$\begin{cases} x = \cos{(\psi)} \cos{(\theta)} \\ y = \sin{(\psi)} \cos{(\theta)} \\ z = \sin{(\theta)} \end{cases}$$

dove $\psi \in [0, 2\pi]$ è la longitudine e $\theta \in \left[-\dfrac{\pi}{2}, \dfrac{\pi}{2} \right]$ la latitudine.

I due approcci, implicito e parametrico, sono profondamente differenti. L'approccio parametrico genera punti sulla superficie, quello implicito verifica se un dato punto vi appartiene oppure no.

Val la pena di notare che la funzione implicita non offre un modo semplice per generare punti sulla superficie, mentre quella parametrica non permette di verificare l'appartenenza alla superficie di un punto determinato. Nel caso generale non è semplice "tradurre" una particolare superficie da una rappresentazione all'altra.

Le superfici parametriche ammettono una varietà di casi particolari interessanti. Per esempio possiamo considerare le superfici definite da:

$$\begin{cases} x \\ y \\ z = f(x, y) \end{cases}$$

che rappresentano l'estensione tridimensionale dei ben noti grafici delle funzioni reali a una variabile.

La forma della copertura in vetro e acciaio della *Great Court* del British Museum è stata definita dal matematico Chris J. K. Williams dell'Università di Bath (in collaborazione con gli architetti di *Fosters & Partners* e con gli ingegneri di *Buro Happold*) proprio costruendo un'opportuna $f(x,y)$ in modo da rispettare una serie di vincoli architetturali, strutturali ed estetici (Fig. 5) [5].

La scrittura diretta delle funzioni permette il massimo controllo, però nei casi più comuni si sente il bisogno di una tecnica più "visuale" e immediata.

Le superfici NURBS (*Non Uniform Rational Basis Spline*) sono un'altra famiglia di superfici parametriche, pensate proprio per l'utilizzo all'interno dei CAD. Le funzioni utilizzate per calcolare le coordinate sono rapporti fra polinomi. I coefficienti di questi polinomi sono calcolati (utilizzando un sistema ingegnoso) a partire dalle coordinate di un certo numero di "punti di controllo". L'architetto può posizionare con il mouse i punti di controllo e definire così – in modo immediato e intuitivo – la forma dell'intera superficie.

La superficie ha determinate caratteristiche desiderabili di continuità oltre a seguire l'andamento individuato dai punti di controllo. L'utilizzo di rapporti fra polinomi, piuttosto che di semplici polinomi, permette di definire in maniera esatta anche le superfici "classiche", come cilindro, cono e sfera.

Questa tecnica, sviluppata fin dal 1950, per la modellazione in ambito automobilistico e aereospaziale, è ormai entrata a pieno diritto nel bagaglio di strumenti

Fig. 5. La copertura della Great Court del British Museum a Londra (foto di Carola Fabi)

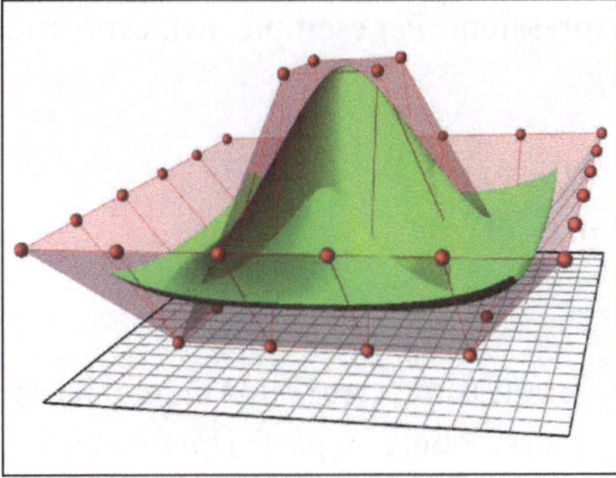

Fig. 6. NURBS: superficie e punti di controllo

dell'architetto. Le NURBS sono così versatili e facili da utilizzare che il loro utilizzo è diventato comune e diffuso (Fig. 6).

I sistemi basati sul posizionamento di punti di controllo (le NURBS, ma anche altre tecniche come le *superfici di suddivisione* oppure le recentissime *T-spline*) lasciano all'utente la responsabilità della forma globale della superficie. Quando si voglia creare una superficie che abbia una qualche armonia estetica per tutta la sua estensione, o quando si voglia sperimentare una forma radicalmente nuova, è necessario ritornare alle pure formule, come nel caso della copertura del British Museum.

La paura della matematica

Scrivere direttamente l'espressione parametrica di una superficie presenta diverse difficoltà. È necessario padroneggiare la sintassi e la grammatica delle espressioni. Bisogna fare i conti con il bilanciamento delle parentesi, l'utilizzo corretto dei vari operatori, la memorizzazione dei nomi delle funzioni più utilizzate (*sin, cos, sqrt*, ecc.) e questo può diventare un ostacolo che toglie immediatezza al rapporto fra l'ideazione della forma e la scrittura della formula. Una piccola modifica casuale delle espressioni porta con tutta probabilità a un errore di "grammatica" oppure alla generazione di una forma "sbagliata" molto peggiore di quella di partenza. Questo scoraggia l'esplorazione di forme nuove.

Con il laboratorio *formulas* abbiamo fatto diversi esperimenti, in occasione di alcune mostre di matematica (per esempio al Festival della Scienza di Genova nel 2007). Abbiamo messo a disposizione del pubblico un programma che permette di creare interattivamente una superficie parametrica a partire dalle formule. In genere gli utenti non sono stati in grado di creare superfici interessanti, che non fossero piccole variazioni a partire dagli esempi messi a disposizione.

Probabilmente gioca un ruolo anche quella specie di blocco psicologico che molte persone hanno di fronte al formalismo matematico.

Infine il linguaggio delle espressioni, pur nella sua compattezza, a volte diventa prolisso, obbligando a ripetere pezzi di espressione. Per esempio, nell'espressione che genera una forma a ciambella (*toro*):

$$\begin{cases} x = (1 + 0.2 \; sin \; (\theta)) \; cos \; (\psi) \\ y = (1 + 0.2 \; sin \; (\theta)) \; sin \; (\psi) \\ z = 0.2 \; cos \; (\theta) \end{cases}$$

un pezzo di codice viene ripetuto due volte. Se volessimo creare una ciambella con una sezione non circolare, la situazione peggiorerebbe, con parti ripetute ancora più estese e complicate:

$$\begin{cases} x = (1 + (0.2 + 0.05 \; sin \; (5\theta)) \; sin \; (\theta)) \; cos \; (\psi) \\ y = (1 + (0.2 + 0.05 \; sin \; (5\theta)) \; sin \; (\theta)) \; sin \; (\psi) \\ z = (0.2 + 0.05 \; sin \; (5\theta)) \; cos \; (\theta)). \end{cases}$$

Le equazioni diventano poco "leggibili" e le modifiche sono laboriose, perché è necessario cambiare in maniera consistente tutte le copie dello stesso testo.

La struttura logica delle equazioni è spesso poco evidente. Strutture geometriche simili possono avere formule profondamente diverse.

Per esempio, il cilindro e il toro hanno una parentela, visto che il toro può essere considerato un cilindro ripiegato su se stesso. Ma le due rappresentazioni parametriche appaiono piuttosto differenti:

$$Cilindro = \begin{cases} x = cos \; (\psi) \\ y = sin \; (\psi) \\ z \end{cases} \qquad Toro = \begin{cases} x = (3 + cos \; (\psi)) \; cos \; (\theta) \\ y = sin \; (\psi) \\ z = (3 + cos \; (\psi)) \; sin \; (\theta). \end{cases}$$

Queste difficoltà suggeriscono lo sviluppo di un sistema "visuale" e interattivo per definire una superficie in forma parametrica.

Sintetizzatore di forme

Già nel 1977 Andrew Glassner descrive lo *Shape Synthetizer,* un sistema ispirato alla nozione del sintetizzatore modulare di suoni [4]. Nei sintetizzatori, i suoni sono creati combinando con fili elettrici schermati vari componenti elettronici: sorgenti (oscillatori o campionamenti) e modificatori (filtri, ritardi, riverberi, ecc.). Alcuni componenti combinano più ingressi: per esempio un amplificatore può intensificare un segnale utilizzando un secondo segnale come controllo. Il complesso sistema di moduli semplici può generare comportamenti emergenti di grande complessità, difficili da prevedere in base al solo comportamento dei moduli costituenti.

Il sistema di controllo, basato su blocchetti semplici da collegare fra loro, come in un gioco di costruzioni, favorisce la sperimentazione e la ricerca di suoni nuovi.

Il programma sviluppato da Glassner cerca di riprodurre questo tipo di interazione nel contesto della generazione di forme tridimensionali. Il pannello di controllo del programma visualizza un insieme di blocchetti che rappresentano operazioni elementari che possono essere effettuate su terne di numeri. I blocchetti si possono collegare fra loro con delle linee che rappresentano i fili del sintetizzatore. Ci si deve immaginare che le coordinate dei punti nello spazio tridimensionale fluiscano lungo queste linee e attraverso i blocchetti, fino ad arrivare sullo schermo principale, dove danno vita ad immagini di affascinante complessità.

Lo *Shape Synthetizer* è un esperimento nel campo della computer graphics e non si propone di essere uno strumento utilizzabile in produzione, ma recentemente idee simili sono state riprese (o riscoperte indipendentemente) nell'ambito della metodologia chiamata Progettazione Generativa.

Un esempio particolarmente interessante è *Grasshopper^{TM}*, un plugin per il CAD *Rhinoceros3D^{TM}*, sviluppato per permettere agli utenti di controllare la generazione del modello con un'interfaccia basata su blocchetti e connettori, senza la necessità di dover imparare un linguaggio di programmazione. Il sistema unisce la versatilità e la potenza dello *scripting* alla facilità di apprendimento del CAD e rappresenta certamente uno sviluppo molto significativo degli strumenti messi a disposizione dell'architetto.

Nelle prossime pagine verrà illustrato *SurfaceSynthetizer*, un sistema basato su un'interfaccia molto simile a quella di Grasshopper, sviluppato in maniera indipendente, con fini didattici e divulgativi nel laboratorio *formulas* e scaricabile gratuitamente dal sito del laboratorio [1].

SurfaceSynthetizer

Il programma permette di generare una o più superfici parametriche, che vengono visualizzate nella finestra principale e possono essere liberamente ruotate con il mouse.

Accanto alla finestra principale c'è un'area di lavoro in cui è possibile creare, spostare e cancellare vari tipi di blocchetti che rappresentano i parametri della superficie, le operazioni che devono essere effettuate e infine l'output, cioè la superficie stessa. I blocchetti possono essere collegati con connettori curvilinei. A seconda del tipo di blocchetti collegati si può immaginare che lungo il connettore fluiscano numeri singoli o terne di numeri, cioè punti nello spazio.

Lo schema più semplice prevede un nodo di tipo **Point** collegato con un nodo di tipo **Out**. Il nodo Point crea un punto nello spazio. Il nodo Out lo visualizza. Sullo schermo compare un singolo punto brillante, posto all'origine degli assi.

Per default le tre coordinate del punto sono poste a zero, ma questo valore può essere cambiato interattivamente, utilizzando il mouse. Cambiando le *coordinate* il punto visualizzato si sposta.

Le cose diventano più interessanti aggiungendo un nodo che rappresenta il parametro **U**. Collegando il nodo U con il nodo Point, in corrispondenza della coordinata x, il numeretto che indica il valore della coordinata scompare: il valore viene preso dal connettore. Il nodo U genera valori compresi in un intervallo, per esempio in [-1,1] (anche questi estremi possono essere cambiati interattivamente con il mouse). Possiamo immaginare che l'output di U vari molto velocemente lungo tutto l'intervallo. Quindi, con i collegamenti appena realizzati, la coordinata x del punto visualizzato varia nell'intervallo [-1,1] e sullo schermo al posto di un punto viene visualizzato un segmento.

Questo è uno strumento che ci permette subito di studiare i grafici di funzione. Per esempio se prendiamo il nodo * che rappresenta la moltiplicazione e colleghiamo entrambi i suoi ingressi al nodo U, poi colleghiamo la sua uscita, che rappresenta l'operazione $U*U=U^2$ con la coordinata y del nodo Point, il segmento diventa una parabola (Fig. 7).

Per esplorare il mondo delle superfici ci serve un altro parametro, che vari indipendentemente da U. Utilizziamo quindi il nodo **V**. Se colleghiamo V con la coordinata z del nodo Point, la parabola si trasforma in un foglio rettangolare, piegato in modo da avere una sezione parabolica (Fig. 8).

I blocchetti disponibili permettono di implementare vari tipi di superfici parametriche. Particolarmente interessanti sono i blocchetti che agiscono sulle terne di coordinate (cioè sui punti) invece che sui singoli numeri. Per esempio esistono tre blocchetti che permettono di ruotare un punto attorno ai tre assi principali. Se inseriamo un blocchetto **XRot** (che ruota attorno all'asse X) fra il blocchetto Point e il blocchetto Out, possiamo (modificando con il mouse il valore dell'angolo di ro-

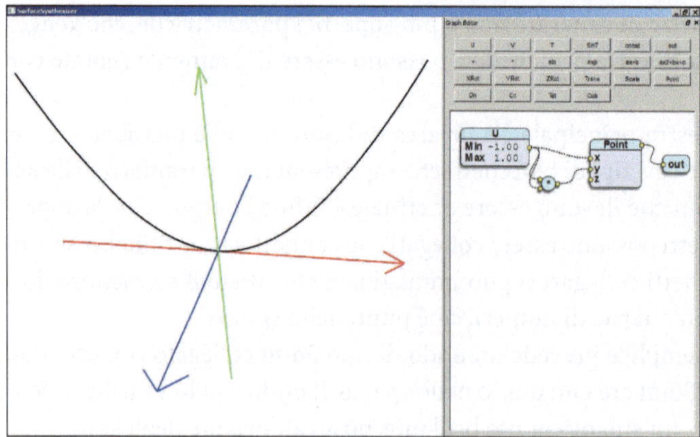

Fig. 7. Screenshot del *SurfaceSynthesizer*. Parabola

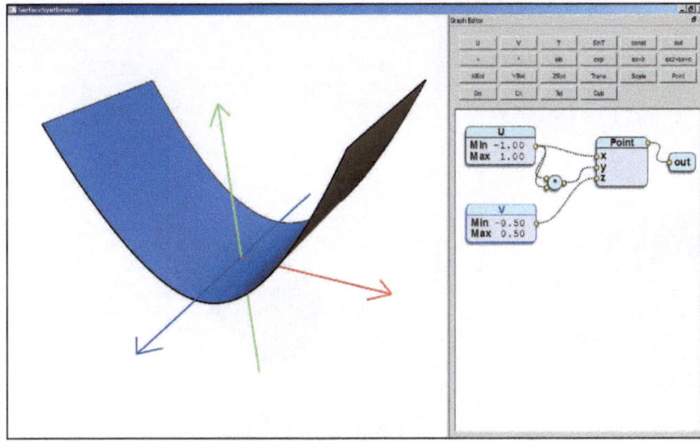

Fig. 8. Cilindro
a sezione
parabolica

tazione) ruotare tutto il modello attorno all'asse X. Ma se colleghiamo il secondo
ingresso del blocchetto **XRot** con l'uscita del nodo V, stiamo imponendo che l'angolo di rotazione dipenda dalla coordinata V: quindi ogni "parallelo" della superficie verrà ruotato di un angolo diverso. Se, per chiarezza, cancelliamo il nodo * (quello che aveva generato la parabola), otteniamo un elicoide, ovvero un nastro sottoposto ad una torsione (Fig. 9).

Oltre ai parametri U e V è disponibile anche il parametro T che rappresenta il
tempo e che permette di animare i modelli. Lo schema raffigurato qui accanto anima l'elicoide, facendolo torcere prima in un senso, poi nell'altro (Fig. 10).

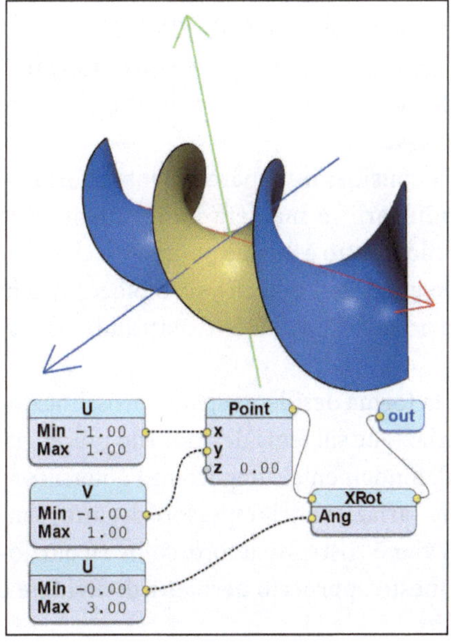

Fig. 9. Elicoide

Fig. 10. Schema dell'elicoide animato

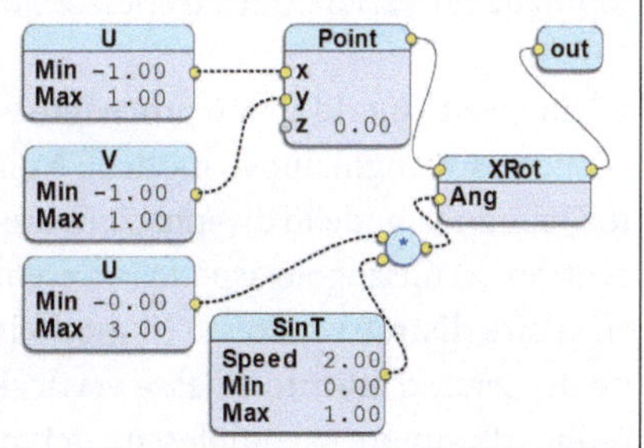

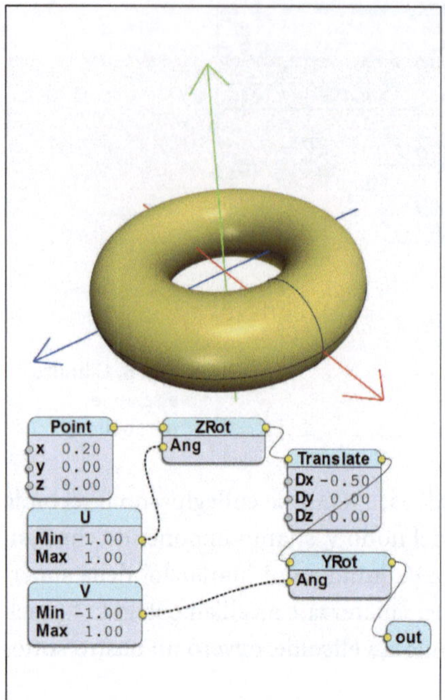

Fig. 11. Toro   **Fig. 12.** Cilindro

I blocchetti che ruotano i punti attorno agli assi sono uno strumento potente che permette di definire in maniera compatta e comprensibile figure più complesse. In figura sono raffigurati un toro (Fig. 11) e un cilindro (Fig. 12).

Lo schema è facile da leggere e appare chiara la parentela fra i due modelli: il toro è tracciato da un cerchio che ruota attorno a un asse, mentre il cilindro viene tracciato da un cerchio che trasla lungo un asse.

L'organizzazione a blocchetti invoglia a considerare separatamente i vari elementi che definiscono una formula e modificarli in maniera indipendente. Nel modello del toro, la coordinata x del primo blocchetto è l'unico parametro che controlla lo spessore del toro. Viene spontaneo attaccarci qualche altro blocchetto in modo da far variare questo spessore in funzione di U o di V (o di entrambi) (Figg. 13-14).

In questo modo si può procedere verso la forma desiderata per approssimazioni successive: ogni nuovo modello è una variazione sul tema del modello precedente. Quando il modello diventa complesso è di fondamentale importanza potersi concentrare su un singolo aspetto (ad esempio le variazioni dello spessore del toro) senza venire distratti dal resto (il modo in cui viene costruito il toro, come rivoluzione del cerchio attorno all'asse verticale). Questo approccio permette di dividere e quindi dominare la complessità del modello.

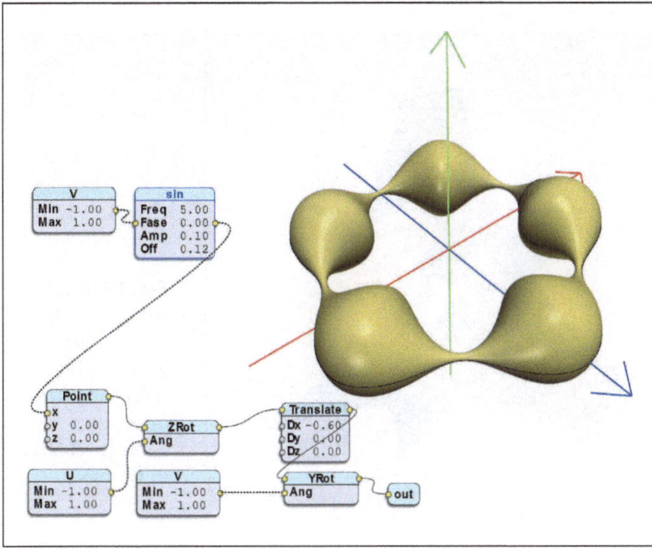

Fig. 13.
Variazione
sul toro:
lo spessore
dipende da V

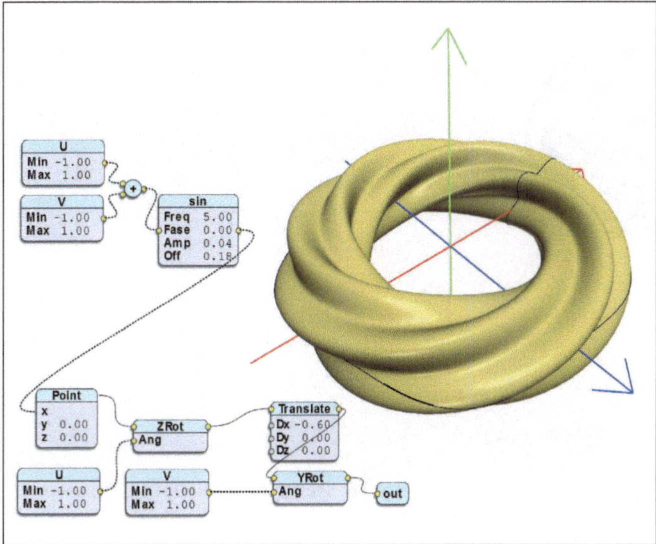

Fig. 14. Altra
varazione sul toro:
lo spessore
dipende da U
e da V

Un'ultima caratteristica notevole del sistema è la facilità con cui operatori (cioè blocchetti) di tipo completamente differente vengono integrati all'interno dello stesso schema concettuale.

Per esempio alcuni blocchetti creano molte istanze della stessa superficie applicando un sistema di rotazioni e/o riflessioni in maniera simile a come fanno i caleidoscopi (Fig. 15).

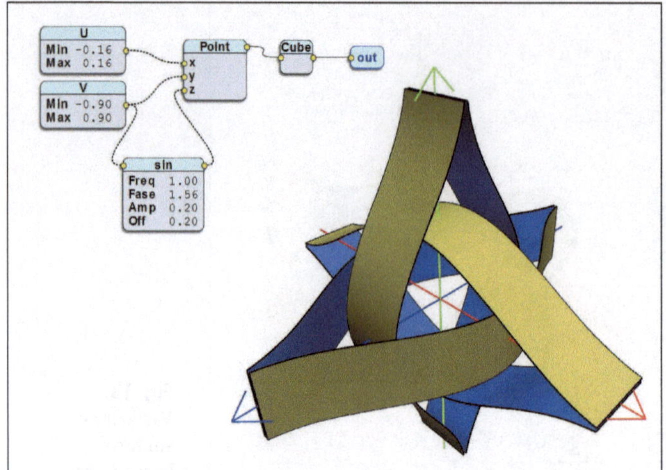

Fig. 15. Utilizzo del blocchetto "Cube", che genera sei repliche della superficie, orientate come le sei facce di un cubo

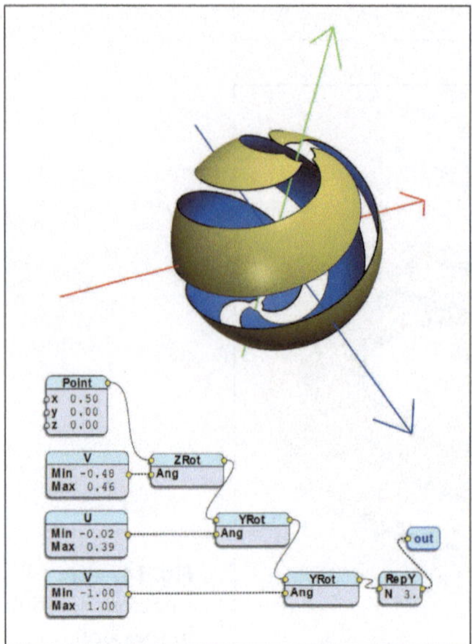

Fig. 16. Tre strisce spiraliformi sulla sfera

Nelle figure accanto sono illustrati alcuni modelli con i relativi schemi a blocchetti (Figg. 16-17).

Conclusioni

La rappresentazione delle funzioni che definiscono una superficie mediante il sistema dei blocchetti e dei connettori è a tutti gli effetti una notazione precisa e for-

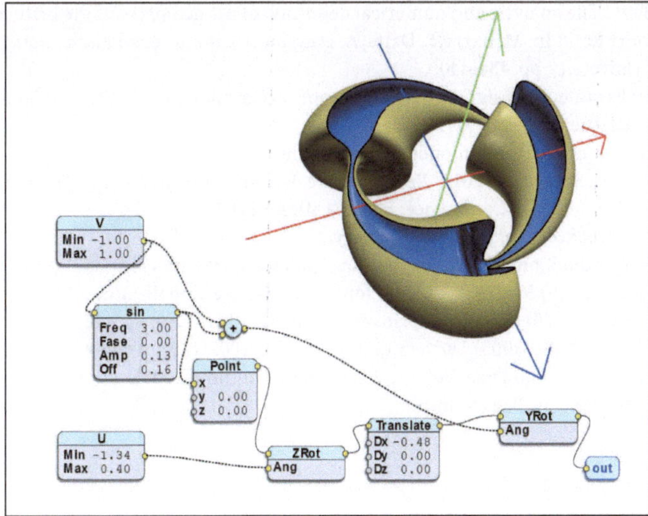

Fig. 17.
Variazione
sul toro

male, equivalente a quella algebrica. Essa riduce la possibilità di errori di sintassi e favorisce un approccio sperimentale.

Lo schema dei blocchetti e dei connettori invita a percepire la superficie come il risultato finale di una sequenza di operazioni. Diventa quindi naturale progettare le forme complesse attraverso una serie di variazioni successive a partire da forme più semplici.

La disposizione dei blocchetti, estesa in due dimensioni su tutta l'area di lavoro (contrapposta alla struttura rigidamente lineare delle espressioni algebriche) permette di suddividere il problema di progettazione in vari sotto problemi che possono essere analizzati e risolti indipendente, uno dopo l'altro.

Questo tipo di tecniche si stanno dimostrando più facili da apprendere rispetto a quelle basate sulla pura programmazione e, in molti contesti applicativi, hanno quasi la stessa potenza. Nei reali contesti di produzione si stanno affermando ogni giorno di più.

Bibliografia

[1]   Laboratorio *formulas*, Dipartimento di Matematica, Facoltà di Architettura, Università di Roma Tre. http://www.formulas.it

[2]   The Persistence of Vision Raytracer. http://www.povray.org

[3]   L. Stallings (2010) A brief history of algebraic notation, *School Science and Mathematics* 100, pp. 230-235

[4]   James Tittle II, *Implementation of a Shape Synthesizer in Pure Data and Graphics Environment for Multimedia (GEM)*.
       http://impala.utopia.free.fr/pd/patchs/selection/IMAGES/shapeSynth0.1/shapeSynth.pdf

[5]   C.J.K. Williams (2001) The analytic and numerical definition of the geometry of the British Museum Great Court Roof. In: M. Burry, S. Datta, A. Dawson, A.J. Rollo (eds.) *Mathematics & design*, Deakin University, pp. 434-440

[6]   J. Monedero (2000) Parametric design: a review and some experiences, *Automation in Construction*, Volume 9, Issue 4, pp. 369-377.
       http://info.tuwien.ac.at/ecaade/proc/moneder/moneder.htm

[7]   A. Leitão, F. Cabecinhas, S. Martins (2010) *Revisiting the Architecture Curriculum: The Programming Perspective*, eCAADe Conference: Future Cities, ETH

[8]   Imaginary, *Surfer – Visualization of algebraic geometry*.
       http://www.imaginary-exhibition.com/ surfer.php; qui si può scaricare il programma *RealSurf*

[9]   C. Stussak, P. Schenzel (2010) RealSurf – A Tool for the Interactive Visualization of Mathematical Models. In: Arts and Technology, Springert, Volume 30, Part 2, pp. 173-180

[10]   A. Pagano, L. Tedeschini Lalli (2005) Università di Roma Tre, 1005-2005: Architecture and Mathematics, *Nexus Network Journal*, Volume 7, Number 2 (Autumn 2005).
       http://www.nexusjournal.com/PagTed.html

Matematica e religione

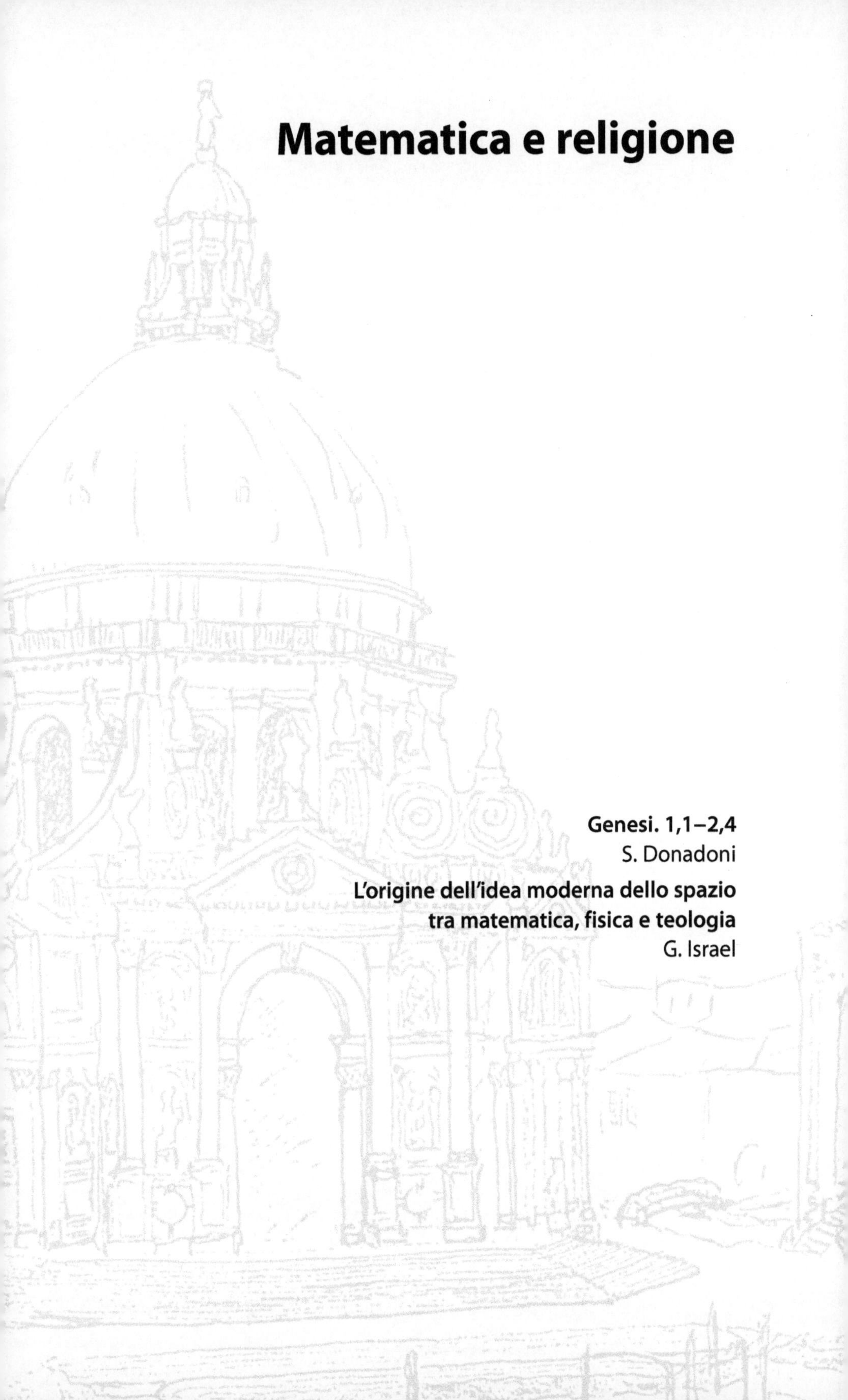

Genesi. 1,1–2,4
S. Donadoni

L'origine dell'idea moderna dello spazio
tra matematica, fisica e teologia
G. Israel

Genesi. 1,1–2,4

di Stefano Donadoni

L'opera Genesi rappresenta i Sette Giorni della Creazione secondo il primo capitolo della Bibbia.

È stata esposta attraverso 7 stampe 50x70, un video e 1.750 cartoline (250x7) a Venezia, durante il convegno *Matematica e cultura*. Il video può essere consultato on-line su http://extras.springer.com (password: 972-88-470-1853-2).

L'opera rientra nella corrente che viene definita Arte Generativa: ciò che la caratterizza è il metodo utilizzato per generare le immagini rappresentate nei quadri e negli altri supporti che la compongono. Infatti, i sette giorni della creazione sono espressione di 700 righe di codice: nulla è disegnato se non attraverso funzioni matematiche. Ogni forma o colore è frutto dell'esecuzione di un algoritmo matematico. Ogni esecuzione genera un'immagine unica. La selezione delle immagini tra le infinite varianti generate dall'algoritmo e il loro trasferimento su carta è prerogativa dell'artista.

L'opera rappresenta i sette giorni della creazione descritti nel *Libro della Genesi*, primo capitolo della *Bibbia* cristiana e della *Torah* ebraica. È sviluppata mediante un metodo generativo: immagini, segni e colori sono diretta espressione di algoritmi e funzioni matematiche. La rappresentazione grafica minimale, simbolica e concettuale è manifestazione della razionalità del mondo e dell'insieme di regole che governano uomo e natura. *Dio* è rappresentato da un triangolo bianco, candido, unico elemento immobile.

Tutto gira intorno a *Dio*. Tutto viene generato dal centro del triangolo. Nel primo giorno viene separata la luce dalle tenebre: due semicerchi cupi, sfalsati per creare un crepuscolo, una zona dove coesistono ombra e luce. Due tratti neri segnano l'asse del pianeta. Le acque vengono separate e tra loro viene creato il firmamento. La terra affiora dalle acque e sopra di essa cresce il regno vegetale, una corona circolare che continua e conclude il mondo naturale, centrifugo e circolare. Il sole e la luna vengono creati per distinguere il giorno dalla notte. Il grande numero all'interno del sole ne simboleggia la funzione primaria: regolare i giorni, i mesi e gli anni. Il regno animale è rappresentato da tre grandi spirali: i pesci nelle acque, gli animali sulla terra e gli uccelli nel cielo. La forma triangolare ripetuta lungo le spirali è simbolo del rispetto degli animali verso le regole del mondo.

Il sesto giorno *Dio* crea l'uomo e la donna. Simili e diversi. Liberi di dominare sul mondo.

Nel settimo giorno *Dio* contempla il suo creato consacrandolo a meditazione e riposo.

Il triangolo centrale si espande e pervade tutto lo spazio.

L'opera è sviluppata in *ActionScript 2.0*, linguaggio di scripting di *Adobe Flash*.

Fig. 1. Notte e Giorno

Fig. 2. Cielo e Mare

Fig. 3. Terra e Piante

Fig. 4. Sole e Luna

Fig. 5. Animali

Fig. 6. Uomo

Fig. 7. Riposo

L'origine dell'idea moderna dello spazio tra matematica, fisica e teologia

di Giorgio Israel

È facile verificare parlando con altri, ma anche esplorando entro noi stessi, quanto sia "naturale" pensare lo spazio come un contenitore vuoto entro cui si muovono i corpi. Eppure un simile modo di pensare lo spazio era sconosciuto e del tutto "innaturale" prima della rivoluzione scientifica. Per rendersene conto è sufficiente affrontare il tentativo di spiegare il concetto di "luogo" secondo Aristotele: è difficile, persino difficilissimo, illustrare un concetto che pure è stato comunemente accettato per tanti secoli, e che oggi appare curioso o addirittura stravagante. Viceversa il concetto di spazio che oggi è per noi spontaneo – inteso come il contenitore vuoto di tutti i corpi esistenti – ha soltanto pochi secoli di vita e anche quando si è vagamente affacciato in epoche precedenti è stato per lo più respinto come inaccettabile. Il concetto "moderno" di spazio è stato formulato in modo rigoroso da Newton. Possiamo richiamarne la definizione attraverso le parole di un filosofo inglese contemporaneo di Newton:

> Noi concepiamo lo Spazio come ciò in cui tutti i corpi sono posti […] che è completamente penetrabile, che riceve in sé tutti i corpi e non rifiuta l'ingresso a nulla; che è immobilmente fisso, incapace di alcuna azione, forma o qualità; le cui parti è impossibile separare l'una dall'altra, mediante qualsiasi forza per quanto grande; ma lo spazio stesso restando immobile, riceve le successioni delle cose in moto, determina le velocità dei loro moti e misura le distanze delle cose stesse. [1]

Questa definizione spiega che lo spazio è un ente vuoto dentro cui i corpi galleggiano, un mero contenitore. Inoltre, esso è anche un sistema di riferimento di carattere matematico, che permette di definire quantitativamente le posizioni dei corpi, le loro distanze rispettive, e quindi di calcolare le loro caratteristiche dinamiche (velocità, accelerazioni).

È facile constatare la differenza radicale di questa nozione con il concetto aristotelico di spazio. Quest'ultimo si fonda sull'idea di "luogo" (topos) di un corpo, definito come il *primo limite interno immobile del corpo che contiene il corpo in questione*. Per esempio, il luogo del vino contenuto in una botte è dato dall'interno della botte. Il luogo della Terra è ciò che è all'interno della superficie che delimita le terre emerse e il fondo del mare, parzialmente a contatto con la superficie inferiore dell'atmosfera, che delimita il luogo dell'aria. Sono da notare alcune conseguenze paradossali di questa definizione. Per esempio, il luogo di una nave che galleggi all'ancora nell'acqua corrente di un fiume è dato dalle rive e dal fondale del fiume; se fosse dato dalla superficie della nave esso sarebbe sempre diverso, sebbene la nave sia immobile.

Da questa definizione di luogo segue quella di spazio, inteso come la *somma totale di tutti i luoghi occupati dai corpi*. Insomma, lo spazio non è il contenitore dei corpi, bensì l'aggregato di tutti i corpi materiali. Per Aristotele, lo spazio non soltanto è *continuo* – in quanto le parti di un solido hanno una frontiera comune e quindi anche le parti dello spazio che sono occupate dalle parti del solido hanno la stessa frontiera comune delle parti del solido – ma *non è vuoto*.

Il concetto di luogo ha un ruolo fondamentale nel permettere ad Aristotele di sviluppare una critica del concetto di vuoto – che è strettamente connessa al suo rigetto delle teorie atomistiche – e viceversa il rigetto del vuoto conduce necessariamente alle definizioni di luogo e spazio che abbiamo visto, come ha bene spiegato Thomas Kuhn [2]. Aristotele distingue tra vuoto *illimitato* e vuoto *limitato*. Se fosse possibile un vuoto illimitato, nessun luogo sarebbe preferibile a un altro, nessuna direzione sarebbe preferibile, tutti i luoghi sarebbero equivalenti e un corpo posto in esso o resterebbe in quiete per sempre o si muoverebbe per sempre: si tratta nient'altro che di un uso in negativo del "principio di inerzia". Ma Aristotele è a favore dell'idea che lo spazio è *limitato*. Ne consegue che, se il vuoto fosse limitato, esso presupporrebbe un ambiente (luogo) in cui potrebbero essere collocati corpi, ma in cui a priori nessun corpo è presente, ovvero un *corpus sine corpore locato* – come si diceva nella scolastica medioevale – ovvero una vera e propria contraddizione logica, una sorta di "luogo" senza "luoghi". La terza argomentazione di Aristotele contro il vuoto consiste nell'osservazione che nel vuoto non vi sarebbe resistenza al moto e quindi (per la proporzionalità inversa fra velocità e resistenza), la caduta dei gravi dovrebbe avvenire all'istante. Si noti che come non è concepibile uno spazio vuoto, così non sono pensabili moti in natura che non incontrino resistenza. Di conseguenza il moto rettilineo uniforme non è possibile. Pertanto Aristotele non anticipa affatto il principio di inerzia – come qualcuno ha preteso – bensì usa l'idea di un impossibile moto rettilineo uniforme come argomento contro il vuoto.

Il rigetto del vuoto, nella scia delle concezioni aristoteliche, ha dominato il pensiero medioevale. Basti pensare alla tematica dell'*horror vacui*, che veniva utilizzata per giustificare fenomeni come quello dei vasi comunicanti. Tuttavia, l'adozione del punto di vista aristotelico è costata parecchio in quanto essa ha comportato una convivenza difficile con il monoteismo creazionista. Difatti, nel pensiero greco in ge-

nerale la funzione creativa di Dio era intesa esclusivamente come quella di un de-
miurgo che ha ordinato un mondo eterno e sempre esistito ma non ha avuto una
funzione realmente creativa. Le religioni monoteistiche pongono la funzione divina in termini molto più radicali: Dio ha creato il mondo dal nulla, non si è limitato
a ordinare una materia informe preesistente. È evidente che l'idea di un nulla da cui
Dio ha fatto scaturire il mondo, o che ha "riempito", si pone in rotta di collisione con
l'idea della pienezza dello spazio e con l'idea di un mondo eterno. Assai interessante, al riguardo, è la confutazione dell'eternità del mondo proposta da Filopono di Alessandria (VI secolo). Filopono contesta l'idea aristotelica dell'eternità del tempo, asserendo che il tempo e il mondo sono stati creati in un istante determinato. Difatti,
se si affermasse che il mondo è sempre esistito e il tempo è infinito nelle due direzioni (passato e futuro), allora sarebbero esistite infinite generazioni di uomini, ovvero un numero infinito di uomini fino a Platone, e da Platone in poi ne esisteranno ancora infiniti. Ma che senso ha la somma di due infiniti? – si chiede Filopono.
Tanto è assurdo pensare a un infinito più grande di un altro infinito quanto è insen-
sato parlare dell'eternità del tempo. Il tempo è nato a un certo momento, con la creazione. Così, anche circa il concetto di spazio Filopono si spinge a dire che lo spazio
è il luogo di tutti gli oggetti fisici, con le sue tre dimensioni. In tal modo, egli introduce un elemento di carattere quantitativo, ma si ferma qui dicendo che lo spazio
non può essere separato dai corpi che lo occupano in quanto il vuoto è impossibile. Egli non si spinge fino al punto di ammettere l'esistenza del vuoto, ma compie
un passo in avanti asserendo che può essere fatta una distinzione tra spazio e corpi, sia pure soltanto nel pensiero. Il caso di Filopono è significativo, sia perché mostra la difficile convivenza tra la concezione aristotelica e l'idea creazionista caratteristica delle religioni monoteiste, sia perché evidenzia come è nel contesto della
tematica teologica che si è posto il problema della natura dello spazio.

Nonostante Newton venga presentato da parte di una cattiva storiografia come
il prototipo di uno scienziato positivista, nella sua concezione dello spazio la motivazione teologica è estremamente evidente [3, 4]. Lo spazio è per lui nient'altro
che il *sensorium Dei*, il luogo delle sensazioni divine; è la manifestazione dell'onnipresenza di Dio, così come il tempo è la manifestazione della sua eternità. Nel ven-
tottesimo quesito dell'*Opticks* Newton definisce Dio come un

> Essere incorporeo, vivente, intelligente, onnipresente il quale nello spazio infi-
> nito come Suo sensorio, vede intimamente le cose stesse, e le percepisce com-
> pletamente, e le capisce interamente in virtù della loro presenza immediata a Lui
> stesso. [5]

In un manoscritto egli afferma che "nessun ente esiste o può esistere se non si ri-
ferisca in qualche modo allo spazio", così proponendo lo spazio come contenitore
e riferimento di tutti i corpi e aggiunge che:

Dio è ovunque, le menti create sono in qualche luogo, e il corpo è nello spazio che riempie: ciò che non è ovunque, né in alcun luogo, non è. Onde lo spazio è effetto emanativo dell'ente primo, poiché, posto un qualsiasi ente, si pone lo spazio. La durata si può definire in modo analogo: entrambi infatti sono affezioni o attributi dell'ente in base ai quali si definisce la quantità di esistenza di ciascun individuo, quanto all'ampiezza della sua presenza e della sua perseveranza nell'essere. Così la quantità di esistenza di Dio è eterna quanto alla durata, infinita quanto allo spazio in cui è presente: e la quantità di esistenza della cosa creata coincide, quanto alla durata, con la sua durata da quando cominciò a esistere e, quanto all'ampiezza della sua esistenza ,con lo spazio in cui è presente. [6, p. 103]

Da dove nascono idee del genere? Il percorso della loro genesi è estremamente complicato e intricato ed è stato ricostruito da una letteratura relativamente recente entro la quale spicca un fondamentale lavoro di Brian Copenhaver [7]. È fuori questione in uno scritto breve come questo delineare sia pur approssimativamente tale percorso. Ci limiteremo a indicare alcune piste che possono essere approfondite con letture specialistiche. Si tratta di seguire la traccia che conduce da alcuni aspetti del pensiero mistico e, in particolare, alla mistica della Kabbalah ebraica [8], ai suoi influssi su quel gigantesco *corpus* letterario denominato come "Cabala cristiana" che conduce direttamente alla cultura rinascimentale e, in particolare, al pensiero di Pico della Mirandola, di Marsilio Ficino e di Johannes Reuchlin. Di qui, si perviene, attraverso una serie di passaggi che conducono al pensiero del filosofo cabalista inglese Henry More e quindi a Newton. Difatti, Henry More influenzò in modo decisivo il pensiero teologico e filosofico di Newton. Inoltre, Newton conosceva i testi cabalistici, come è provato dal fatto che egli fa riferimento alla parola ebraica *maqom* che vuol dire "posto" (uno dei termini per indicare lo spazio) ed è al contempo uno dei "nomi di Dio".

Nell'Antico Testamento si possono contare 91 nomi di Dio, di cui 16 fanno riferimento all'idea di luogo, di dimensione, di presenza. I più importanti sono: *Shamayim*, *Shekinah* e *Maqom*. *Shamayim*, che vuol dire "cieli", indica il mondo superiore dove Dio risiede, ed enfatizza la distanza, la separazione tra il mondo terreno e la sfera divina, simboleggia la dimensione della trascendenza. Invece *Shekinah*, che significa "presenza", denota l'onnipresenza divina, l'idea che pur essendo Dio trascendente e distante nei cieli, è anche onnipresente: non vi è luogo dove Dio non sia presente, che sia vuoto della sua *Shekinah*. *Maqom* significa invece "posto", "luogo", "collocazione". Esso compare in Esodo 33:21 nel versetto: "Ecco un luogo (*maqom*) con Me". Questo versetto ha dato luogo a una quantità interminabile di interpretazioni tra cui la più importante è quella contenuta nel *Midrash Rabbah* sulla Genesi (della fine del III secolo d.C.). In questo commento si osserva: "Perché cambiamo nome a Dio chiamandolo il Posto (*Maqom*)? Perché Dio è il Posto del mondo. Ma Dio è il Posto del mondo o il mondo è il Posto di Dio? Dal versetto [Esodo

33:21] *Ecco qui un Posto con Me* segue che Dio è il Posto del Suo mondo ma il Suo mondo non è il suo Posto". In un altro commento talmudico si osserva che la *Shekinah* non ha bisogno di discendere sulla terra, in quanto vi è gia presente. Essa non deve muoversi nello spazio per manifestarsi, in quanto il Dio onnipresente è il Luogo (*Maqom*) del mondo.

Questi commenti si riconnettono in modo evidente alla concezione newtoniana dello spazio come *sensorium Dei*. Dio è il contenitore del mondo, non è contenuto in esso, il mondo non è il suo "posto", bensì egli è il "posto" del mondo. In un libro di grande interesse [9], Tony Lévy ha evidenziato il ruolo avuto dal filosofo ebreo spagnolo Hasdai Crescas, vissuto tra la fine del XIV secolo e gli inizi del XV secolo nel mettere radicalmente in discussione la concezione aristotelica dello spazio, e quindi ben prima che essa venisse criticata nel contesto della rivoluzione scientifica. Rinviamo al testo di Lévy [9] per i dettagli limitandoci ad accennare alle tesi principali contenute nel trattato di Crescas, *Or Adonai* ("La luce del Signore"), e riprendendo dal testo di Lévy le citazioni che seguono. Crescas era influenzato dalle correnti cabalistiche ed era fieramente ostile alla tradizione rabbinica il cui massimo esponente era Mosé Maimonide. Maimonide era un aristotelico, e rappresentava la controparte di Tommaso d'Aquino in ambito cristiano e di Averroé in ambito musulmano. Egli si opponeva duramente alle correnti mistiche e perseguiva una riconciliazione tra monoteismo ebraico e naturalismo aristotelico, pur andando incontro alle contraddizioni che abbiamo messo in luce in precedenza. Egli si spinse a dire che nella *Torah* era probabilmente contenuta una spiegazione dei segreti della natura, e quindi una spiegazione complessiva del mondo, ma che la dottrina capace di enucleare questi segreti era andata persa irrimediabilmente e che quindi la conoscenza del mondo naturale era ormai rappresentata dalla Fisica di Aristotele. Era un punto di vista del tutto analogo a quello della scolastica cristiana, quando presentava Aristotele come il *praecursor Christi in naturalibus*. Crescas, in consonanza con la tradizione kabbalistica, attaccava violentemente Maimonide e la pretesa di fondare la visione del mondo sulle teorie aristoteliche. Maimonide sosteneva che non esiste una relazione tra Dio e lo spazio e il tempo: secondo lui il versetto di Esodo 33:21 andava interpretato nel senso che il "posto" (*maqom*) indica soltanto un grado di contemplazione della divinità da parte dell'uomo. A questa tesi Crescas rispose con estremo vigore polemico:

[…] non si è trovato nessuno fino ad oggi che criticasse le dimostrazioni del Greco [Aristotele] che ha oscurato la vista dei tempi nostri. Ecco perché per coloro i cui occhi sono aperti all'arte della filosofia ho trovato opportuno esporre in un libro le radici e i fondamenti su cui posa la Legge nella sua totalità e i poli attorno a cui essa si dispiega, senza mostrare alcuna propensione se non per la verità e poiché il fondamento dell'errore è la dipendenza nei confronti delle parole del Greco e le dimostrazioni che ha elaborato, mi è sembrato opportuno attirare l'attenzione sulla falsità delle sue dimostrazioni e sul carattere fuorviante dei suoi argomenti, compresi quelli di cui si è servito il Maestro [Maimonide].

Per sviluppare questa critica Crescas confutava i paradossi dell'infinito, in particolare quelli di Zenone che da secoli bloccavano la considerazione dell'infinito in termini matematici. È noto che Aristotele aveva proposto di superare i paradossi dell'infinito ricorrendo al concetto di infinito potenziale ed escludendo quello di infinito attuale. Crescas puntava direttamente alla rivalutazione di questo secondo concetto. Inoltre proponeva l'idea che il vuoto spaziale è una grandezza infinita che può includere una pluralità di mondi. Infine, sosteneva l'esistenza di numeri infiniti e la possibilità di manipolarli con regole logiche, in ciò fornendo una sorprendente anticipazione della teoria degli insiemi di Cantor.

Le tesi principali di Crescas possono essere riassunte in quattro punti: 1) il vuoto esiste; 2) il luogo di un corpo è la parte di spazio vuoto che esso occupa; 3) il vuoto è una grandezza; 4) il vuoto è infinito.

Citiamo alcune frasi di Crescas che danno un'idea particolarmente chiara del suo punto di vista e della sua audacia e originalità (rinviando a [9] per i dettagli):

Non è vero che le dimensioni astratte richiedono un luogo.

Questa affermazione contesta radicalmente la concezione di luogo di Aristotele affermando la possibilità di concepire una dimensione astratta.

L'esistenza del vuoto non è altro che tre dimensioni astratte, separate dal corpo.

Anche questa è un'affermazione di estrema modernità che prefigura l'idea dello spazio come un continuo tridimensionale di "riferimento" per gli oggetti in esso contenuti.

Se noi poniamo la creazione *ex nihilo* risulta che vi è vuoto perché la definizione di vuoto è uno spazio privo di corpo e suscettibile di avere in esso un corpo.

Appare chiaramente che la verità è che il vero luogo di un oggetto è l'intervallo dei limiti di quel che è circostante.

Le dimensioni separate hanno come significato lo spazio vuoto suscettibile di ricevere dimensioni corporee. Abbiamo proprio detto spazio vuoto perché è chiaro che il luogo vero di un corpo è il vuoto uguale al corpo e riempito dal corpo.

La grandezza incorporea all'esterno del mondo non può avere limite perché terminerebbe con un corpo o con un altro vuoto. Ma non è possibile che termini con un corpo. Essa deve dunque terminare con un vuoto e così all'infinito. Si è dunque dimostrato che esiste una grandezza incorporea infinita.

Infine, riferendosi all'interpretazione che Maimonide dà all'espressione "suo luogo" nel versetto di Esodo 33:21, Crescas precisa la sua concezione dello spazio "vuoto":

> È perché questa opinione [la teoria dello spazio vuoto] era generalmente riconosciuta come designante il luogo, che molti Antichi consideravano la forma come il vero luogo di una cosa. Perché la forma (come il luogo) determina la cosa nella sua totalità e nelle sue parti. [...] Allo stesso modo, poiché Dio [...] è la forma di tutto l'universo, perché l'ha creato, l'ha individualizzato, l'ha determinato, i saggi l'hanno spesso designato con il termine luogo: "Benedetto sia il Luogo", "Egli è il Luogo del mondo". Questa analogia è particolarmente adeguata perché come le dimensioni del vuoto penetrano le dimensioni del corpo e lo riempiono, così la Sua gloria [...] è presente in tutte le parti del mondo e lo riempie della sua pienezza, come è detto: "Tutta la terra è piena della Sua gloria". L'interpretazione del Maestro [Maimonide] non ha dunque ragione di essere perché è inadeguato attribuire a Dio una distinzione nel grado".

Queste visioni di Crescas sono largamente influenzate dal pensiero kabbalistico che ha al centro l'idea della creazione dal nulla, o addirittura l'idea che l'essenza della creazione è il nulla. Per esempio, la scuola kabbalistica di Gerona reinterpretava la tesi aristotelica della *steresis* secondo cui ciò che individua un ente è la sua distinzione rispetto al "resto": i suoi contorni, o limiti, definiscono ciò che gli "manca", per cui l'assenza (il "non", il "niente") definisce la sua individualità. Di qui l'identificazione dell'atto creativo con il nulla, fino all'affermazione radicale che Dio *è* il nulla.

Come ho detto, la ricostruzione dei vari passaggi e dei vari influssi è cosa estremamente complessa e per la quale rinviamo a un fondamentale testo di Chaim Wirszubski [10]. Ci limiteremo a delineare in modo schematico tali passaggi premettendo il racconto di un episodio assai significativo. Si tratta della vicenda del kabbalista spagnolo Abraham Abulafia. Questi, convintissimo di poter convertire il Papa, gli scrisse nel 1280 annunciando la sua prossima venuta in Italia. Papa Niccolò III lo diffidò dal venire, ma egli intraprese ugualmente il viaggio e, quando entrò nella sala delle udienze del castello papale di Soriano del Cimino, accadde un fatto incredibile: il Papa morì di colpo... A questo punto egli fu imprigionato dai monaci di guardia ma, nel trambusto, riuscì a fuggire intraprendendo una lunga peregrinazione che lo condusse prima a Capua, poi in Sicilia dove esisteva una comunità ebraica importante cui trasmise la sua dottrina. Abulafià ha lasciato un corpus kabbalistico importantissimo che è stato oggetto di studio del massimo esperto attuale di Kabbalah, Moshe Idel. Circa un secolo dopo la morte di Abulafià le sue

opere furono riscoperte da un ebreo siciliano, Abul Nissim Farag il quale le studiò
e le trasmise al figlio, di nome Samuel ben Nissim Abul Farag. Questi si convertì al
cristianesimo prendendo il nome di Raimondo Moncada, latinizzato anche come
Flavius Mithridates. Mithridates tradusse gran parte delle opere di Abulafià ed essendo anche un cultore della Kabbalah geronese inserì interpolazioni e interpretazioni tratte da questa e anche sue vedute personali. Ebbene, Mithridates fu il maestro kabbalista di Pico della Mirandola. Pico conosceva bene l'ebraico, conosceva i
testi kabbalistici, sia pure per trasmissione indiretta, come nel caso di Mithridates,
e quindi in modo talora alterato. Nelle sue ambizioni la Kabbalah poteva essere uno
strumento atto a dimostrare i dogmi della religione cristiana, in particolare il dog-
ma della trinità. A sua volta, egli influenzò l'altro grande cabalista rinascimentale,
Johannes Reuchlin.

La seconda linea di influenze ci porta direttamente a Newton. Pico della Mirandola ebbe un'influenza diretta su Henry Moore ma prima vi furono altri passaggi.
Mi riferisco a un personaggio cruciale nella mistica tedesca influenzata dalla Kabbalah, Jakob Böhme, che a sua volta ebbe un influsso decisivo su Christian Knorr von
Rosenroth, che fu autore di due testi: *Kabbala denudata I* (1677) e *Kabbala denudata II* (1684). Il primo volume risentiva del pensiero di Spinoza, della Kabbalah pale-
stinese di Isaac Luria e del massimo testo della Kabbalah spagnola, lo *Zohar*. Il secondo era di gran lunga più interessante e conteneva conoscenze di prima mano di

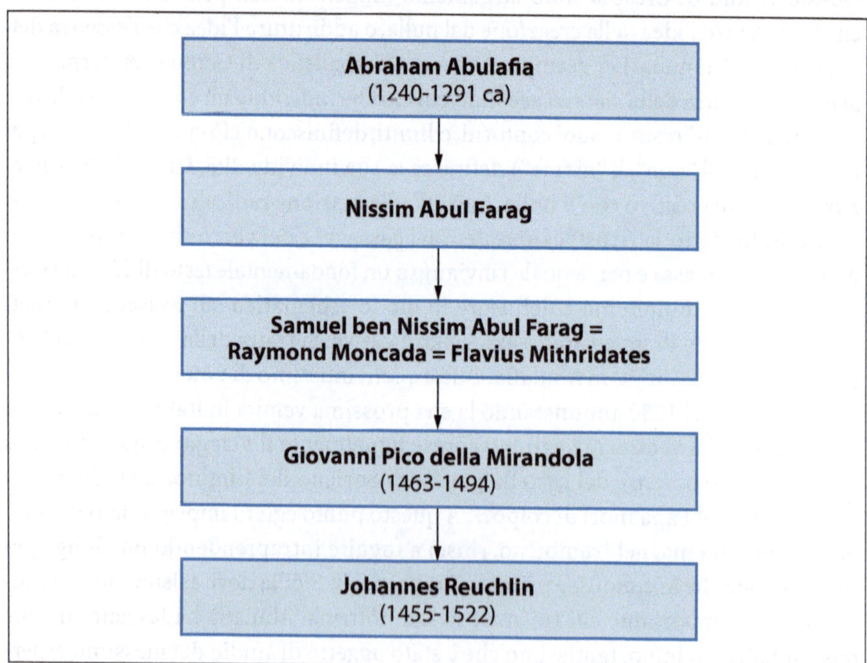

Fig. 1. Cronologia

autori fondamentali della letteratura kabbalistica. Entrambi questi testi furono letti da Henry More cui va fatta risalire la concezione dello spazio caratteristica di Newton, il quale subì anche l'influsso del matematico mistico, Joseph Raphson.

Osserviamo di passaggio che le influenze di queste correnti di pensiero si esercitarono anche su altri grandi protagonisti della rivoluzione scientifica, come Leibniz, che ebbe una nutrita corrispondenza con la filosofa inglese Anne Conway i cui legami con il pensiero di More sono evidenti e noti.

Concludiamo qui questa sintesi schematica che si limita a fornire le piste delle varie influenze. Un'analisi più dettagliata potrebbe permettere di cogliere, come ha

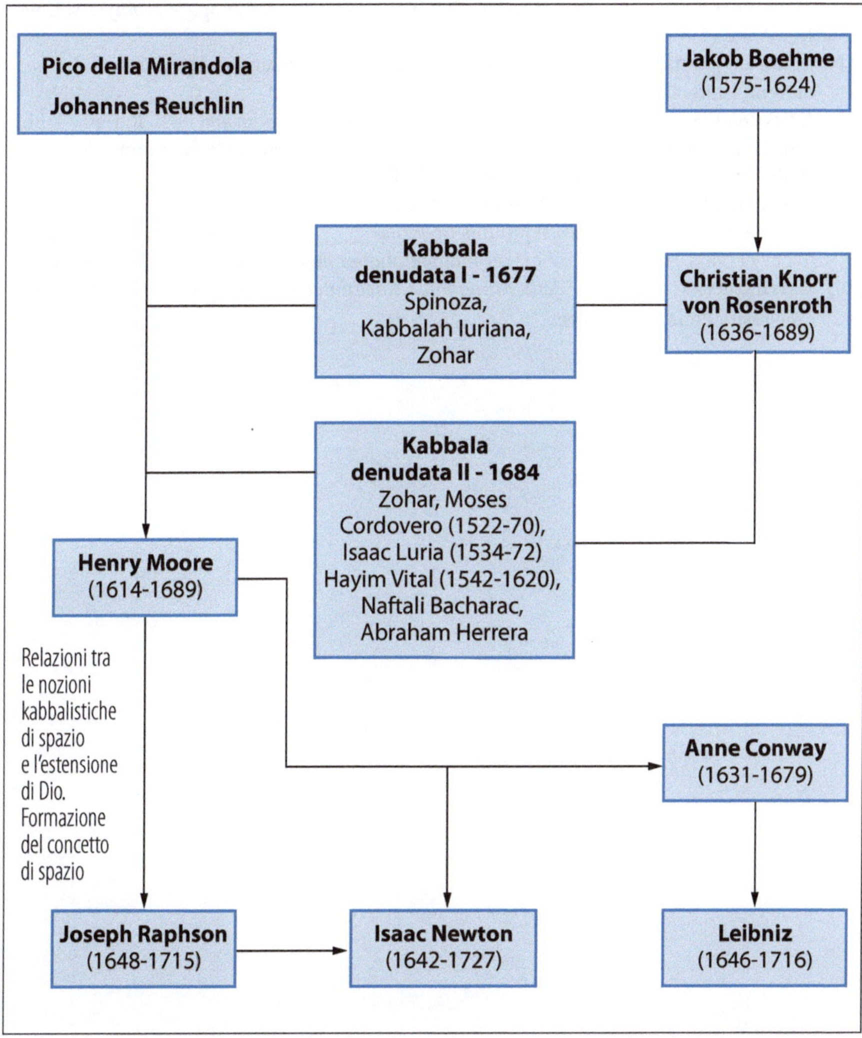

Fig. 2. Uno schema di influenze

fatto Copenhaver, gli influssi effettivamente esercitati su Newton e quegli aspetti del pensiero mistico che invece egli ha respinto. Si tratta di una ricerca che richiede ulteriori approfondimenti, in particolare concentrati sugli scritti teologici di Newton, il cui studio è ancora poco sviluppato.

Bibliografia

[1]   J. Keill (1745) *Introduction to Natural Philosophy or Philosophical Lectures, read in the University of Oxford anno Domini 1700*, Senex et al., London

[2]   T. S. Kuhn (2008) *Le rivoluzioni scientifiche*, Il Mulino, Bologna

[3]   P. Casini (1969) *L'universo macchina*, Laterza, Roma-Bari

[4]   M. Jammer (1993) *Concepts of Space. The History of Theories of Space in Physics*, Dover, New York

[5]   I. Newton (1704) *Opticks, or a treatise on the reflexions, refractions, inflections and colours of light*, Smith, London

[6]   I. Newton [dataz. incerta] *De gravitatione et aequipondio fluidorum*, in: A. R. Hall, M. Boas Hall (1962) *Unpublished Scientific Papers*, Cambridge University Press, Cambridge

[7]   B. P. Copenhaver (1980) Jewish Theologies of Space in the Scientific Revolution: Henry More, Joseph Raphson, Isaac Newton and Their Predecessors, *Annals of Science* 37: 489-548

[8]   G. Israel (2005) *La Kabbalah*, Il Mulino, Bologna

[9]   T. Lèvy (1987) *Figures de l'infini. Les mathématiques au miroir des cultures*, Seuil, Paris

[10] C. Wirszubski (1989) *Pico della Mirandola's Encounter with Jewish Mysticism*, Harvard University Press, Cambridge

Matematica e letteratura

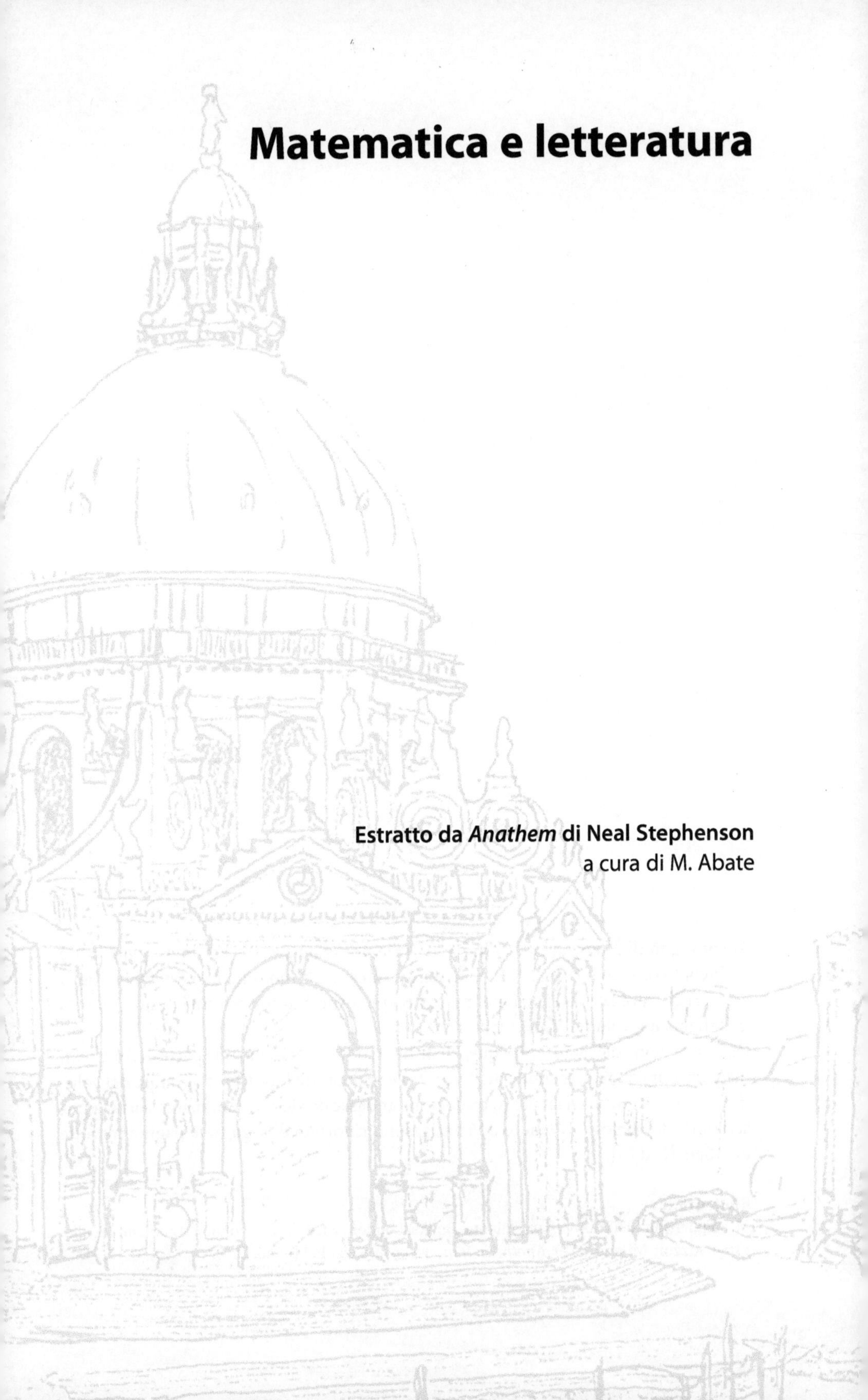

Estratto da *Anathem* di Neal Stephenson
a cura di M. Abate

Matematica e letteratura

Al convegno di *Matematica e cultura 2010* Marco Abate aveva pensato di organizzare un incontro con lo scrittore Neal Stephenson sul suo ultimo romanzo *Anathem*. L'idea era di registrare la conversazione tra lui e Stephenson e di trascrivere il testo, tradotto in italiano, nel volume *Matematica e cultura 2011*.

Per concessione dell'autore, dunque, Abate ha tradotto in italiano una parte di *Anathem*, ma purtroppo la registrazione dell'incontro è andata perduta. Come curatore del volume non ho voluto che il lavoro di traduzione andasse perduto e quindi, pur senza la trascrizione del dialogo avvenuto a Venezia, sono riportate di seguito le pagine tradotte da Abate [N.d.C.].

Bibliografia

M. Stephenson (2009) *Anathem*, Atlantic Books, London; ed. it. in due volumi: *Anathem. Il pellegrino*, Rizzoli, Milano, 2010; *Anathem. Il nuovo cielo*, Rizzoli, Milano, 2010.

Estratto da *Anathem* di Neal Stephenson[1]

a cura di Marco Abate

Notai che Arsibalt era immerso in una conversazione con Ferman, e che Cord e Rosk si erano avvicinati, per cui mi spostai anch'io per vedere di cosa stessero parlando. Apparentemente Ferman si era interessato agli Stonici, e voleva saperne di più. Arsibalt, in assenza di altri modi per passare il tempo, si era lanciato in un calca chiamato "La mosca, il pipistrello e il verme", un modo tradizionale di spiegare la teoria Stonica di spazio e tempo ai novi. "Osserva quella mosca che sta camminando sul tavolo," disse Arsibalt. "No, non la scacciare. Limitati a osservarla. Le dimensioni degli occhi."

Ferman Beller le lanciò un'occhiata veloce e poi riportò lo sguardo sulla sua cena. "Già, metà del corpo sembra fatto d'occhi."

"Migliaia di occhi separati, in realtà. Sembra impossibile che possa funzionare." Arsibalt sporse un braccio dietro di sé e agitò la mano, quasi colpendomi in faccia. "Eppure se agito la mia mano qui dietro, lontano, non le importa – sa che non è una minaccia. Ma se avvicino la mano…"

Arsibalt portò la mano davanti. La mosca volò via.

"… in qualche modo il suo cervello microscopico riceve segnali da migliaia di occhi primitivi, separati, e li integra in un'immagine corretta, non solo dello spazio, ma dello spaziotempo. Sa dov'è la mia mano. Sa che se la mia mano continua a muoversi in questo modo, presto la schiaccerà – e quindi è meglio che cambi posizione."

"Pensi che i Cugini abbiano occhi così?" chiese Beller.

Arsibalt deviò l'argomento: "Forse sono come i pipistrelli, invece. Un pipistrello avrebbe identificato la mia mano ascoltando gli echi."

Beller scrollò le spalle. "D'accordo. Forse i Cugini squittiscono come i pipistrelli."

"D'altro canto, quando sposto il mio corpo per schiacciare la mosca, creo una

---

1 N. Stephenson (2009) *Anathem*, Atlantic Books, London, pp. 358-366 e pp. 891-910.

serie di vibrazioni nel tavolo che una creatura – anche una sorda e cieca, come un verme – può avvertire…"

"Dove vuoi andare a parare?" chiese Beller.

"Facciamo un esperimento mentale" disse Arsibalt. "Considera una mosca Protaa. Con questo, intendo la forma pura, ideale di una mosca."

"Cioè?"

"Tutta occhi. Nessun altro organo di senso."

"Va bene, la sto considerando," disse Beller, cercando di assecondarlo.

"Ora, un pipistrello Protao."

"Tutto orecchie?"

"Sì. Ora un verme Protao."

"Cioè tutto tatto?"

"Sì. Niente occhi, orecchi o naso – solo pelle."

"Dovremo farci tutti e cinque i sensi?"

"Inizierebbe a diventare noioso, fermiamoci a tre," disse Arsibalt. "Mettiamo la mosca, il pipistrello, e il verme in una stanza con qualche oggetto – diciamo una candela. La mosca vede la luce. Il pipistrello le strilla, e sente i suoi echi. Il verme ne avverte il calore, e può strisciarci sopra per sentirne la forma."

"Sembra la vecchia parabola dei sei uomini ciechi e…"

"No!" disse Arsibalt. "Questo è completamente diverso. Quasi l'*opposto*. I sei uomini ciechi hanno tutti lo stesso equipaggiamento sensoriale."

Beller annuì, riconoscendo il suo errore. "Già, ma la mosca, il pipistrello, e il verme li hanno diversi."

"E i sei ciechi non concordano su cosa stanno tastando…"

"Ma la mosca, il pipistrello, e il verme concordano?" chiese Beller, sollevando un sopracciglio.

"Sembri scettico. A ragione. Ma stanno tutti esaminando lo stesso oggetto, giusto?"

"Certo," disse Beller, "ma quando dici che concordano fra loro, non so cosa questo voglia dire."

"È una domanda affascinante, esploriamola. Cambiamo un poco le regole," disse Arsibalt, "giusto per alzare lievemente la posta, e facciamo in modo che *debbano* concordare. La cosa nel mezzo della stanza non è una candela. Ora, è una trappola."

"Una trappola!?" rise Beller.

Arsibalt assunse un'espressione orgogliosa.

"E qual è il punto?" chiese Beller.

"Ora c'è una minaccia, vedi. Devono capire che cos'è o saranno catturati."

"Perché non una mano che scende per schiacciarli?"

"Ci avevo pensato," ammise Arsibalt, "ma dobbiamo fare delle concessioni al povero verme, che avverte le cose molto lentamente rispetto agli altri due."

"Beh," disse Beller, "mi aspetto che prima o poi saranno tutti catturati dalla trappola."

"Sono *molto* intelligenti," aggiunse Arsibalt.

"Eppure…"

"E va bene, è una caverna enorme brulicante di milioni di mosche, pipistrelli e vermi. Migliaia di trappole sono sparpagliate in giro. Quando una trappola cattura o uccide una vittima, alla tragedia assistono molti altri, che imparano da essa."

Beller considerò la questione per qualche tempo mentre si serviva di altra verdura. Dopo un poco disse "Bene, mi aspetto che il tuo punto sia che passato abbastanza tempo, e dopo che abbastanza di queste creature sono state catturate, le mosche avranno imparato che aspetto ha la trappola, i pipistrelli che suono ha, e i vermi come la si sente al tatto."

"Le trappole sono posizionate da disinfestatori che intendono uccidere tutto. Continuano a camuffarle, e a inventarsene di nuove."

"D'accordo," disse Beller, "allora mosche, pipistrelli e vermi devono diventare abbastanza furbi da riconoscere trappole camuffate."

"Una trappola può sembrare qualsiasi cosa" disse Arsibalt, "per cui devono imparare a esaminare qualsiasi oggetto nel loro ambiente e determinare se può funzionare come trappola oppure no."

"Okay."

"Ora, alcune trappole sono appese a dei fili. I vermi non possono raggiungerle o sentirne le vibrazioni."

"Peccato per i vermi!" disse Beller.

"Le mosche di notte non vedono niente."

"Povere mosche."

"Alcune zone della caverna sono così rumorose che i pipistrelli non possono sentire niente."

"Beh, sembrerebbe che mosche, pipistrelli e vermi farebbero meglio a imparare a cooperare fra loro," disse Beller.

"Come?" Questo era il suono della trappola di Arsibalt che si chiudeva sulla sua gamba.

"Uh, comunicando, immagino."

"Oh. E cosa dice esattamente il verme al pipistrello?"

"Ma cosa c'entra tutto questo con i Cugini?" chiese Beller.

"Ha assolutamente a che fare con loro!"

"Pensi che i Cugini siano un ibrido mosca-pipistrello-verme?"

"No," disse Arsibalt, "penso che *noi* lo siamo."

"AAARGH!" esclamò Beller, facendo ridere tutti.

Arsibalt alzò gli occhi al cielo come per dire *come posso renderlo più chiaro di così?*

"Per favore, spiegati!" disse Beller. "Non ci sono abituato, il mio cervello si sta stancando."

"No, spiegati *tu*. Cosa dice il verme al pipistrello?"

"I vermi non possono neppure parlare!"

"Questo è un dettaglio. I vermi imparano col tempo che possono contorcersi in diverse forme che pipistrelli e mosche possono riconoscere."

"Bene. E – fammi pensare – le mosche possono posarsi e camminare sulla schiena dei vermi e così passar loro dei segnali. Eccetera. Insomma, immagino che ogni tipo di animaletto possa inventare dei segnali che gli altri due possono riconoscere: verme-pipistrello, pipistrello-mosca, e così via."

"Concesso. Ora. Cosa si dicono?"

"Beh, aspetta un attimo, Arsibalt. Stai trascurando un sacco di cose! Un conto è dire che un verme può contorcersi in una forma tipo C o S che possa venire riconosciuta da una mosca che guarda in basso. Ma questo è un *alfabeto*. Non un linguaggio."

Alsibalt scrollò le spalle. "Ma il linguaggio si sviluppa col tempo. Gli strilli delle scimmie si sono sviluppati fino a un linguaggio primitivo: 'c'è un serpente sotto quella roccia' e così via."

"Beh, questo funziona se hai bisogno di parlare solo di serpenti e rocce."

"Il mondo in questo esperimento mentale," disse Arsibalt," è una caverna vasta e irregolare disseminata di trappole: qualcuna posta di recente e ancora pericolosa, altre che sono già scattate e possono essere ignorate senza pericolo."

"Ti sei sperticato a dire che sono dispositivi meccanici. Intendi dire che sono prevedibili?"

"Tu o io potremmo ispezionarne una e capire come funziona."

"Beh, in tal caso tutto si riduce a dire che *questo ingranaggio agisce su quell'ingranaggio, che ruota l'asse laggiù, che è collegato a una molla* e così via."

Arsibalt annuì. "Sì. Questo è il tipo di cose che mosche, pipistrelli e vermi devono essere in grado di comunicarsi, in modo da poter capire cosa è una trappola e cosa non lo è."

"D'accordo. Quindi, come le scimmie sugli alberi concordarono parole per *roccia* e *serpente*, loro hanno sviluppato simboli – parole – significanti *asse, ingranaggio*, e così via."

"Sarebbe sufficiente?" chiese Arsibalt.

"Non per un meccanismo a orologeria complicato. Vediamo, potresti avere due ingranaggi vicini, ma potrebbero non interagir l'uno con l'altro se non sono abbastanza vicini da ingranare i denti."

"Vicinanza. Distanza. Misure. Il verme come potrebbe misurare la distanza fra due assi?"

"Stirandosi da uno all'altro."

"E se fossero troppo distanti?"

"Strisciando da uno all'altro, e tenendo traccia della distanza percorsa."

"Il pipistrello?"

"Misurando la differenza temporale fra gli echi dei due assi."

"La mosca?"

"Per la mosca è facile: basta confrontare le immagini che le giungono negli occhi."

"Molto bene, diciamo che il verme, il pipistrello e la mosca hanno tutti osservato la distanza fra i due assi, proprio come hai detto. Come confrontano i loro risultati?"

"Il verme potrebbe per esempio dire quello che sa traducendolo nell'alfabeto-contorto che hai menzionato."

"E cosa dice una mosca a un'altra mosca vedendo tutto ciò?"

"Non lo so."

"Dice che il verme sembra stare trasmettendo qualche tipo di resoconto della sua vita vermesca, ma siccome non striscio per terra e non posso immaginare come sia essere ciechi, non ho la minima idea di cosa stia tentando di dirmi!"

"Beh, questo è proprio quello che stavo dicendo prima," si lamentò Beller, "devono avere un linguaggio – non solo un alfabeto."

Arsibalt chiese: "Qual è l'unico tipo di linguaggio che può essere usato?"

Beller ci pensò per un minuto.

"Cosa stanno cercando di trasmettere l'uno all'altro?" lo stimolò Arsibalt.

"Geometria tridimensionale," disse Beller. "E, siccome parti dell'orologio si stanno muovendo, avresti bisogno anche del tempo."

"Qualunque cosa un verme possa dire a una mosca, o una mosca a un pipistrello, o un pipistrello a un verme, sarebbe inintelleggibile," disse Arsibalt, guidando Beller.

"Come dire *blu* a un cieco."

"Come *blu* a un cieco, *eccettuate* le descrizioni della geometria e del tempo. Questo è il solo linguaggio che queste creature possono condividere."

"Ciò mi fa pensare alla dimostrazione geometrica sull'astronave dei Cugini," disse Beller. "Stai dicendo che noi siamo come i vermi e i Cugini come i pipistrelli? Che la geometria è l'unico modo con cui possiamo parlarci?"

"Oh no," disse Arsibalt, "non volevo affatto arrivare a questo."

"E a cosa volevi arrivare allora?" chiese Beller.

"Tu sai come si è evoluta la vita multicellulare?"

"Ehm, organismi unicellulari aggregatisi per vantaggio reciproco?"

"Sì. E, in qualche caso, incapsulandosi l'un l'altro."

"Ho sentito parlare di questo concetto."

"È ciò che sono i nostri cervelli."

"*Cosa?*"

"I nostri cervelli sono mosche, pipistrelli, e vermi che si sono aggregati per vantaggio reciproco. Queste parti del nostro cervello parlano fra loro in continuazione. Traducendo quanto percepiscono, istante dopo istante, nel linguaggio comune della geometria. Ecco che cos'è un cervello. Ecco cos'è essere consci."

Beller passò qualche secondo a dominare l'istinto di fuggire urlando, e poi qualche minuto meditando sulla questione. Arsibalt lo guardò attentamente per tutto il tempo.

"Non intendi dire che i nostri cervelli sono *letteralmente* evoluti in questo modo!" protestò Beller.

"Naturalmente no."

"Oh. Questo è un sollievo."

"Ma io ti propongo, Ferman, che i nostri cervelli sono funzionalmente indistinguibili da cervelli evolutisi in quel modo."

"Perché i nostri cervelli devono stare continuamente operando quel tipo di trattamento d'informazioni solo …"

"Solo per permetterci di essere consci. Per integrare le nostre percezioni sensoriali in un modello coerente di noi stessi e del nostro ambiente."

"E queste sono le robe Stoniche di cui stavi parlando prima?"

Arsibalt annuì. "In prima approssimazione, sì. È post-Stonica. Alcuni metateorici fortemente influenzati dagli Stonici avanzarono argomenti di questo tipo in seguito, ai tempi del Primo Presagio." Che erano un po' più dettagli di quanti Ferman Beller davvero volesse sentire. Ma gli occhi di Arsibalt guizzarono nella mia direzione, come per confermare quanto già sospettavo: aveva letto questo tipo di cose come parte della sua ricerca riguardante il lavoro che Evenedric aveva effettuato nella parte finale della sua vita. Indugiai ai margini di questo dialogo finché non mostrò segni di stare per concludersi. Allora mi alzai e mi diressi dritto alla mia cuccetta, prevedendo un sonno lungo e profondo. Ma Arsibalt, muovendosi insolitamente veloce, mi inseguì fuori dalla sala da pranzo e mi raggiunse.

"Cosa hai in mente?" gli chiesi.

"Qualcuno dei Centenari ha organizzato un piccolo calca subito prima di cena."

"Ho notato."

"Non riuscivano a far tornare i numeri."

"Quali numeri?"

"L'astronave semplicemente non è abbastanza grande per viaggiare fra sistemi stellari in un tempo ragionevole. Non è possibile che contenga abbastanza bombe atomiche per accelerare la propria massa a velocità relativistica."

"Beh," dissi, "magari si è staccata da un'astronave madre che non abbiamo ancora visto, e che è così grande."

"Non ha l'aspetto di quel tipo di nave," disse Arsibalt. "È enorme, con abbastanza spazio da sostenere decine di migliaia di persone per un tempo indefinito."

"Troppo grande per una navetta – troppo piccola per crociere interstellari," dissi.

"Precisamente."

"Sembrerebbe però tu stia assumendo un sacco di cose."

"Questa è una critica corretta," disse scrollando le spalle. Ma era chiaro che aveva qualche altra ipotesi.

"Okay. Tu cosa pensi?" gli chiesi.

"Penso sia di un altro cosmo," disse, "ed è per *questo* che hanno Evocato Paphlagon."

Eravamo alla porta della mia cabina.

"Il cosmo in cui stiamo vivendo mi ha sconcertato abbastanza," dissi. "Non so se riesco a cominciare a pensare a cosmi addizionali in questo momento della giornata."

"Buona notte allora, Fraa Erasmas."

"Buona notte, Fraa Arsibalt."

Dal Glossario di *Anathem*

Anathem: (1) In Proto-Orth, un'invocazione poetica o musicale a Nostra Madre Hylaea, usata nell'ato di Provenio. (2) Un ato in cui un incorreggibile fraa o soora è espulso dal mondo mathico.

Arbre: nome del pianeta su cui si svolge *Anathem*.

Ato: un rito effettuato nel mondo mathico. Fra i riti più importanti e celebrati comunemente ci sono Provenio, Elezio, Retiro, e Requiem. Riti celebrati di rado includono Anathem, Voco e Inbracio.

Avoto: una persona dedita alla Disciplina Cartasiana e quindi abitante il mondo mathico, contrapposto al mondo Sæcolare.

Baritoe, Saunta: (1) Una nobildonna della media Età Prassica, ospite e guida degli Stonici. (2) Un concento dallo stesso nome, uno dei Tre Grandi.

Baz: antica città-stato che ha creato successivamente un impero comprendente il mondo conosciuto.

Calca: una spiegazione, lezione o definizione utile per lo sviluppo di un tema più ampio, ma che è stata spostata dal corpo principale del dialogo e incapsulata in una nota o un'appendice.

Cartas, Saunta: un'istruita nobildonna Baziana che, dopo la Caduta di Baz, fondò il primo math e creò la Disciplina che fu seguita durante tutta l'Antica Età Mathica e, con qualche rinnovamento, nel mondo mathico successivo alla Ricostituzione.

Centenario: un avoto che ha giurato di non emergere dal math e di non avere contatti con il mondo esterno fino al successivo Overt Centenario.

Cnoön: secondo la metateorica Protista, entità pure, eterne, immutabili, quali le forme geometriche, i teoremi, i numeri, eccetera, appartenenti a un altro piano dell'esistenza (il Mondo Teorico Hylaeno) e che sono talvolta percepite o scoperte (in contrapposizione con fabbricate) da teori attivi.

Cnoüs: antica figura storica famosa per aver avuto una visione in cui affermò di aver visto un altro mondo superiore al nostro. La visione fu interpretata in due modi differenti e incompatibili dalle sue figlie Hylaea e Deät.

Concento: una comunità di avoti relativamente numerosa in cui due o più math coesistono insieme. In generale, gli ordini Centenari e Millenari si trovano solo nei concenti, in quanto considerazioni di praticità rendono difficile il loro esistere come math autonome.

Deät: una delle due figlie di Cnoüs, l'altra essendo Hylaea. Interpretò la visione del padre intendendola come una fugace visione di un paradisiaco regno spirituale popolato da esseri angelici e governato da un creatore supremo.

Deolatra: un individuo che preferisce l'interpretazioe di Deät della visione di suo padre Cnoü e di conseguenza crede a un Paradiso contenente un Dio (v. **Fisiologo**).

Decenario: un avoto che ha giurato di non emergere dal math e di non avere contatti con il mondo esterno fino al successivo Overt Decennale.

Dialogo: un discorso, usualmente formale, fra teori. "Essere in Dialogo" è partecipare estemporaneamente a una tale discussione. Il termine può essere applicato alla trascrizione di un Dialogo storico: tali documenti sono la pietra angolare della tradizione letteraria mathica e sono studiati, recitati, e memorizzati dai novi. Nel formato classico, un Dialogo comprende due principali e un certo numero di astanti che partecipano sporadicamente. Un altro formato comune è Triangolare, comprendente un saggio, una persona ordinaria alla ricerca di conoscenza, e un imbecille. Ci sono innumerevoli altre classificazioni, fra cui suviniano, Pericliano, e pellegrino.

Diax: un fisiologo arcaico del Tempio di Orithena, a cui è attribuita la cacciata degli Entusiasti, la fondazione della teorica, e l'averla posta su una base intellettuale solida e rigorosa.

Disciplina Cartasiana: l'insieme di regole prescritte da Saunta Cartas, a cui è attribuito l'aver fatto nascere il mondo mathico dopo la Caduta di Baz. Un avoto è una persona che ha giurato di seguire la Disciplina.

Dispositivo sintattico: in termini Terrestri, un computer.

D.R.: anno della Ricostituzione. Il calendario di Arbre assegna l'Anno 0 all'anno in cui avvenne la Ricostituzione; a ogni anno precedente è assegnato un numero negativo, e ogni anno espresso da un numero positivo o, equivalentemente, da un numero seguito da D.R., è successivo.

Edhar: un saunto appartenente all'ordine Evenedriciano che nel 297 stabilì un nuovo ordine e successivamente fondò un concento, dove visse fino alla morte; sia l'ordine sia il concento vennero poi chiamati col suo nome. Il nome completo del concento è "Il Concento di Saunto Edhar", ma nell'uso comune è spesso abbreviato in "Saunto Edhar" o semplicemente "Edhar".

Elezio: l'ato con cui un novo sceglie, ed è scelto da, un capitolo specifico del suo o sua math, e quindi cessa di essere un novo. Tipicamente celebrato entro qualche anno dal compimento del ventesimo.

Entusiasta: termine dispregiativo per indicare quegli antichi Fisiologi a Orithena che furono scacciati da Diax per la loro incapacità o rifiuto a pensare in modo rigoroso.

Età Prassica: periodo della storia di Arbre cominciato nel secolo dopo la Rinascita (quindi, circa −500) e terminato con gli Eventi Terribili e la Ricostituzione (anno 0). Così chiamata perché gli abitanti dell'antico sistema mathico, che si erano dispersi nel mondo Sæcolare dopo la Rinascita, misero in pratica la loro teorica esplorando il globo e creando tecnologia.

Erasmas: un fraa a Saunta Baritoe nel Quattordicesimo Secolo D.R. che, insieme a Uthentine, fondò la branca della metateorica chiamata Protismo complesso. Anche il nome di un fraa a Saunt Edhar nel Trentasettesimo Secolo, il narratore di *Anathem*.

Ethras: una città-stato relativamente prosperosa e potente nel mondo antico che, durante la sua Età dell'Oro (circa dal −2600 al −2300) ospitò molti teori, fra cui Thelenes e Protas. L'ambientazione di molti importanti Dialoghi, studiati, recitati e memorizzati dai novi.

Evenedric: un protetto di Halikaarn, a cui è attribuito l'aver proseguito l'opera di Halikaarn nel tempo della Ricostituzione e l'aver contribuito alla fondazione delle Facoltà Semantiche.

Evenedriciani: uno dei primi rami degli Halikaarniani.

Eventi Terribili: una catastrofe su scala mondiale scarsamente documentata che si ritiene sia cominciata nell' anno −5. Qualunque cosa sia stata, terminò l'Età Prassica e portò immediatamente alla Ricostituzione.

Evocare: richiamare un avoto nell'ato di Voco.

Faaniani: uno dei primi rami dei Prociani.

Facoltà Semantiche: fazioni nel mondo mathico, negli anni seguenti la Ricostituzione, usualmente dichiaranti di discendere da Halikaarn. Così chiamate perché ritenevano che i simboli potessero portare all'effettivo contenuto semantico. L'idea è riconducibile a Protas e a Hylaea prima di lui(v. **Facoltà Sintattiche**).

Facoltà Sintattiche: fazioni nel mondo mathico, negli anni seguenti la Ricostituzione, usualmente dichiaranti di discendere da Proc. Così chiamate perché ritenevano che i linguaggi, la teorica, eccetera, fossero essenzialmente giochi svolti con simboli privi di contenuto semantico. L'idea è riconducibile agli antichi Sfenici, frequenti oppositori di Thelenes e Protas sul Periclino.

Fisiologo: nel lasso di tempo tra Cnoüs e Diax, un pensatore che seguiva la Via Hylaena, cioè che preferiva l'interpretazione di Hylaea della visione di suo padre. I precursori dei teori e fondatori del Tempio di Orithena (v. **Deolatra**).

Fraa: un avoto maschio.

Grafo aciclico diretto: una combinazione di nodi collegati da connessioni unidirezionali (tipo scatole collegate da frecce) sistemati in modo che non sia possibile tornare al punto di partenza seguendo le connessioni.

Halikaarn: un Saunto delle ultime decadi dell'Età Prassica che si scontrò col suo contemporaneo Proc. Talvolta chiamato Saunto Halikaarn il Grande. In prima approssimazione, Halikaarn è visto come l'alfiere della scuola di teorica promulgata migliaia di anni prima da Protas e Thelenes, e portata avanti dopo la sua morte dal suo discepolo Evenedric e dalle Facoltà Semantiche.

Halikaarniano: di, o correlato a, Saunto Halikaarn o uno qualsiasi degli Ordini che si dichiarano discendenti delle Facoltà Semantiche. Frequentemente visto come oppositore naturale dei Prociani e dei Faaniani.

Hylaea: una delle due figlie di Cnoüs, l'altra essendo Deät. Interpretò la visione del padre intendendola come una fugace visione di un mondo superiore più perfetto del nostro (il Mondo Teorico Hylaeno, o MTH) popolato da forme geometriche pure, rozzamente copiate dai geometri del nostro mondo.

Inbracio: un ato celebrato raramente in cui Pellegrini sono riammessi nel mondo mathico dopo un viaggio nel Sæculum.

Math: una comunità relativamente piccola di avoti (tipicamente meno di un centinaio, talvolta ridotta a uno solo). In generale, tutti i membri di un dato math celebrano Overt con la stessa frequenza, cioè sono tutti Unari, Decenari, Centenari, o Millenari (v. **Concento**).

Metateorica: equivalente alla metafisica terrestre. La parte del pensiero umano che affronta questioni così fondamentali da dover essere risolte prima che uno possa anche iniziare a fare un lavoro produttivo in teorica.

Millenario: un avoto che ha giurato di non emergere dal math e di non avere contatti con il mondo esterno fino al successivo Overt Millenario.

Mondo Teorico Hylaeno (MTH): il nome usato dalla maggior parte degli aderenti al Protismo per denotare il piano superiore di esistenza popolato da forme geometriche perfette, teoremi, e altre idee pure (cnoön).

Muncoster, Saunto: (1) Un teoro della tarda Età Prassica, responsabile di progressi cruciali in quella che, sulla Terra, è chiamata relatività generale. (2) Uno dei Tre Grandi concenti.

Novo: un giovane avoto; un avoto che non ha ancora scelto un Ordine (v. **Elezio**).

Orithena: un tempio fondato nell'antichità da Adrakhones sull'Isola di Ecba, in seguito popolato da fisiologi che vi migrarono da tutto il mondo antico. Distrutto da un'eruzione vulcanica nel –2621, riportato alla luce, a partire dal 3000, da avoti che fondarono un nuovo math attorno al perimetro degli scavi.

Ortodossia Baziana: la religione di stato dell'Impero Baziano, sopravvissuta alla Caduta di Baz, elevata, nell'età successiva, a sistema mathico parallelo e indipendente da quello inaugurato da Cartas, e rimasta come una delle fedi più diffuse di Arbre.

Orth: il linguaggio classico usato da tutte le classi nell'Impero Baziano e, durante l'Antica Età Mathica, intramuro sia dai math Cartasiani sia dai monasteri Baziani Ortodossi. Il linguaggio della scienza e della cultura nell'Età Prassica. In una versione rivitalizzata e modernizzata, il linguaggio usato quasi sempre dagli avoti. Può anche denotare l'alfabeto usato per scriverlo.

Overt: l'ato in cui un math apre i propri cancelli per un periodo di dieci giorni, durante il quale gli avoti sono liberi di andare e venire extramuro, e i Sæcolari sono liberi di entrare, visitare, e parlare con gli avoti. A seconda del math, Overt è celebrato ogni uno, dieci, cento o mille anni.

Pellegrino: (1) Nell'uso arcaico, l'epoca iniziata con la distruzione del Tempio di Orithena nel −2621 e terminata diverse decadi dopo con il fiorire dell'Età dell'Oro di Ethras. (2) Un teoro sopravvissuto a Orithena che ha vagato nel mondo antico, talvolta da solo e talvolta in compagnia di altri simili. (3) Un Dialogo supposto risalire a quest'epoca. Molti vennero in seguito trascritti e incorporati nella letteratura del mondo mathico. (4) Nell'uso moderno, un avoto che, in certe circostanze eccezionali, lascia i confini del math e viaggia nel mondo Sæcolare cercando di continuare a osservare lo spirito, se non la lettera, della Disciplina.

Periclino: uno spazio aperto nell'antica città-stato di Ethras, ove si svolgeva il mercato, e dove teori dell'Età dell'Oro amavano riunirsi e ingaggiare Dialoghi.

Presagio: uno di una serie di tre calamità che coinvolsero la maggior parte di Arbre nelle ultime decadi dell'Età Prassica e in seguito vennero considerate precursori o avvertimenti degli Eventi Terribili. La natura esatta dei Presagi è difficile da determinare a causa della distruzione dei documenti (molti dei quali conservati in dispositivi sintattici che successivamente cessarono di funzionare) ma usualmente si conviene che il Primo Presagio fu uno scatenarsi mondiale di rivoluzioni violente, il Secondo una guerra mondiale, e il Terzo un genocidio.

Proc: un tardo metateoro, l'alfiere nel suo tempo del lignaggio teorico riconducibile agli Sfenici, e il progenitore di tutti gli ordini che affermano la loro discendenza dalle Facoltà Sintattiche (in opposizione alle Facoltà Semantiche) dei primi math post-Ricostituzione (v. **Halikaarn**).

Prociano: di, o correlato a, Saunto Proc o uno qualsiasi degli Ordini che si dichiarano discendenti delle Facoltà Sintattiche. Frequentemente visto come oppositore naturale degli Halikaarniani.

Protao: di o correlato all'antico filosofo Ethrano Protas.

Protas: studente di Thelenes durante l'Età dell'Oro di Ethras, divenuto il più importante teoro nella storia di Arbre. Partendo dalle fondamenta gettate da Hylaea e poi rafforzate dagli Orithenai, sviluppò la nozione che gli oggetti e le idee che gli uomini percepiscono e studiano sono manifestazioni imperfette di forme pure, ideali che esistono in un altro piano dell'esistenza.

Protismo complesso: un'interpretazione relativamente recente (Quattordicesimo Secolo D.R.) del Protismo tradizionale ("Semplice"), che postula più di due (eventualmente infiniti) domini casuali connessi in un Grafo Aciclico Diretto o GAD, noto, nel caso più generale, come lo Stoppino. Si assume che l'informazione sui cnoön fluisca attraverso il GAD da cosmi "più Hylaeani" a cosmi "meno Hylaeani".

Protismo semplice: termine creato retroattivamente da Uthentine ed Erasmas per mettere in contrasto la concezione tradizionale del Protismo, che consisteva di un Mondo Teorico Hylaeno in relazione causale con il cosmo contenente Arbre, con il loro nuovo schema, qualificato come **Protismo complesso.**

Provenio: l'ato celebrato più comunemente nel mondo mathico, tipicamente ogni giorno a mezzodì, e collegato col caricamento di un orologio.

Rastrello di Diax: una frase concisa, pronunciata da Diax sui gradini del Tempio di Orithena mentre stava scacciando gli indovini con un rastrello da giardiniere. Il suo significato generale è che uno non deve mai credere a qualcosa solo perché desidera che sia vera. Dopo questo evento la maggior parte dei Fisiologi accettarono il Rastrello e, nella terminologia di Diax, divennero quindi Teori. Gli altri divennero noti come Entusiasti.

Requiem: l'ato celebrato per indicare la morte di un avoto.

Retiro: l'ato con cui un avoto anziano si ritira dal servizio attivo e va in pensione.

Ricostituzione: lo stato di cose successivo ai Eventi Terribili, in seguito ai quali quasi tutte le persone colte e letterate furono concentrate in math e concenti.

Rinascita: l'evento storico che separa l'Antica Età Mathica dall'Età Prassica, usualmente datato nei dintorni dell'anno −500, durante il quale i cancelli dei math furono aperti e gli avoti si dispersero nel mondo Sæculare. Caratterizzato da un improvviso fiorire di cultura, avanzamento teorico ed esplorazione.

Sæculum: il mondo Sæcolare.

Sæcolare: del o pertinente al mondo non mathico.

Saunto/a: un titolo conferito a grandi pensatori.

Sfenici: una scuola di teori ben rappresentata nell'antica Ethras, dove erano assunti da famiglie benestanti come tutori per i figli. In molti Dialoghi classici visti in opposizione a Thelenes, Protas o altri della loro scuola. Il loro campione più noto fu Uraloabus, che nel Dialogo dallo stesso nome fu spianato così pesantemente da Thelenes che si suicidò sul posto. Disputavano il punto di vista di Protas e, in prima approssimazione, preferivano credere che la teorica si svolgesse interamente fra le orecchie, senza ricorrere a realtà esterne quali le forme Protee. Gli antesignani di Saunto Proc, le Facoltà Sintattiche, e i Prociani.

Soora: un avoto femmina.

Spianare: distruggere completamente la posizione di un avversario in un Dialogo.

Stonici: uno dei gruppi di teori dell'Età Prassica che si riunivano nella casa di Donna Baritoe. Studiarono le ramificazioni del fatto apparente che non percepiamo l'universo fisico direttamente, ma solo attraverso l'intermediazione dei nostri organi sensoriali.

Stoppino: nel Protismo complesso, un Grafo Aciclico Diretto completamente generalizzato in cui un grande (eventualmente infinito) numero di cosmi sono collegati da una rete più o meno complicata di relazioni causa-effetto. L'informazione fluisce dai cosmi che sono più "in alto nello Stoppino" a quelli che sono più "in basso nello Stoppino" ma non viceversa.

Suvin: una scuola.

Teorica: approssimativamente equivalente a matematica, logica, scienza e filosofia della Terra. Il termine può essere correttamente applicato a ogni opera intellettuale eseguita in modo rigoroso e disciplinato; termine coniato da Diax per distinguere chi seguiva il Rastrello da chi era impegnato in argomentazioni magiche o ispirate dai propri desideri.

Teoro: praticante della **Teorica.**

Thelenes: un grande teoro dell'Età dell'Oro di Ethras, protagonista di molti dialoghi, mentore di Protas. Giustiziato dalle autorità di Ethras per insegnamenti contrari, o quanto meno irrispettosi, alla religione.

Tredegarh: uno dei Tre Grandi concenti, così chiamato in onore di Lord Tredegarh, un teoro della medio-tarda Età Prassica responsabile per progressi fondamentali nella termodinamica.

Tre Grandi: i concenti di Saunto Muncoster, Saunto Tredegarh, e Saunta Baritoe, tutti relativamente antichi, ricchi, illustri e vicini fra loro.

Unario: un avoto che ha giurato di non emergere dal math e di non avere contatti con il mondo esterno fino al successivo Overt Annuale.

Uraloabus: noto teoro Sfenico dell'Età dell'Oro che, se si ritiene attendibile il resoconto di Protas, si suicidò dopo essere stato spianato da Thelenes.

Uthentine: una suura di Saunta Baritoe nel Quattordicesimo Secolo D.R. che, insieme a Erasmas, fondò la branca della metateorica chiamata Protismo complesso.

Voco: un ato celebrato raramente in cui i Poteri Sæcolari Evocano (richiamano dal math) un avoto i cui talenti sono richiesti nel mondo Sæcolare. Tranne in casi molto insoliti, l'avoto Evocato non ritorna più nel mondo mathico.

Autori

Marco Abate
Dipartimento di Matematica
Università di Pisa

Carlo D'Angelo
MOX - Dipartimento di Milano
Politecnico di Milano

Stefano Donadoni
Studio BAAKO,
Varese

Michele Emmer
Dipartimento di Matematica
Università "La Sapienza" di Roma

Maurizio Falcone
Dipartimento di Matematica
Università "La Sapienza" di Roma

Luigi Fregonese
Best SITECH Group
Politecnico di Milano

Enrico Giusti
Dipartimento di Matematica
Università di Firenze

Giorgio Israel
Dipartimento di Matematica
Università "La Sapienza" di Roma

Marco Li Calzi
Dipartimento di Matematica Applicata
Università "Ca' Foscari" di Venezia

Luca Paglieri
MOX - Dipartimento di Milano
Politecnico di Milano

Anthony Phillips
State University of New York,
Stony Brook, NY

Alfio Quarteroni
MOX - Dipartimento di Milano
Politecnico di Milano

Angelo Savelli
Pupi e Fresedde, Teatro di Rifredi,
Firenze

John Sullivan — *Technische Universität, Berlino*

Gian Marco Todesco — *Digital Video Srl, Roma*

Ettore Vio — *Proto della Basilica di San Marco, Venezia*

Tobias Walliser — *Staatliche Akademie der Bildenden Künste, Stoccarda*

Guglielmo Zanelli — *Capitano di Vascello del Genio Navale, Ministero della Difesa*

Collana Matematica e cultura

Volumi pubblicati:

M. Emmer (a cura di)
Matematica e cultura
Atti del convegno di Venezia, 1997
1998 – VI, 116 pp. – ISBN 88-470-0021-1 (*esaurito*)

M. Emmer (a cura di)
Matematica e cultura 2
Atti del convegno di Venezia, 1998
1999 – VI, 120 pp. – ISBN 88-470-0057-2

M. Emmer (a cura di)
Matematica e cultura 2000
2000 – VIII, 342 pp. – ISBN 88-470-0102-1 (*anche in edizione inglese*)

M. Emmer (a cura di)
Matematica e cultura 2001
2001 – VIII, 262 pp. – ISBN 88-470-0141-2

M. Emmer, M. Manaresi (a cura di)
Matematica, arte, tecnologia, cinema
2002 – XIV, 285 pp. – ISBN 88-470-0155-2 (*anche in edizione inglese ampliata*)

M. Emmer (a cura di)
Matematica e cultura 2002
2002 – VIII, 277 pp. – ISBN 88-470-0154-4

M. Emmer (a cura di)
Matematica e cultura 2003
2003 – VIII, 279 pp. – ISBN 88-470-0210-9 (*anche in edizione inglese*)

M. Emmer (a cura di)
Matematica e cultura 2004
2004 – VIII, 254 pp. – ISBN 88-470-0291-5 (*anche in edizione inglese*)

M. Emmer (a cura di)
Matematica e cultura 2005
2005 – X, 296 pp. – ISBN 88-470-0314-8 (*anche in edizione inglese*)

M. Emmer (a cura di)
Matematica e cultura 2006
2006 – VIII, 300 pp. – ISBN 88-470-0464-0 (*anche in edizione inglese*)

M. Emmer (a cura di)
Matematica e cultura 2007
2007 – VIII, 336 pp. – ISBN 978-88-470-0630-0

M. Emmer (a cura di)
Matematica e cultura 2008
2008 – XVIII, 374 pp. – ISBN 978-88-470-0794-9

M. Emmer (a cura di)
Matematica e cultura 2010
2010 – VIII, 308 pp. – ISBN 978-88-470-1593-7

M. Emmer (a cura di)
Matematica e cultura 2011
2011 – VI, 242 pp. – ISBN 978-88-470-1853-2

Per qualsiasi informazione sulla collana, si prega di visitare il sito Springer al link seguente:
http://www.springer.com/series/7316